超級怪？還是超級可愛？
關於動物的 321 件超級聰明事

321 superslimme dingen
die je moet weten over dieren

文 / 瑪蒂達‧馬斯特斯 Mathilda Masters
圖 / 路易絲‧佩迪厄斯 Louize Perdieus
譯 / 簡佑津

超級怪？還是超級可愛？

關於動物的

*321 superslimme dingen
die je moet weten over dieren*

321件

超級聰明事

文／瑪蒂達·馬斯特斯 Mathilda Masters

圖／路易絲·佩迪厄斯 Louize Perdieus

譯／簡佑津

目錄

- 1 -

聰明到令人吃驚的動物

1. 倭黑猩猩上大學

如果我們能跟動物交談，那不就太棒了嗎？這樣一來，我們可以問問家裡的貓兒：為什麼喜歡抓老鼠？也可以問問狗兒：為什麼老愛追著自己的尾巴轉？科學家們已經花了很長的時間研究、嘗試跟動物溝通，尤其是人猿，因為牠們與人類最為接近。

六零年代，曾有一位科學家同時「教養」他的兒子和一隻黑猩猩。一開始，黑猩猩的學習速度比他兒子還快，但開始學習語言時，黑猩猩的狀況就不妙了。其實這樣的結果並不奇怪，因為黑猩猩的發聲構造原本就與人類不同，黑猩猩只能發出類似「噢、噢、噢」或「啊、啊、啊」的聲音，無法發出其他元音（母音）。

之後，還有另一個研究大猩猩蔻蔻的實驗，蔻蔻可以表達超過一千個手語單字，並且了解超過兩千個手語單字，但因為大猩猩的手部結構與人類的手大不相同，因此大猩猩使用的「手語」因應這些不同而做了調整，我們稱之為「大猩猩手語」。蔻蔻可以使用大猩猩手語表達包含三到六個單字的句子！

哈哈哈，這個好笑！

▲ 倭黑猩猩康吉

不過，「語文能力」最強的可能是**倭黑猩猩**康吉。當時，康吉的媽媽瑪妲妲正參與一項實驗：科學家們嘗試教導瑪妲妲，使用包含有許多符號的鍵盤來溝通。起初，瑪妲妲的兒子康吉對牠媽媽正在學習的事情看起來一點興趣都沒有，但某天瑪妲妲不在時，康吉自己走到鍵盤前，就透過鍵盤上的符號跟參與研究的科學家們聊起天來了！康吉非常聰明，學得很快，可以「說」出清晰、完整，甚至文法正確的句子。前面提到的大猩猩蔻蔻可做不到！康吉除了可以純熟使用鍵盤上的 348 個符號溝通外，還了解 3000 個英文單字，並能使用倭黑猩猩語跟同伴們溝通，也就是說，牠會三種語言呢！

2. 熊蜂：絕對出色的足球選手

想讓你的足球隊更強嗎？需要一個得分王、神射手嗎？考慮雇用一隻**熊蜂**吧——免轉會費、人員維護費又低廉的優秀前鋒！

從很久以前，生物學家就已經知道動物（包含昆蟲）是可以被「教導」以完成複雜任務的！

只要將「任務」與「食物」間的關聯建立好，就可以辦到。

科學家們給熊蜂一顆迷你足球，並教牠們把球滾到特定的地點。只要達成任務，就以食物獎勵牠們。

接著，研究人員分別以不同的方式訓練三組熊蜂：第一組熊蜂觀看同伴將球滾進球門，達成任務；第二組則會看到球被一個隱形的磁鐵滾進球門；第三組的球和獎勵品都被事先放置在球門內，熊蜂們必須自己搞清楚要做什麼。

結果，觀看同伴完成任務的熊蜂們學得最快、做得更多，甚至會自發性去「思考」該做什麼。

怎麼說呢？事情是這樣的：在訓練作為「老師」的熊蜂，環境被佈置為三顆球裡有兩顆球是被黏死的，只有距離球門最遠的那顆球可以移動。熊蜂們很快就了解到「只能滾動距離最遠的那顆球」，並且不再去碰其他兩顆球。

之後，讓「老師」熊蜂向「學生」們演示自己學會的技巧。正如先前所學，「老師」熊蜂總是只滾動距離最遠的那顆球，但「學生」們的環境則是所有的球都可以自由滾動。此時，學生熊蜂並不會像老師們所示範，自動選擇最遠的球。牠們會選擇將最近的球滾進球門！

所以呢，只要給熊蜂足夠的獎勵，牠們就可以學會並完成複雜的任務。而實際上，人類也一樣……

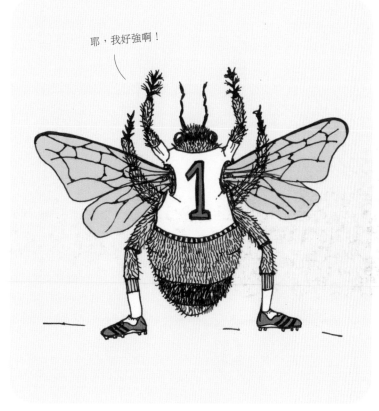

▲足球訓練中

3. 白頰黑雁的天氣預報

想知道明天天氣如何？我們只要看電視上的氣象預報就會知道。**白頰黑雁**呢？牠們當然沒有電視，但確實了解繁殖地的天候狀況，對牠們來講是非常重要的事。白頰黑雁的繁殖地位於冰冷的極地地區，牠們必須從越冬地飛行數千里回到繁殖地繁衍雛鳥，只有確定冰雪融化後回到繁殖地才能築巢；但牠們也不能太晚回去，否則雛鳥的存活率將會降低。

由於氣候暖化的影響，白頰黑雁必須更準確知道天候的變化狀況。研究人員研究了牠們在特別溫暖或寒冷的年份的遷徙狀況，發現雁兒們每天都必須決定「要留下」或要「繼續飛」；如果選擇留下，能吃更多的草、儲備更多的脂肪，但仍然必須要準時飛抵繁殖地。

研究結果顯示，雁兒們可以很準確去預測天候的變化，並且能非常迅速、確實的把這些資訊傳遞給下一代。

▲天氣預報中……

咯咯咯～

咯咯咯～看我的冠，帥吧！

?

▲驕傲雞

▲酷雞

▲好奇雞

4. 雞可能比你更聰明

你是否覺得總是咯咯叫的**雞**實在不怎麼聰明？是的話，你可能得趕緊改變想法囉！雞實際上比我們所認為的聰明多了，有時甚至比小孩具備更好的邏輯能力。

當然，雞永遠都不會讀莎翁的劇本，也不會發射火箭上月球，但研究人員發現，每隻雞都具備獨特的「個性」，並且牠們會算數，還會用聰明的方法解決各式各樣的問題。

以下，我們舉幾個例子：

• 雞可以記住一顆球的行進路線最少 1 分鐘，有時甚至能記得 3 分鐘。

• 當牠知道只要再等一會兒，就能得到更好的食物時，雞可以忍住不吃眼前的美食。

• 雞可以辨別 24 種不同的叫聲，並且使用肢體語言彼此溝通。

• 有時候，公雞會「聲稱」自己找到食物（但其實並沒有……），藉此引起母雞的騷動，如此一來牠們就可以掌控母雞的心。但公雞太常這樣耍人時，母雞會很快發現牠們的伎倆，並且把公雞們晾在一旁，不再理牠們了。

• 公雞間靠打架爭奪首領地位。運氣不好、被打敗的公雞，從此之後就只能小聲啼叫，但只要首領公雞一離開視線，牠們就會馬上鑽空、投機取巧──立即切換、提高音量，吸引母雞的注意。

• 雞有非常好的記憶力。牠們可以辨識並記得超過一百個人，其中當然包含自己的主人。

下回要罵人「笨雞」時，先想一下吧！

▲沈默的雞……

5. 金魚的好記性

有沒有人曾經說你「記性跟隻**金魚**一樣」？這時候，他的意思應該是「你怎麼忘東忘西，什麼都記不住」……且慢，這可不是金魚唷！金魚的記性其實是很好的。牠們可以記得某些特定的事情，且長達一整個月之久。

我們怎麼會知道這種事呢？聰明的科學家們對金魚做了一個小實驗：他們在魚缸裡放了一個小槓桿，只要金魚壓動槓桿，就可以獲得食物。金魚很快就學會了。接著，科學家們重新調整了槓桿：金魚只有在特定時段壓動槓桿，才會獲得食物。

想當然爾，經過一小段時間後，金魚就學會只會在正確的時間壓動槓桿。

另一個金魚實驗則是：在每次餵食金魚時，都播放某個聲音，經過一段時間後，金魚們就知道聽到那個聲音，會有東西吃。之後，放任學會的金魚在田野間生活，五個月後再次播放那個聲音——你猜怎麼著？金魚們游回原來的餵食地等食物了。我不知道你到底為什麼忘東忘西、什麼都記不住？但金魚可不會這樣！

嗯……這裡我來過！

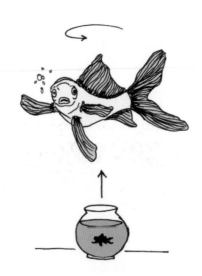

▲ 金魚的記憶力

噗滋⋯⋯

▲ 捲尾猴的柑橘澡

6. 猴子藥劑師

猴子很聰明,這個我們已經知道了。但你知道嗎?猴子甚至可以清楚「感覺到」自己不舒服時該吃什麼,當牠們肚子痛時,會去尋找平常不吃的葉子來吃。這些葉子可能並不是牠們喜歡的零食——就如同我們不喜歡藥一樣,但猴子們知道吃這些東西會幫助牠們恢復。

又例如,**疣猴**非常喜歡吃芒果樹的葉子,但芒果樹葉會引起腹痛和腹瀉。所以呢,附近有人類生火紮營時,牠們總是非常開心,因為溫暖的炭火有助於紓緩腹痛。

對於自我照顧,猴子還有更厲害的事蹟。某些種類的猴子(例如**捲尾猴**),會盡力確保自己不生病,並出於本能的知道蚊子和蜱蟲會傳播疾病,所以牠們會避免被叮咬。捲尾猴會採集並擠壓檸檬、萊姆、柑橘等水果,再把擠出來的果粒塗在身上以驅離蚊蟲,就跟我們使用柑橘油驅蟲一樣。

此外,**黑猩猩**也會使用各種自然的「藥物」。為了驅蟲,牠們會吃扁桃斑鳩菊的葉子,這種葉子非常苦,當黑猩猩吞食這些葉子時,會忍不住做出各種怪表情。但牠們依舊會吃,因為牠們知道只有這樣才能擺脫肚子裡的寄生蟲。

當黑猩猩發燒時,則會吃另一種樹葉。科學家們猜測,這種葉子可以治療每年都造成數千人死亡的疾病——瘧疾。

有些猴子甚至會自己使用植物作為避孕藥。例如,巴西的**絨毛蛛猴**會食用某幾種樹葉以降低懷孕機率。此外,牠們還會逆向操作——有些猴子會食用其他種樹葉,來提高懷孕機率。

最後,來看看**吼猴**。母吼猴會食用某些樹葉,來提高自己懷小公猴的機率。因為只有公猴可以成為領袖,而成為領袖的吼猴,則能在族群中給媽媽一席之地。

7. 最聰明和最狡猾的……

狐狸幾乎遍佈世界各地——平地、寒冷的極地與沙漠，現在甚至在城市中，都可以找到狐狸。這是因為，牠們可以非常快速的適應新環境。

• 狐狸會吃囓齒動物、鳥類、昆蟲、蠕蟲、蛋，甚至垃圾。看狐狸追逐獵物是一件非常有趣的事，當牠聽見草叢中有動靜時，會先保持安靜，只有一對大耳朵會像雷達一樣來回轉動定位、確定聲音來源。牠仔細傾聽、靜靜等待，一旦確定了獵物的位置，便以四條腿用力躍上空中——如果一切順利的話——再準確撲向正在穿越草叢的老鼠，有時還會連續跳躍數次，就好像在玩彈跳床。

▲ 裝死的狐狸

跳！

彈跳床式跳躍

• 狐狸在許多故事裡都扮演重要的角色，牠們通常都被描寫得特別聰明、狡猾，也的確如此。例如，狐狸會躺在地上裝死，藉以引誘好奇的烏鴉來查看是否有可吃的食物，一旦烏鴉靠得夠近，狐狸便會一躍而起、抓住鳥兒。

• 進入雞舍的狐狸，則可能會造成一場大殺戮。這隻狐狸原本可能「只需要」一隻雞，但當牠闖入雞舍，嚇得所有的雞都一起咯咯叫時，狩獵本能會被喚醒，此時，牠會殺死遠多於自己需要的雞；有時候，還會將一部分的雞埋起來，留待日後食用。或者將雞帶去給住在其他洞穴中的母狐或小狐吃。

8. 團結在一起，更好！

一般來說，動物大都跟自己的同類一起工作，但偶爾也會跟其他動物合作，就像人們會用馬拉車，或讓導盲犬協助領路一樣。

• **蜜獾**和**響蜜鴷**會互相合作，因為牠們都喜歡蜂蜜。響蜜鴷是一種非常善於尋找蜂窩的鳥，但牠們卻無法用細小的鳥喙打開蜂巢，這時，牠們就會去找蜜獾。蜜獾通常都在笨拙的到處尋找蜂巢，而響蜜鴷會吱吱喳喳引起蜜獾的注意。當蜜獾注意到響蜜鴷後，便會開始呼嚕呼嚕叫並跟著響蜜鴷找到蜂巢。對蜜獾來說，破壞蜂巢是輕而易舉的事。在蜜獾享用完甜滋滋的蜂蜜大餐後，響蜜鴷便可以吃掉蜂窩中的幼蟲以及蜂蠟，皆大歡喜！

直走……

好的！

▲ 合作團隊：蜜獾與響蜜鴷

• 同樣的，**鯊魚**和**隆頭魚**間也有很好的合作關係。這種小魚會清除鯊魚皮膚上惱人的痘子和寄生蟲，甚至會游到大鯊魚的嘴裡，清除在堆積在鯊魚牙齒縫中的廢物。隆頭魚為鯊魚們提供了免費的皮膚與牙齒照護服務，而鯊魚根本不需花任何力氣來為護理師們提供食物。超划算的，對吧？

好吃！好吃！

▲ 合作團隊：寄居蟹與海葵

• **寄居蟹**與**海葵**也發現了合作之道。寄居蟹以軟體動物的空殼為家，並且將殼的頂部「租」給海葵，海葵不但能食用寄居蟹殘留的食物，還得到了免費的居所；而海葵則用棘刺保護寄居蟹免受侵略者攻擊作為回報。有時互相幫助的海葵與寄居蟹會結成好友，當寄居蟹搬到新的殼中居住時，海葵也會跟著搬家。

• 最後，**角鴞**不喜歡自己的雛鳥被昆蟲叮咬，所以牠們會抓捕一種以昆蟲為食、但不會攻擊幼鳥的小**蛇**來保護雛鳥。這種保姆很棒吧！

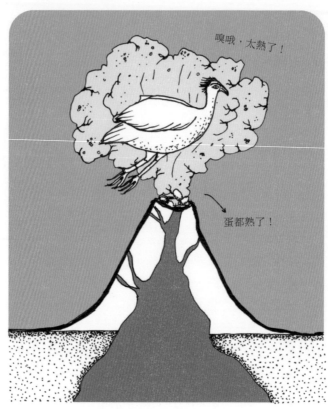

嗅哦，太熱了！

蛋都熟了！

▲ 波利塚雉

9. 懶惰（還是聰明？）的鳥兒

眼斑塚雉看起來有點像環頸雉。牠們生活在澳洲的乾燥灌木林或森林中，喜好沙質且覆滿樹葉的地方，因為牠們會用沙子及樹葉築巢——首先，在沙地裡挖一個淺洞再蓋滿樹葉，雌眼斑塚雉會將蛋產在樹葉上，再在蛋上鋪層厚厚的沙。一段時間後，細菌便會開始分解樹葉，造成樹葉腐爛、形成堆肥，這個過程會讓巢中的溫度上升，如此一來，牠們就不用孵蛋啦！還可以利用這段時間，在鳥巢附近悠閒尋找美味的小食。偶爾，眼斑塚雉會用喙來檢查、確認鳥巢的溫度是否處於最佳狀態。太熱了？就移除一些葉子。太冷了？就再添加一些樹葉。牠們的鳥喙可說是貨真價實的溫度計哪！

波利塚雉則把孵蛋的工作委由火山執行。母塚雉會將卵產在活火山邊緣的孵化穴（或有地熱和火山灰的地方）。這樣的地方可讓牠們的蛋保持溫暖。如此一來，就不用坐在巢裡孵蛋了。不過當然，牠們一定希望火山不要突然爆發！

10. 故意縱火的猛禽（鷙鳥）

澳洲常常發生森林大火，火災往往會吸引**猛禽**前來。牠們會在火場邊緣等待，等待野兔、野鼠和其他獵物因為害怕烈火而倉皇逃出火場。這是一種簡單的捕獵方法——而且或許牠們覺得帶點煙燻味的獵物特別可口……

不僅如此，公園保育員、消防人員和其他目擊者還發現，某些猛禽甚至會故意放火，是貨真價實的縱火犯。**黑鳶、嘯栗鳶**和**褐隼**會自火場中銜取燃燒的樹枝，將其丟落在未起火的地方，然後在旁邊靜靜等候新的火災發生。尚未起火前，那樣的地方還沒有其他競逐獵物的猛禽，而一旦起火，倉皇奔出的獵物都會歸自己所有。

科學家們還未能完全確定，這些猛禽是否真的故意縱火。或許，牠們只是在火場中抓捕獵物時，不小心夾帶了燃燒中的樹枝。但澳洲原民（澳大利亞洲最早的住民）或許更了解事實，在許多傳說與民間故事中，都描述了這種「會縱火的猛禽」。

若這些猛禽真是故意縱火，則說明了一個事實：牠們和唯一知道如何升火的動物——人類一樣聰

明。而且，這些猛禽不但知道悶燒中的樹枝可以引發新的火災，還意識到火可以幫自己驅趕獵物。

啊啊啊…

11. 寒鴉——超級高明的扒手

你可以透過與黑色身體明顯對比的淺灰色後頸與白色虹膜，認出**寒鴉**。牠們通常生活在野外，但在城市中也可見到牠們的身影。這是因為對寒鴉而言，適應環境很容易，牠們可以互相溝通，具備非常好的社交能力，當寒鴉發現一個食物豐富的地點時，會通知同伴，並告訴牠們如何前往。

寒鴉如此聰明，有時候也會惡作劇。例如，在英格蘭和威爾斯，有些奶農會每日遞送瓶裝牛奶，送抵時就將牛奶置於門前。寒鴉清楚知道該如何打開瓶蓋，把牛奶倒出來。

有些人則會教寒鴉們一些小伎倆。大多數是一些有趣的小花招：例如玩球，或是在鏡子前顧影自憐，但也有些壞心人，訓練這些聰明的鳥兒成為扒手。就曾有一群義大利小偷訓練寒鴉偷錢，以在自動提款機領錢的人為目標，一把抓走剛剛領出來的鈔票，再逃之夭夭。所以，下回領錢時記得四處看看，有沒有轉著閃亮眼珠的黑色小鳥，正盯著你……

嘿…戰利品！

12. 烏鴉會記得你（而且牠會報仇！）

烏鴉非常擅於臉部辨識。在一項特殊的實驗中，科學家們發現：這些鳥兒不但能辨識臉孔，還能將自己獲得的相關訊息傳遞給同伴。

這個實驗是這樣的：有些科學家以溫和、友善的方式對待烏鴉；有些科學家則故意騷擾烏鴉、做一些烏鴉們討厭的事。但所有的科學家都會戴一副逼真的面具，以確保實驗中的烏鴉不會見到他們的真面目。研究人員想知道，烏鴉是不是真的能辨識人類的臉孔。

結果，烏鴉可明確區分這些「友善的」和「不友善的」的面具科學家：牠們平和對待「友善的」科學家，但攻擊「不友善的」。烏鴉會向下俯衝、飛掠過討厭的科學家的頭頂，明確表達不歡迎他們。但當這些討厭的科學家沒戴面具時，烏鴉則會無視他們，不會攻擊。

除此之外，還有更好玩的：烏鴉是會記仇的！牠們會告訴同伴哪些是討厭的科學家，所以經過一段時間後，新來的烏鴉也會開始攻擊這些討厭的科學家。而且這些新來的烏鴉，還會把相關資訊傳達給自己的孩子，讓這些討厭的科學家持續被攻擊。

聒、聒、聒

攻擊！

噢哦！

?

▲烏鴉實驗

由此可知，烏鴉具備詳細描述人類面孔的能力。想想看，如果有一天烏鴉接管世界，而牠們一直都清楚知道哪些人是友善的，哪些人不是……你最好還是跟牠們做朋友比較保險。

13. 禿鼻鴉是天才

假設眼前有一個管子裝著半滿的水，某個你想要的東西浮在管內水面上，但管子太高又太窄，你的手伸不進去、搆不到，不過附近有許多小石子……

小孩有時需要相當長的時間，才能解決這樣的問題。**禿鼻鴉**找到答案的速度，卻驚人的快。在某個實驗中，各分配一個透明長管給兩對禿鼻鴉，長管底部則有一隻肥美的蛾幼蟲。管中有水，管子旁則散落著大大小小的石子。其中一對禿鼻鴉立刻知道自己該做什麼——牠們把石頭丟進水裡、讓水位上升，直到蛾幼蟲升到管子上方。另一對也向管子裡扔了幾塊石頭，但在成功捕獲幼蟲前就放棄了，不過在第二次嘗試時就成功讓幼蟲一路上升到管口，並抓到牠。

禿鼻鴉們似乎還意識到，當牠們丟較大的石子進去時，水位會上升得比較快。在開始解任務前，還會在管子周圍跳來跳去，仔細觀察所有的東西。因此我們合理懷疑牠們會思考並試圖評估解決方案。這些聰明的鳥兒竟然懂基本的物理——即便牠們從來沒上過學！

很合理嘛！

▲禿鼻鴉實驗

14. 蜥蜴可絕對不是傻瓜

長久以來，科學家都認為爬蟲類動物是冷血的傻瓜，沒辦法做出什麼聰明的事。但如今，他們更了解爬蟲類，也知道了更多。蜥蜴和自己的同類們在「對的溫度」時，其實可以表現得很不錯。只要夠溫暖，就能驅使他們的身體和大腦有效的工作。

蜥蜴常常能比其他動物更快解決問題。例如，他們可以快速發現打開容器蓋子的方法，得到容器中的食物，甚至會用各種不同的方法來開蓋子。

科學家們還見過鬆獅蜥在 10 分鐘內，就弄清楚該怎麼開門。

此外，蜥蜴們還會互相學習。鬆獅蜥只要在窗後看過同伴開門，就可以馬上了解到，下回自己處於相同情況時該怎麼做。牠們會毫不遲疑去模仿自己的同伴。

再也不要覺得在牆上曬太陽的蜥蜴們看起來有點蠢，其實牠們正為稍後要展現的超能力充電中！

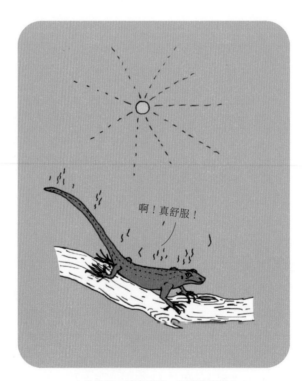

啊！真舒服！

▲升溫後，就會變成一隻頂級蜥蜴！

15. 什麼東西都能開的浣熊

有過這樣的經驗嗎——有時就是打不開巧克力抹醬或果醬瓶？請一隻**浣熊**來幫忙吧！牠們什麼都能開。

很多浣熊住在加拿大的大城市多倫多，牠們看起來非常可愛，卻造成不少麻煩。浣熊總是以戶外的垃圾桶為目標，當地政府試過了各式各樣的鎖，但浣熊實在太聰明，牠們會不斷嘗試，直到成功把鎖打開。一旦牠們打開一種鎖，似乎就能理解它的運作原理，接著要打開其他垃圾桶可就一點都不難了。

科學家們猜想，浣熊會如此聰明，是因為牠們跟著人們搬到城市居住。實際上，浣熊來自熱帶地區，透過遷徙而適應了新的環境。在城市中，牠們要面對的挑戰遠比在自己的原居地——人煙稀少的地方，要多得多。而這些挑戰，則讓浣熊變得更加聰明。

在這段期間內，多倫多人持續尋找讓浣熊遠離垃圾桶的方法。當地居民賽門‧崔德威爾設計了一種新鎖：他在垃圾桶中裝滿了貓食、烤雞和沙丁魚，並且讓這些東西也散落在垃圾桶周圍。果然，浣熊馬上就來了，還連續嘗試了五個晚上，想撬開鎖、打開垃圾桶。直到牠們發覺真的打不開時，終於放棄了。要打開這種鎖，需要有所謂的「對立的拇指」。拇指與其他手指相較，能指向各個方向，也可以觸碰到其他的手指。人類和靈長類動物有拇指，很幸運的是，浣熊沒有。這是賽門‧崔德威爾成功讓浣熊遠離垃圾桶的方法！目前為止啦……

戳、戳

▲死兔子

16. 全班最聰明的是……黑猩猩

我們知道**黑猩猩**很聰明。但科學家們發現，有時候牠們甚至能比人類更完美的達成任務。

例如，黑猩猩的短期記憶較人類好——這是一種用來短暫（數秒到數分鐘）保存新資訊的記憶，只能儲存少量資訊，例如電話號碼。

在一項測試中，研究人員在螢幕上閃現一組數字，接著黑猩猩要依序指出剛剛看到的數字。牠們做得又快又好，若說牠們對此任務的完成度有八成，人類則只有五到六成。科學家們猜測，黑猩猩具有攝影式記憶。也就是說，牠們的大腦會非常迅速的將所見之物「拍攝」卜米。這對應付危險狀況當然是很有用的，也可以記住食物的位置，或知道對手的領地範圍。

其他的科學家則發現，黑猩猩會使用工具狩獵。一般而言，黑猩猩不吃肉，但當食物缺乏時，牠們便會去打獵。在塞內加爾的 Fongoli-savanne 黑猩猩實驗中，研究人員見到黑猩猩折下樹枝，去除樹葉和小枝條，為自己製作了一根木棒，還會啃咬木棒末端使其尖銳。最後，帶著這根自製長矛去打獵。

黑猩猩會用長矛的尖端戳刺洞穴，因為其中可能有（夜行）動物幼獸正在睡覺。牠們會嗅聞木棒尖端，如果沾染了血，就代表找到了一隻可食的動物。不過，這方法主要是年輕的黑猩猩在使用。年長的雄性黑猩猩仍然採用傳統的方式——追逐，來追捕獵物。年輕的黑猩猩找到了全新的方法來獲取食物，完全不會妨礙老猩猩們。年輕人的新發現，聰明喲！

- 2 -

動物和牠們的愛情

17. 海鵰墜入愛河時會變得瘋狂

經歷過肚子裡像有蝴蝶在飛舞的感覺嗎？聽起來有點奇怪，但無論如何，希望你不會像**白頭海鵰**一樣瘋狂。這些鳥兒終其一生都對自己的另一半忠誠，在繁殖季節到來時，還會發生特殊狀況——牠們會搖身一變，成為無畏的冒險者，在空中瘋狂探險。

雄鳥和雌鳥會相偕飛向高空，抵達高空後便抓著對方的爪子，然後自由落體——快速墜下！在墜下的過程中，牠們在空中旋轉，直到接近地面時，才鬆開彼此。偶有不慎時，這樣的墜落會以毀滅性的撞擊告終。或許，這是白頭海鵰確認自己與伴侶是否完全契合的方法。

除此之外，白頭海鵰還會相偕在高空中像乘坐雲霄飛車般的飛行——其中一隻鳥飛在前面，不斷往上飛、直到可以飛到的最高點，然後轉身以最瘋狂的極速向下俯衝。另一隻則緊隨其後！

海鵰會一同築巢，有時雄鳥會幫忙，但通常只撿拾樹枝，讓鵰夫人全權負責築巢。一段時間後，牠們會減少表演前述空中雜技的時間，最終交配成為夫妻。雌雄海鵰會共同照顧、養育小海鵰。至此，海鵰夫妻就沒什麼時間再玩空中雲霄飛車或旋轉自由落體的瘋狂遊戲了。

18. 鯊魚有兩個「陰莖」

魚類學家或魚專家們會告訴你：**鯊魚**根本沒有陰莖。不過，牠們以一種具有細溝的器官——「鰭足」（交接器）代之。鯊魚的兩個鰭足位於兩個腹鰭內側，就在鯊魚腹部後方。平常鯊魚游泳時，鰭足會平貼於下腹。但當公鯊魚遇到心儀的母鯊魚時，會開始跳一種儀式性的游泳舞蹈來吸引母鯊，甚至會輕咬母鯊的背部或胸鰭以示好。當母鯊向自己靠近時，公鯊魚便抓住母鯊位於鰓裂後方的胸鰭，然後彎曲自己的身體以便讓自己的腹鰭貼近母鯊的腹鰭。

接著，公鯊會將最接近母鯊的鰭足放入母鯊泄殖孔中，展開鰭足前端並以鉤狀構造固定。

跳舞嗎？

母鯊受孕後會生出什麼，則依鯊魚的種類而異。例如**斑點貓鯊**與**小點貓鯊**會產下一些大型卵，卵的外面包覆一層皮袋狀的保護構造，末端還帶有線狀附著絲，可將卵固定在海藻或石頭上，直到幼鯊孵化。

▲胎內互殘

▲鯊魚卵

大部分的鯊魚則是「卵胎生」。幼鯊在母鯊肚子中成長，但幼鯊自己繫著一個卵黃囊，供給成長所需的所有食物、營養。母鯊將幼鯊留在體內的唯一作用在於提供安全保護，呃，是相對安全的保護——有時候，最強壯的幼鯊在出生前會吃掉同胎的兄弟姐妹——此種同類相食行為被稱為「胎內互殘」，以確保出生的是最強壯的幼兒。

第三種鯊魚的生產方式則是「胎生」。幼鯊在母鯊子宮中成長，透過胎盤獲得所需養分。

鯊魚會控制小鯊魚的出生數量，以確保牠們能獲得足夠的食物與生存空間。透過這種方式，讓鯊魚得以避免快速滅絕。

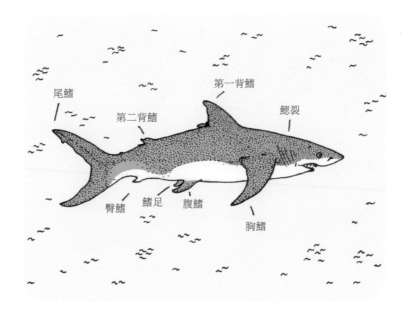

▲鯊魚

再撐一下，快到了！

女性，愛情，7公里

19. 兩棲動物的特殊性生活

你可能不大能想像，**兩棲動物**的性生活十分特別且多樣。

例如，有些**雄蠑螈**會冒生命危險尋找合適的伴侶，他們會用他們的小短腿，奔波長達十四公里。對這些小動物來說，這可是非常遙遠的距離，在這段旅途中，還得冒著被吃掉的風險哪！

一旦找到了夢中的雌蠑螈，牠們便會開始一場複雜的交配儀式。例如歐蠑屬（水蠑螈）中的雄性會先嗅聞雌蠑螈的泄殖孔——這是排尿、排便和產卵的共同出口。獲得雌蠑螈同意後，雄蠑螈會轉身、搖動尾巴，釋出催情物質引誘雌蠑螈。接著，雄蠑螈排出精子包囊，母蠑螈再將其吸入泄殖腔中完成交配。

青蛙和**蟾蜍**則採取不同的交配方式。雄蛙會先牢牢抓住母蛙，等到母蛙產卵，接著再將精液噴在卵上。交配期對青蛙和蟾蜍而言，似乎是某種困難時期，牠們好像對自己的慾望感到盲目，會抓住任何「希望」是自己配偶的東西，這可能是一條魚、甚至是你的手；若一隻雄蟾蜍不幸抓住了另一隻雄蟾蜍，被抓住的蟾蜍便會呱呱叫發出警告。但當然，抓人的雄蟾蜍並不會馬上放手，所以有時候，這類掙扎會導致蟾蜍們把找到的伴侶淹死的不幸。

20. 鴕鳥想交配時，會跳一種非常特別的舞

在非洲乾旱炎熱的平原上，有時可以看到**鴕鳥**們在交配季節中跳著一種特別的舞。這算是他們的交配儀式，是一種令人印象深刻，但也有點好笑的舞蹈。

首先，公鴕鳥們會為了爭奪母鴕鳥而戰，這是非常認真的爭奪戰，牠們會用力襲擊對方，有時甚至會有鴕鳥戰死。最後勝利的公鴕鳥，則可以順利為自己建立可容納約七隻母鴕鳥的「後宮」。

公鴕鳥會將所有入侵者都趕出自己的交配區。然後，為了引起夢中情人的注意，公鴕鳥會興奮的左右交替拍打翅膀，還會用喙啄地，象徵性的在沙地上挖巢。當母鴕鳥對公鴕鳥的關注感到滿意時，便會繞著牠一圈圈奔跑。此時，公鴕鳥會以一種螺旋方式轉動頭和脖子，凝視奔跑中的母鴕鳥，直到母鴕鳥自己跌倒在地。

與大多數鳥類不同，公鴕鳥有陰莖，大約 20 公分長，可以讓母鴕鳥受精。

只有佔優勢的母鴕鳥有權築巢，其他的母鴕鳥只能跟隨優勢鴕鳥，將卵產在同一個巢內。平均每個巢內會有約 60 個鴕鳥蛋，每顆蛋大約重 1.3 公斤。公鴕鳥和優勢母鴕鳥共同負責孵蛋，而其他的母鴕鳥則會記得哪幾顆蛋是自己的。

白天由母鴕鳥負責孵蛋，晚上則是公鴕鳥。這樣的安排並非偶然——母鴕鳥的棕色羽毛在沙地上是很好的保護色，公鴕鳥的黑白羽毛，則讓牠在黑夜中不容易被發現。

小鴕鳥大約在 45 天後孵化，剛孵出來的小鴕鳥跟雞差不多大。公鴕鳥會保護小鴕鳥，並教牠們覓食，母鴕鳥則從旁協助。遭遇攻擊時，公鴕鳥負責分散敵人的注意力，母鴕鳥則帶著小鴕鳥伺機逃跑。不過，招惹鴕鳥生氣時，入侵者實在應該特別注意。為什麼呢？請參考第 245 則的介紹。

ㄊㄚㄅㄚ

拍拍！　　　　　拍拍！

▲求愛中的鴕鳥

21. 雄豪豬對著自己的愛人撒尿

豪豬是獨居動物，通常獨自生活，這基本上沒有問題，除了需要尋找伴侶繁衍後代時……

雌豪豬一年中只有 12 個小時可以受孕生育，為了讓附近的雄豪豬知道「時間到了」，牠們會分泌一種味道近似麝香的尿液。雄豪豬聞到氣味後便會向雌豪豬聚集，並互相爭鬥，最後的勝利者可以對著雌豪豬撒尿。雌豪豬會依據尿液的味道，決定是否要跟這隻雄豪豬交配。

接下來的交配，當然還是要非常小心謹慎——畢竟雄豪豬可不想被雌豪豬背上多達三萬根的長刺刺穿哪！

嗅、嗅……

頂級香氣哪！

▲巴西豪豬

22. 烏賊的水下迪斯可表演

當你聽到**烏賊**（海貓）*這個名字時，是不是會想到戴著氣管與蛙鞋的貓呢？這個形象還挺美的對吧？不過，烏賊跟你家的貓完全沒有關係。烏賊生活在北海，有十隻觸手：八隻普通觸手和兩隻特別長的觸手（這兩隻長觸手藏在其他短觸手間，用以捕捉獵物）。當烏賊看到可口的螃蟹或蝦子時，便會伸出一隻長觸手，將獵物吸在觸手的吸盤上，再把獵物送入口中，用嘴裡堅硬的喙將獵物切碎。此外，烏賊體內還有一個稱為「烏賊骨」的內殼，橢圓形、白色，偶爾可以在沙灘上找到。

春天時，雄烏賊與雌烏賊會回到出生的地方並在那裡交配，通常是在東斯海爾德

我來打燈

我播音樂

▲烏賊的迪斯可雙人舞

（Oosterschelde）*。母烏賊會尋找一個自己喜歡的地方，此時雄烏賊則忙著爭吵，直到母烏賊與某隻雄烏賊互相看對眼，雄烏賊便會開始一場迪斯可表演——雄烏賊背上會開始出現某些圖樣，並會持續、快速改變顏色。一旦雌烏賊喜歡牠的表演並表現出喜愛的樣子，牠們便會用觸手溫柔的互相擁抱，如同擁舞一般。

接著雄烏賊會伸出右側第四隻觸手，這隻觸手上的吸盤較少，且具有較醒目的花紋——這是牠們的陰莖。雄烏賊的陰莖不僅用於交配，還會被用來向其他雄烏賊揮舞，讓牠們與自己保持距離，以及向雌烏賊表明愛意！

雄烏賊會讓 200 ～ 300 個卵受精，雌烏賊則接著將一小串一小串的卵產在海草、錨鏈或其他凸出物上。大約 1 個月後，小烏賊便會從卵中孵化。但烏賊媽媽通常無法看到小烏賊們孵化，因為牠們大都在產卵後便衰竭而亡了。

* 譯註：東斯海爾德（Oosterschelde）是荷蘭南方澤蘭省（Zeeland）的河口海灣，其上建有澤蘭大橋（Zeelandbrug）。

* 譯註：除了正式名稱 sepia 之外，荷蘭人也稱烏賊為 zeekat，字面意思就是海貓。

23. 來跳蝰蛇舞！

蝰蛇喜歡隱身綠色植物間，靜靜過自己的生活。只有在享受溫暖的陽光，以及跳蝰蛇舞的時候，牠們才會現身。而蝰蛇舞，非常特別。

蛇的冬眠期大約是 3 個月。氣候寒冷時，牠們會盡可能擠在一起，讓身體溫暖一點。在芬蘭，甚至曾經發現在某個巢穴中，有多達八百隻蝰蛇。

每年的二、三月，雄蝰蛇結束冬眠，開始活動。但牠們並不急著填飽肚子，而是會靜靜等待雌蝰蛇出現，以進行交配。

跳舞吧！

▲蝰蛇

當兩隻雄蝰蛇相遇時，會開始跳蝰蛇舞，來決定誰可以贏得雌蝰蛇的青睞。跳蝰蛇舞時，雄蝰蛇會向上垂直站立，並互相纏繞。兩者都會不斷往上，試圖高過對方，並且一再嘗試將對方推向地面。成功的雄蝰蛇獲得最終勝利。

雌蝰蛇受精後會將卵留在腹內以保持溫暖，不幸的是，這樣一來牠們就沒有空間進食了。懷孕的蝰蛇可以在沒有進食的狀況下，存活 2 ～ 3 個月。

24. 愛情是雄蜘蛛的催命符

• 雄**蜘蛛**沒有陰莖，必須透過各種不同的技巧來與雌蜘蛛交配。雄蛛腹部會產生精子，當牠們要交配時，會先織一種特別的精網，然後在織好的精網上摩擦腹部直到精液釋出、附著在精網上。接著，再用前方的觸肢吸附精液形成精團暫存。找到願意交配的雌蛛時，便會透過左右兩隻觸肢將精團放入雌蛛的外雌器中。

• 種類不同的蜘蛛，精團的大小或形狀也不同。藉此可以確保自己跟正確種類的蜘蛛交配。

• 有些蜘蛛甚至會採取保護措施：雄蜘蛛在交配後，將某種體液噴灑在雌蛛的外雌器上，這種體液會硬化，包覆在雌蛛的外雌器上，如此雌蛛便無法再與其他雄蛛交配。雄蛛藉此確保了──接下來出生的小蜘蛛們都是自己的孩子！

• 在交配的過程中，雄蛛很有可能會被雌蛛吃掉。為了安全，雄**跑蛛**會帶著禮物去約會：一個以絲線包裹、剛剛殺死的獵物；雄**十字園蛛**則知道「性」意味著「死亡」，雌十字園蛛在交配時會將毒牙刺入雄蛛體內，並在雄蛛釋出精子後啃食牠。對雄蛛而言，這是完成任務所需的犧牲。有些蜘蛛則會在交配前，先用蛛絲包裹雌蛛，以延緩雌蛛的攻擊；**捕鳥蛛**和**長腳蛛**則會用

前肢擋架、控制雌蛛的毒牙，以免自己在交配結束前被殺死。

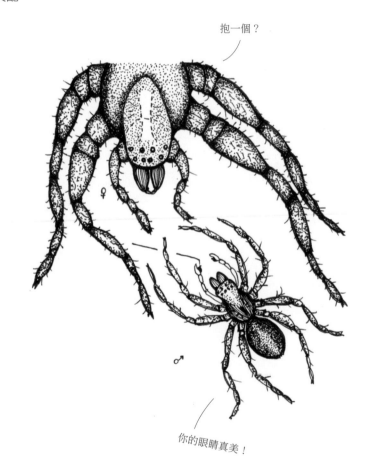

抱一個？

你的眼睛真美！

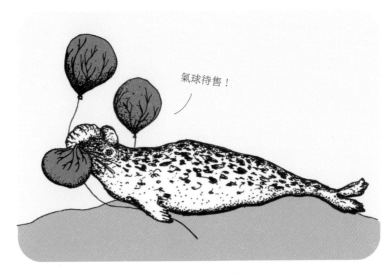

氣球待售！

▲浪漫的冠海豹

25. 用紅色氣球示愛的冠海豹先生

• **冠海豹**是屬於海豹家族的鰭足動物，有灰色帶黑色斑點的皮毛。冠海豹的前額和鼻子前端有一個像帽子的黑色皮袋，所以被稱為「冠」海豹。

• 冠海豹的交配季節從七月開始。雄性會試著用「紅色氣球」來吸引雌性——這裡說的當然不是平常的氣球，而是掛在牠們左邊鼻孔，看起來像氣球的皮袋——雄性冠海豹會關閉右鼻孔，並將鼻子上的皮袋充氣，接著來回搖晃充氣後的皮袋，發出叮咚聲以吸引雌性冠海豹，並且阻止其他雄性接近。

• 冠海豹的天敵不多，其中需要特別警惕的是人類：人類會獵捕小冠海豹，這是因為小冠海豹有著在皮草市場大受歡迎的美麗藍色皮毛。雖然獵捕冠海豹已被禁止，但我們還是會發現被棍棒打擊致死的冠海豹。此外，冠海豹也是北極熊和格陵蘭鯊喜愛的食物，所以冠海豹們也得盡可能遠離牠們。

26. 動物世界裡的同性戀

有些男性喜歡男性，有些女性喜歡女性，人類世界如是，動物世界呢？

與人類一樣，同性戀也存在於動物之中。目前所知，超過一千五百種動物會與同性發生性關係。研究人員認為，動物中同性關係發生的頻率，可能比我們所認知的更為頻繁。在某些種類的**綿羊**、**獅子**、**猴子**、**長頸鹿**、**海豚**、**虎鯨**、**章魚**、**蠕蟲**，以及各種**昆蟲**中，都有同性戀。

以**流蘇鷸**為例：有些雄流蘇鷸看起來像雌性，行為也像雌性，這些雄流蘇鷸便與雄性交配。

日本獼猴一般來說是公猴與母猴交配，但當繁殖季到來時，公猴不只要與其他公猴互相競爭，還得與母猴競爭。

事實上，有許多動物都是「雙性戀」：這表示牠們會與同性也會與異性伴侶發生性關係。

上戲囉！

▲雄流蘇鷸喜歡把自己打扮得漂漂亮亮的

但，動物們為什麼會這樣做呢？

• 有時候，原因很單純。例如在**果蠅**誕生前三十分鐘裡，雄果蠅會與牠們所遇到的所有果蠅交配，無倫雌雄。因為雄果蠅只有在了解雌果蠅氣味的狀況下，才能更有效率的繁殖。因此在這個案例中，「同性交配」目的在於讓繁殖更為有效。

親一個！

• 有些**信天翁**與自己的同性建立關係，是因為無法獨力扶養小信天翁。例如當雄信天翁不幸喪生時，牠的雌性伴侶可能會與另一隻雌信天翁一同扶養自己的幼鳥，而且將終其一生共同生活（不過仍可能與其他雄信天翁交配）。

• 研究人員認為，猴子與自己同性別的猴子發生性關係，則只因為牠們覺得這樣很好──認為性交讓群體成員間聯繫更為緊密。同樣的狀況，也發生在某些種類的海豚上。

小子，準備好了嗎？

吼～

▲馬島獴為獨立生活而努力著

27. 馬島獴——雄獴爭奪，雌獴靜坐在樹上觀戰

馬達加斯加島上的居民們傳說，**馬島獴**會在晚上潛入人們的房子裡舔他們；而被舔的人會陷入恍惚狀態，從此不再醒來。此外，還流傳馬島獴會從嬰兒床上偷走小嬰兒的故事。

這些當然都不是真的。馬島獴喜歡遠離人類生活，他們是馬達加斯加島上體型最大的肉食動物，位於食物鏈頂端，除了人類以外牠們沒有天敵……因為人類不喜歡大貓。馬島獴可以長到 90 公分長、12 公斤重，比一般家貓大得多。

馬島獴在九月和十月間交配。此段期間，雌獴會安靜坐在樹上，樹下則聚集多隻雄獴，相互吼叫、爭吵以吸引樹上的雌獴注意。雌馬島獴會與多隻雄馬島獴在樹上交配，整個交配過程可以長達兩個半小時之久。當一隻雌馬島獴完成交配後，另一隻雌馬島獴會取代她，繼續另一個交配過程。

三個月後，雌馬島獴會生下 1～6 隻小馬島獴，並將小馬島獴們藏在地洞或空心樹中。剛出生的小馬島獴只有 100 公克重，沒有牙齒，也看不到，直到兩週大時，才會張開眼睛；十二週大時，開始吃固體食物。小馬島獴要長到四個半月大後，才能離開洞穴，但在那之後，馬島獴媽媽至少還要照顧小馬島獴六個月，牠們才能存活。

28. 豪豬如何交配？當然要非常⋯⋯小心⋯⋯

豪豬身上長了多達三萬根尖刺。平時，這些刺會平平的貼附在身上，這時豪豬看起來很像土撥鼠。但是當牠們生氣或受到威脅時，這些刺會直立起來，讓豪豬看起來變成兩倍那麼大。生氣的豪豬會搖動牠的刺並用後腳站立，發出呼嚕呼嚕的聲音來嚇唬敵人。

若這樣沒用，牠們便會展開攻擊：側向或轉身背向敵人，並用刺攻擊敵人。刺入皮膚的豪豬刺很難取出，因為刺的尖端長有小倒鉤。刺雖然無毒，但帶有很多細菌，因為豪豬會在自己的排泄物中打滾。被刺傷的傷口很容易感染而導致死亡。至於豪豬可以將刺射出攻擊敵人的說法，則只是傳說罷了。

交配時，雌豪豬背上的刺對雄豪豬而言當然也是個障礙，所以雌豪豬會伸展自己的脊椎，並盡可能抬高尾部，這樣雄豪豬在交配時才不會受傷。

小豪豬約在受孕二個月後出生。小豪豬剛出生時的刺是軟而短的，這樣才不會在出生時弄傷媽媽。出生後約十天，小豪豬的刺便會變硬，這時才能跟著媽媽外出。群居的豪豬會互相幫忙，養育小豪豬長大。

哼！

▲在動物王國的交友網站約會

29. 禿鷲的網戀

這絕對是個滑稽的畫面：一隻**禿鷲**坐在電腦前為自己物色約會對象！這樣的事當然只會發生在動物園裡的禿鷲身上。

動物園中參與禿鷲育種計畫的工作人員，正在為他們的禿鷲尋找伴侶。他們使用線上的血統登記資料，上面載明了每隻動物的父母與祖先的相關資料。為了能生出健康的小禿鷲，必須避免與血緣過分接近的禿鷲配對。

線上配對成功的禿鷲，不一定會互相喜歡，禿鷲似乎比較喜歡自己決定要將心交給誰。這就是為什麼，工作人員要在約會鳥舍中安排五隻單身禿鷲，然後期待可以配對成功。若其中兩隻禿鷲幸運的互相看對眼了，便會相互點頭致意。接著，牠們會越來越常待在彼此身邊，並慢慢試著將羽翼靠在對方身上，看看是否一切安好。順利的話，再跳個舞。整個約會需要花費很長的時間，但最後的交配則在幾秒鐘內完成：兩隻禿鷲互相擠壓彼此的泄殖腔，完成受精。受孕後的禿鷲會產下一個蛋，父母雙方會共同扶養小禿鷲成長。

禿鷲尖銳的喙讓牠們看起來很可怕，但牠們卻是瀕臨滅絕的物種。動物園裡施行的育種計劃，便是希望能讓禿鷲再次活躍在大自然中。

30. 穿著藍色麂皮鞋跳舞

知道貓王的「藍色麂皮鞋」這首歌嗎？貓王歌詞裡叮囑著，不要踩到他的藍色麂皮鞋——或許這是因為貓王曾經見過**藍腳鰹鳥**——這種鳥有一對美麗的藍腿。當雄藍腳鰹鳥想跟某隻雌鳥約會時，牠們會跳舞來試著打動夢中情人。雄藍腳鰹鳥會鼓動翅膀，將喙舉向空中，並盡可能抬高牠的腳，以便讓雌鳥好好品評。越藍的腳對雌鳥來講越有吸引力，因為藍腳鰹鳥的腳的藍色調，代表健康與力量。

一旦雌鳥認可了跳舞的雄鳥，便會模仿雄鳥跳舞，就如同跳鏡子舞一般。

藍腳鰹鳥們在築巢之後，仍然會持續與配偶和「其他藍腳鰹鳥」跳舞。當雄鳥到海上捕魚時，藍腳鰹鳥太太會毫不尷尬的與鄰居先生跳舞。

藍腳鰹鳥的捕魚技術卓越超群，牠們可以在全速飛行的狀況下，準確的從水裡捕獲飛魚——在十五米高空中清楚看到位於水裡的魚後，立即急轉俯衝，並在撞擊水面前收束翅膀、入水捕魚。

藍腳鰹鳥棲息在加拉帕戈斯群島，那裡沒有喜歡吃鳥類的哺乳類動物，因此牠們沒有天敵也不用害怕。在那裡，你很容易就能靠近藍腳鰹鳥。記得，穿上你的藍色麂皮鞋，這樣才能跟牠們一起跳舞！

探戈？

我可以與你共舞嗎？

超級性感

▲藍腳鰹鳥

哇！帥孔雀耶！

女士們，請往這邊走。

31. 孔雀先生如何唬弄雌孔雀

說到**孔雀**，最受矚目的無疑是牠們美麗的、有一百五十根長羽毛的尾巴。不過，只有雄孔雀有這樣美麗、色彩繽紛的尾巴，雌孔雀身上則只帶著一點暗褐色。當雄孔雀在尋找伴侶時，會張開尾巴、自信的四處巡行。於此同時，牠還會輕輕搖動羽毛，用尾巴發出人類聽不到的特別聲音。依據雄孔雀移動的範圍不同，可能吸引或遠或近的雌孔雀靠近。吸引雌孔雀時，雄孔雀還會發出響亮的鳴叫。

雄孔雀不只在要交配時鳴叫，也會在交配和交配間鳴叫。如此一來，雌孔雀們會認為牠隨時都準備好要交配了。一旦生小孔雀的需求來臨時，便會優先選擇牠。看，孔雀先生正在握拳偷笑，因為牠們就這樣成功誤導雌孔雀啦！

小孔雀剛從蛋裡孵化出來時，都長得跟母親一樣，無法分辨性別。雄孔雀要到六個月大時，羽毛上才會有美麗的色彩，至於絢麗的大尾巴，則要等到三歲左右才會有。

交配季節後，雄孔雀的尾羽便會脫落。所以不用殺死孔雀，也不用弄傷牠們，就有機會可以撿到孔雀羽毛的。知道嗎？找到孔雀羽毛會帶來好運唷！

▲園丁鳥的建築藝術

32. 所謂狂熱（超級自信）者⋯⋯

你知道嗎？在鳥類王國中，有許多超級自信的
築巢狂熱者。

• 以**園丁鳥**為例，雄園丁鳥是築巢第一好手。
事實上，我們在談論的可是一棟寬敞的別墅：
園丁鳥的巢可達一米高、一點五米寬。在鳥巢
前方，雄園丁鳥會設置一個花園，花園裡擺放
有五顏六色的花朵、新鮮水果、蘑菇和其他各
種裝飾。雄園丁鳥如此大費周章，當然是為了
讓雌鳥對自己刮目相看。因為雌園丁鳥對雄鳥
的外貌並不感興趣，但卻非常在意牠的建築藝
術。巢越美，雄園丁鳥就越有機會找到願意和
牠一起進駐鳥巢的雌鳥。畢竟，雌鳥知道唯
有健壯、勤奮的雄鳥才能建造出這樣美麗的鳥
巢，而與這樣的雄鳥交配，會更有機會產下一
樣健康的小鳥。

• **犀鳥**是一種美麗的熱帶鳥類，擁有一種特殊
的、色彩鮮豔的喙，喙的上方還長著角。犀鳥
會尋找空心樹來築巢：雌犀鳥爬進樹洞，並在
其中築巢，有時候雄犀鳥會幫忙。築好的巢只
會留下一個小洞，讓雌犀鳥可以取得食物。犀
鳥先生這樣做並不是怕犀鳥太太飛走；相反的，
是為了要保護雌犀鳥和牠們的蛋，以免受到敵
人傷害。雄犀鳥會來來回回的飛，送來好吃的
食物給負責孵蛋的雌犀鳥，小洞除了用來傳遞
食物，也用來讓雌犀鳥排便。有些種類的犀鳥，
在小犀鳥孵出來後，犀鳥媽媽便會用喙打開封
著鳥巢的牆，以便出外覓食。但之後，會馬上
在小犀鳥的幫忙下快速把鳥巢再度封好。小犀
鳥會在巢中待到可以飛翔後才離巢。

33. 跳得最高的鳥兒

想像一下：你在非洲度假，正躺在高高的草叢中看書。突然間，草叢中好像發生了什麼——有一隻黑色、長尾巴的鳥突然從草葉中高高躍起。你趕緊起身，想看清楚到底怎麼一回事，卻發現又有一隻鳥從草叢中跳出來！在你搞清楚狀況前，整片草原已經成了一個有數十隻鳥兒在上面蹦蹦跳跳的大彈跳架了。

這些鳥兒很可能是**長尾巧織雀**，牠們的跳躍藝術其實是用來吸引雌鳥的。長尾巧織雀跳躍求偶時，除了要跳得高之外，能跳得久也非常重要。雌長尾巧織雀會坐在嫩枝上悠閒看著雄鳥

們表演，跳得最高、最久的雄鳥才能跟牠交配。

雄長尾巧織雀會用草莖在兩個草堆間的地面築巢：牠們將草莖編織在一起，覆蓋巢的頂部，以保護鳥巢不被發現。雌鳥會在巢中生下二到四個蛋，並負責孵蛋和照顧孵化後的雛鳥；於此同時，雄鳥則負責保衛領土。幼鳥大約需要兩年的時間，才能長成並擁有美麗的羽毛，也才能興高采烈的上下彈跳、吸引雌鳥。

▲跳躍比賽：跳得最高、最久的獲勝！

34. 互搧巴掌的野兔

考慮體重和身材大小的比例，所有的哺乳類動物中，出拳最重的是**野兔**。牠們會在交配季節的時候出拳打架——用後腿站立，以前腿出拳互擊。

科學家們一直以為，雄野兔經由這樣的拳擊擂台賽來贏得與雌野兔的交配權。但現在真相大白：雌兔不想交配時，也會狠狠出拳痛擊：只

要幾個精確瞄準的上鉤拳，就可以把討厭的雄野兔趕走。

野兔的打拳時間不一定剛好會是交配季節，在打拳時遭受重擊的野兔，是可能會身受重傷的。荷文中稱想交配的雄野兔為「rammelaar」，想交配的雌野兔則稱為「moerhaas」。

出拳！

▲彼得打了一拳！

- 3 -

普通動物們的特別事

35. 狗兒能夠了解你的感受

你有養**狗**嗎？牠可能很喜歡跟你一起玩，甚至還會在你傷心時安慰你，這再正常不過了！

芬蘭的科學家們對狗兒做過大量的實驗，他們給狗狗看許多表情不同（生氣的、哀傷的、快樂的……）的照片，依據情緒不同，狗聚焦在人臉上的部位也不同。而且狗狗們看「人臉」的方式，與看其他「狗臉」的方式不同。

當狗看到一隻憤怒的狗的照片時，大都會盯著圖片裡的狗的嘴，並且會盯著看很久。當牠們面對一個生氣的人的照片時，則會看向影中人的眼睛，但會試圖逃避影中人的目光。所以，狗兒真的是非常不喜歡人們生氣。

那麼，為什麼狗兒願意凝視生氣的狗，卻不喜歡看著生氣的人呢？這或許是因為狗已經適應了人類。從很久很久以前，野狗就開始與人類一同生活，而人類只馴養最友善、最順從的狗，所以狗兒很清楚的知道，自己在哪些時候必須保持安靜順從。

數百年來，牠們早已學會判讀人類老闆的臉色和情緒了。

順道一提，你知道狗兒可以認出自己認識的人的照片嗎？當狗兒在照片中看到自己認識的人，便會盯著照片看；若照片中出現的是不認識的人，則會表現出興趣缺缺的樣子。如何？讓自己家裡的狗兒試試看吧！

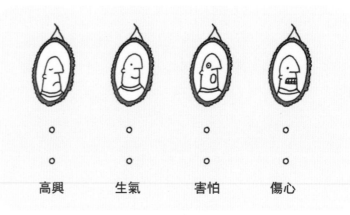

| 高興 | 生氣 | 害怕 | 傷心 |

▲ 連連看，請將正確的情緒與正確的照片連起來

呃……

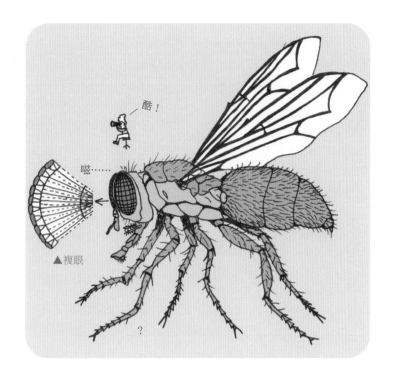

▲複眼

36. 透過蒼蠅的眼睛看東西

蒼蠅的眼睛跟我們完全不同,蒼蠅的眼睛是「複眼」。也就是說,牠們的眼睛是由數千個小眼睛組成的,我們稱這些小眼睛為「小眼」。每一個小眼都是一個眼睛,可將「看到的資訊」傳遞給蒼蠅的大腦。

那麼,蒼蠅看到的是什麼樣的世界呢?你可以簡單把它想成馬賽克畫面:小眼看到的數千個影像,被結合成一個大畫面;就像我們放大報紙上的照片時看到的一樣,你會發現整張照片是由許多小點組合而成的。由於蒼蠅的眼睛沒有瞳孔,無法判斷進入眼睛的光線有多少,所以牠們無法聚焦,看到的影像都是朦朧的;蒼蠅都是近視眼,事實上,牠們只能辨認形狀與動作;此外,蒼蠅看不到紅色,也無法分辨黃色與白色,但可以清楚看到人類看不到的線性偏振光。

蒼蠅無法看清所有的東西,但卻可以確實對每個動作做出反應!當有東西靠近時,牠們會立刻飛走。試著抓一隻蒼蠅看看,這可得花上不少時間唷!

啾啾

04:30

＊ 我想要一個寶寶了！

37. 鳥兒為什麼特別喜歡在早上唱歌？

有時你想睡晚一點，即使是在天色很早就亮了的夏天。但住在你家窗外樹上的黑鶇，一早就想讓生活變得多采多姿，太陽都還沒完全升起就開始引吭高歌，好像不唱就活不下去似的。結果，你當然就只能被牠吵醒了。

許多鳴禽都會一早就嗨翻天，例如**歐亞鴝**、**大山雀**、**林岩鷚**和**黑鶇**。雄鳥們會氣聚丹田放聲高歌，除了宣告領土主權，也是為了吸引雌鳥。雌鳥也會早早起來下蛋，一旦完成了下蛋的任務便容易發情，是個交配的好時機，所以雄鳥們才會在太陽升起前半個小時開始引吭高歌，以便向雌鳥們證明自己是最適合的伴侶！直到牠們有了小鳥後，雄鳥才會停止唱歌，休息一陣子。

有些科學家認為，雄鳥這麼早就開始唱歌，還有其他原因。早上歌聲可以被聽得更清楚，因為聲音能更好的被傳送出去。此外，雄鳥喜歡在天色未亮時開始唱歌，也可能是因為這樣比較不容易被其他猛禽發現。

下回被黑鶇的歌聲吵醒時，你就知道牠只是在尋覓戀情。有什麼比戀情更美好的呢？

38. 誰能坐在自己尾巴的影子中？

• **歐亞紅松鼠**有著紅褐色的皮毛，可以如閃電般快速爬上樹，是種美麗的動物。牠們喜歡吃松果的松仁、山毛櫸種子、栗子和榛果；春天時，牠們也喜歡花苞、嫩芽、樹的花、各種漿果和蘑菇；有時候昆蟲、毛毛蟲或鳥蛋也在松鼠的菜單上。偶爾，松鼠甚至會從鳥巢中擄走雛鳥。

• 從名字上看來，你可能會覺得松鼠一定喜歡吃橡果*，但事實並非如此。一般來說，松鼠並不喜歡吃橡果，因為橡果中含有太多單寧酸，牠們無法好好消化。松鼠的拉丁文名字 *Sciurus* 可以更正確的形容這種生物！這個名字來自於兩個拉丁字 skia（陰影）和 oura（尾巴）：一種可以坐在自己尾巴影子裡的動物。

▲歐亞紅松鼠／二名法拉丁學名：*Sciurus vulgaris*

• 松鼠的窩是用各種枝條、樹枝築成的，是直徑約 30 公分的球體，裡頭包裹有樹皮、蘚苔和草。冬天時，窩裡的溫度會比外面高 15 ～ 20 度，這樣的溫度對一些昆蟲（例如跳蚤）來說也非常舒服……所以呢，當窩裡有太多煩人的跳蚤寄居時，松鼠會放棄牠的窩，尋找新的地方重建。

• 你知道有些松鼠會飛嗎？呃……不是真的飛，是滑翔。**鼯鼠**的前後腿中間有一片特殊的飛膜，牠們從一根樹枝跳躍到另一根樹枝時，會將腿用力伸長，如此一來便可以滑翔數十米之遙，就好像掛著一個降落傘。鼯鼠可以如此敏捷的在樹林間穿梭滑翔，以至於牠們幾乎不需要落地。所以，想看鼯鼠嗎？記得，抬頭！

* 譯註：松鼠的荷文是 eekhoorns，其中 eek 與橡樹 eik 音似，故此處說看名字的話，可能會以為松鼠喜歡吃橡果。

噁，橡果！！

39. 對狗來說，打呵欠也是會傳染的！

當你和一些人在一起的時候，如果打了一個呵欠……接著，在還沒意識到之前，可能就會發現其他人也陸陸續續開始打起呵欠來。我們說，這是「感染性打呵欠」。

有趣的是，當你打呵欠時，除了會感染其他人，還會感染狗！研究員悠里‧馬斯海隆尼做過這樣的實驗：首先他盯著一隻狗的眼睛，等到狗也回看他時，立刻對著狗兒打呵欠。就這樣，他連續打了幾個呵欠後，平均一分半鐘左右，看著他打呵欠的狗也會開始打起呵欠來！他這樣測試過好幾隻不同的狗，每次都成功感染了狗，讓牠們跟他一起打呵欠。

但，為什麼狗會這樣呢？因為狗兒可以「同理」牠的主人嗎？善解人意或具備同理心的人，會比不那麼能同理別人的人，更快受到呵欠感染，這樣的狀況同樣適用於狗。例如，在狗兒面前打呵欠的是自己的主人時，牠們會更快受到感染而打起呵欠來。不過，狗兒間並不會傳染呵欠，唯獨會受到人類的呵欠傳染。你看，狗果真是人類的好朋友哪！

40. 蟑螂♡人類（但可不能反過來說！）

● 蟑螂已經在地球上爬行生活了三億五千年，這是因為牠們的環境適應力非常強大。一開始蟑螂與一般昆蟲一樣生活在洞穴中，人類出現後，牠們便開始跟隨人們生活，最終成為了如假包換的「家庭寵物」。如今，某些種類的蟑螂甚至已經完全不存在於野外，變成完全依賴人類生存了。

● 蟑螂幾乎什麼都喜歡，牠們有很好的嗅覺與味覺器官，可以用來找尋食物。當牠們沒有食物可吃時，會開始吃平常「不能吃」的東西，例如櫥櫃。　旦蟑螂處於極端飢餓的狀態時，牠們甚至會吃掉自己的同類。

▲ 互相喜歡

• 蟑螂大都只在晚上出來覓食或交配，繁殖速度可比閃電，尤其是**德國蟑螂**，簡直是產卵冠軍！一隻雌德國蟑螂和牠的孩子，可以再繁殖出多達三十萬個後代。

• 地球上有四千多種蟑螂，有些不到一公分大；有些種類的蟑螂，例如雌**犀牛蟑螂**，則可長到近十公分大。

是的，沒錯！

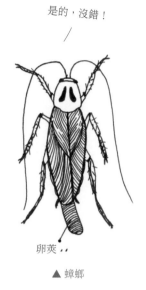

卵莢‥

▲ 蟑螂

41. 鑽水鴨還是潛鴨？

有沒有在週末的公園裡餵過鴨子呀？這裡有些你可以拿來說嘴的有趣資訊唷！

是不是見過某些鴨子，會把身體後半部整個露出水面呢？這種是**鑽水鴨**。牠們會把頭伸進水裡找食物，所以身體後半部就高高露在水面上了。鑽水鴨會在淺水區中找食物，幾乎沒辦法潛水，所以我們稱之為「鑽水」鴨。牠們可以直接從水中起飛，綠頭鴨、疣鼻棲鴨、鴛鴦和赤頸鴨都是這種「鑽水鴨」。

潛鴨則採取不同的覓食策略。牠們會潛到水裡並游到水底，在水底尋找蝸牛或水生植物為食。潛鴨的短翅膀讓牠們得以成為優秀的游泳選手，但也因此牠們必須先助跑才能順利起飛。不過，只要潛鴨們到了空中就可以飛得很好，鳳頭潛鴨、赤嘴潛鴨和紅頭潛鴨都是典型的潛鴨。

呃……這……這樣不大禮貌吧！

▲潛鴨　　　　　▲鑽水鴨

我要怎麼全部帶走呢？！

長牙！

▲歐洲倉鼠／二名法拉丁學名：*Cricetus cricetus*

42. 關於倉鼠的五件事

1. **倉鼠**是雜食性動物，牠們不僅愛吃各類種子，也喜歡吃昆蟲；倉鼠擁有一對不斷生長的門牙，所以需要經常啃咬東西，以控制門牙長度。

2. 當倉鼠感到不安全時（例如附近出現捕食者），便會在臉頰內塞滿食物，以便將食物搬運到安全的洞裡，再慢慢享用。

3. **金倉鼠**生活在土耳其和敘利亞，會在夏天時尋找各種水果並加以保存，作為寒冷冬季的糧食。被倉鼠藏起來的水果們，經過一段時間後會開始腐爛、發酵，進而釋出大量酒精。正因為如此，金倉鼠有個相對較大的肝臟，以便消化代謝這些酒精。乾杯！

4. 一隻雌倉鼠可以生養多達二十四隻小倉鼠。有時候母倉鼠會吃掉一些小倉鼠，這樣牠才能站穩腳步，好好餵養巢中其他小倉鼠。

5. 二十四種倉鼠中，只有五種可以作為寵物飼養。

嗝！

43. 你猜得到「蛾蠅」住在哪兒嗎？

有時候，可能會在水槽或浴缸附近看到一種三角形的小昆蟲。這是**蛾蠅**，也稱為蛾蚋或蝶蠅。

• 蛾蠅的英文名為 drain fly，荷文 afvoerbuisvlieg 則直譯為排水渠道上的蒼蠅。蛾蠅不到 0.5 公分大，看起來像隻三角形的迷你蝴蝶。牠們的翅膀毛茸茸的，飛得不好，每次大約只能飛1～1.5 米遠，要抓牠們非常容易。

• 蛾蠅喜歡因為腐爛而聞起來很臭的食物殘渣，這種東西最容易在水槽中的排水管裡找到。牠們會將卵產在這些腐敗的東西上，孵化出來的小小的、半透明的幼蟲便以這些廢棄的食物為食。除了水槽外，還有淋浴間和浴缸裡積了頭髮、毛球的排水孔，只要聞起來臭臭的，就都是蛾蠅的最愛。

• 蛾蠅有個刺吸式口器，但牠們不會叮咬人。牠們的幼蟲甚至可以算益蟲，因為牠們會清理廢棄物、去除異味，分解沉積已久的髒污。

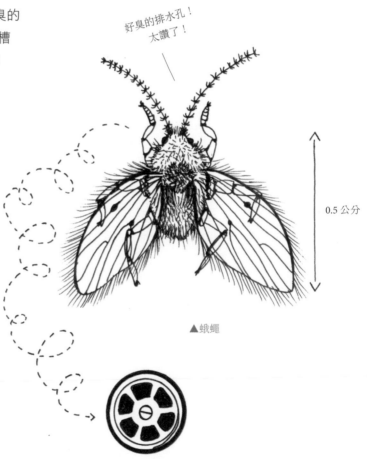

好臭的排水孔！太讚了！

0.5 公分

▲蛾蠅

* 喵！

* 發現老鼠了！

44. 關於貓的八件聰明事

1. **貓**和狗是最受歡迎的寵物。粗略估計，全球大約有五億隻家貓，分別屬於五十多個不同的品種。

2. 科學家認為，大約在公元前七千年左右，貓就開始出現在人類家中了。至少農夫們很喜歡貓到家裡來，畢竟，這種免費勞工可以確保他們的穀倉沒有老鼠，或其他有害動物。

3. 最早的家貓生活在西南亞，之後散佈世界各地，因為水手們將牠們帶到塞浦路斯和埃及等地。水手帶著貓，並不是為了要讓貓兒們舒服的窩在自己的腿上，而是要牠們幫忙抓船上的老鼠。

4. 只有家貓會在走路時豎直尾巴，這是為了要表達牠們很開心見到你！野貓則會保持尾巴水平，或是垂在後腿之間。你家的貓如果把尾巴夾在後腿之間，則表示牠正處於緊張、憂慮的狀態中。

5. 家貓比野貓更常喵喵叫，這是為了跟人類溝通，以便人類可以清楚聽到牠們。

6. 一般來說，貓的前腳有五根腳趾，但在加拿大的哈里法克斯城，大多數家貓的前腳都有六根腳趾頭，這是因為突變基因長久以來遺傳了很多代所造成的。

7. 貓的平均壽命是 14 年，目前所知最長壽的貓則是 38 歲！這是一隻來自美國德州，名為奶油泡芙的貓。牠生於 1967 年 8 月 3 日，死於 2005 年生日後三天。

8. 你的貓很貪睡嗎？這是正常的。貓每天平均睡十四個小時，但晚上當你睡覺時，才正是牠活躍的時候（而且比你想像中的更活躍），能外出的貓會盡情探索你家方圓一公里左右的區域。

45. 狗的超級鼻子

人類的鼻子裡約有五百萬個嗅覺受體，這是用以接收氣味的細胞，**狗**則擁有比人類多得多的嗅覺受體。小型臘腸犬的鼻子裡，有一億兩千五百萬個嗅覺受體；米格魯和德國牧羊犬則有約兩億兩千五百萬個。但嗅覺冠軍是有三億個嗅覺受體的尋血獵犬。

此外，狗鼻子的嗅覺分辨能力比人類好得多。人類呼吸與嗅聞功能是通過同一個路徑，狗則分別有呼吸與嗅覺路徑，並且在鼻子裡有一個包含有嗅覺受體的薄膜。

對某些狗而言，耳朵甚至可以幫助嗅覺。煽動著長耳朵的狗，可以讓氣味更靠近鼻子。

你或許知道，狗的鼻子通常都是濕的，這也可以幫助嗅覺，鼻子分泌的特殊黏液，可讓牠們更有效的辨識不同的氣味。所以狗總是愛舔自己的鼻子，也會在吃飽飯或把東西埋到土裡去之後，把鼻子舔乾淨。

接受訓練成為追蹤犬的狗，會心無旁騖去搜尋需要追蹤的氣味，不會受到路過的小貓或松鼠影響而分心，這就是為什麼狗常被訓練來搜索毒品、藥物或屍體的原因。

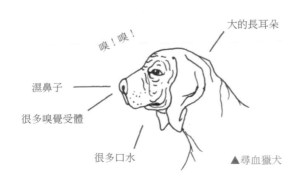

嗅！嗅！

大的長耳朵

濕鼻子

很多嗅覺受體

很多口水

▲尋血獵犬

咩！

46. 山羊奶是世界上消耗量最大的奶類

這其實很合理，因為**山羊**是人類飼養時間最久的動物。一萬多年來，人類慢慢從狩獵者、採集者，演變為以畜牧、種植為主的農民。人們開始種植各種農作物並飼養牲畜，其中，最早被飼養的動物便是山羊：人們取用山羊奶、皮毛和肉。

如今，全世界中喝山羊奶的人數，仍然多於喝牛奶的人。山羊奶不但好喝，而且健康。山羊奶很容易被消化，即便是沒辦法好好消化牛奶的人，也能好好的消化吸收山羊奶。山羊奶還富含多種維他命和鈣，對骨骼很有好處。

從某些山羊的毛皮上，可以取得非常柔軟的羊毛！有一種被稱為喀什米爾的羊絨，便來自於特定幾種山羊冬天長毛最底層的羊絨。一件喀什米爾毛衣，可是所費不貲唷！

47. 永遠別砍海星的腕足……

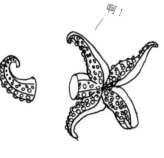

通常，**海星**被砍掉的腕足會再長回來……曾經有些淡菜養殖業者因為海星會吃淡菜，所以把偷吃淡菜的海星砍了。結果，海星並沒有因此削減死亡，反而越來越多。

• 海星即使失去一隻、兩隻，甚至三隻腕足，都不會死亡。有些種類的海星在腕足斷掉後會再長回來。在極少數的狀況下，斷掉的腕足本身，也會長成一隻新海星。

• 交配季節來臨時，海星會移動到高處並用腕足的尖端「站立」。精子或卵子由兩個腕足基部間的生殖孔排出，一旦精子和卵子在水中相遇，便會形成胚胎*。只要一年的時間，海星便可完全長成。

• 海星的腕足上有吸盤，稱為「管足」。透過管足，海星得以探查或翻動海底的沙土。牠們以生活在海底沙土中的生物為食，也透過海水攝取養分。一旦牠們找到淡菜、海螺、龍蝦或海膽等，便會用纖毛幫忙將這些獵物送進嘴裡。海星的身體實際上就是一個大胃袋——牠們會先包覆獵物，再用腕足打開獵物的殼，最後將胃從口伸出，吃掉獵物。

• 在深海處可以發現長達一米的巨大海星，牠們通常有五隻腕足，但也曾經發現過，有高達五十隻腕足的海星。

* 胚胎：動物或植物生長發育的最初階段。

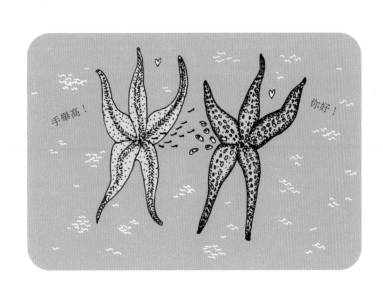

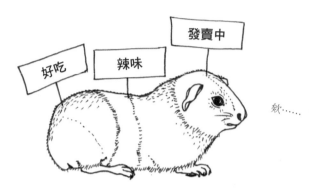

好吃　辣味　發賣中

欸……

▲現在，「幾內亞豬」在專賣店也可以買到

48.「幾內亞豬」不是豬，也非來自新幾內亞！

豚鼠（天竺鼠）也被稱為「幾內亞豬」，我們真的不知道為什麼？！豚鼠在其他語言中也常被稱為各種豬，例如德國人稱豚鼠為「小海豬」（Meerschweinchen），葡萄牙人則稱其為「印度豬」（Porchitas da India）。有些人認為，這可能是因為烤豚鼠的味道會令人想起烤豬。

烤豚鼠？是的。這種小動物常常出現在秘魯、玻利維亞、厄瓜多爾和哥倫比亞等地的菜單上。一份烤豚鼠肉排？有人要嗎？

豚鼠會被稱為「豬」，也可能跟某些豚鼠發出的聲音有關。牠們的聲音很容易令人聯想起小豬的呼嚕聲。

最後，幾內亞豬的名字，也可能與豚鼠在舊時的英格蘭，常以 1 基尼（guinea）的價格出售有關。

最初，豚鼠來自於南美洲的安地斯山脈。當時在那裡居住的人們，在三千多年前馴養了這些豚鼠。他們飼養豚鼠作為寵物、食物或祭祀神靈的祭品。豚鼠大約在十六世紀被西班牙人帶到西方世界後，立即成為大受歡迎的家庭寵物。

49. 麗蠅有時是醫生的助手（以下內容不適合敏感的讀者）

別誤會，**麗蠅**並不會站在手術台旁幫忙，但卻能為調查無名屍體的法醫提供很大的協助。

在法醫開始調查工作前，會先確認過去幾天的天氣狀況。他們必須知道天氣多熱、濕度多高、同樣的天氣持續了多久，以及該處有多少陽光。這些因素都會影響食腐生物（例如麗蠅）到來的時間。

反觀麗蠅和**絲光銅綠蠅**，不用一個小時就可以找到屍體，因為牠們在十公里外就可以聞到屍體的味道。牠們找到屍體後會在上面產卵，孵化出來的幼蟲便以腐肉為食，是自然界裡重要的清道夫。

麗蠅通常將卵產在傷口或各種「開口」（例如嘴巴、眼睛……前面提醒過了，這篇不適合敏感的讀者！）周圍。氣候和暖時，卵大約會在一天後孵化，孵化後的蛆蟲會往屍體內部挖掘移動，以避免被天敵獵捕。蛆蟲需要經過三次蛻皮、化蛹，才會發育為成蟲。大約二十一天後，成蠅便會長成離開，僅留下棕色的空蛹。

法醫和警察會採集蛹、幼蟲和卵回到法醫實驗室中，讓牠們在恆溫下繼續孵化、成長。藉由這些由麗蠅提供的「資訊」，便可確定該具屍體的死亡時間。

嗡！

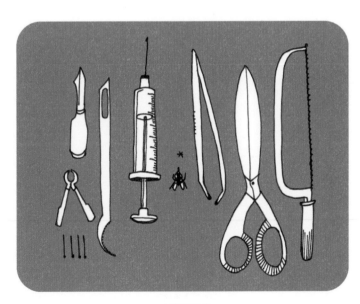

▲法醫工具

50. 花園蔥蝸牛一出生就背著自己的房子

• 蝸牛是「雌雄同體」的動物，亦即牠們同時有雌雄兩性的性器官。當兩隻蝸牛交配時，會相互使對方受孕，也都會產卵、孵化出小蝸牛。

• 要尋找伴侶時，蝸牛會跟隨其他蝸牛留下的黏液軌跡。這種軟體動物會先以觸角觸碰、感覺對方，接著尋找對方的性器官。蝸牛的性器官位於身體的右前方，通常就在頭後面，當牠們找到正確位置後，會將射器放入對方生殖孔中射精。兩隻蝸牛交配可能需要數小時之久。

• 花園蔥蝸牛會在樹葉或石頭下方產卵，牠們的卵非常小，而且通常是半透明的。小蝸牛孵化爬出來時，背上就已經背著一個小房子了，我們稱之為「殼胚」。蝸牛長大時，殼也會跟著長大，為此，蝸牛配備有一個位於「房子」中央的特別器官，稱為「外套膜」，會分泌用以形成殼的碳酸鈣——這也是為什麼蝸牛喜歡生活在富含石灰的土地上——如此牠們較容易取得用以建造堅固房子的材料。

• 花園蔥蝸牛不但爬得慢、花很長的時間交配，有時還會決定睡個很久很久的覺，例如一口氣睡三年！不過，這只會發生在極端的狀況下（例如太熱、太冷，或極度缺乏食物時）：蝸牛會爬進自己房子的最深處，夢想著美好時光即將到來。所以，蝸牛可以在戰爭中倖存，或許還能安然度過冰河時期……誰知道呢？

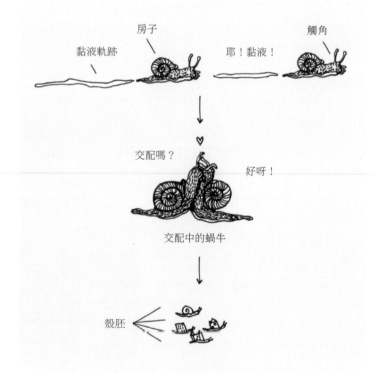

黏液軌跡　房子　耶！黏液！　觸角

交配嗎？　好呀！

交配中的蝸牛

殼胚

呼嚕呼嚕 米諾斯

呼嚕呼嚕 東尼

呼嚕呼嚕 菲力克斯

51. 貓可能並不是因為滿足才發出呼嚕聲……

問題一：貓是如何發出呼嚕聲的？

貓咪「打呼嚕」這個詞，是來自於紡車旋轉時發出的嗡嗡聲。但是，貓咪是如何發出這樣的聲音呢？科學家花了好久的時間，才終於搞清楚。

貓的喉頭構造特殊。發出呼嚕聲的貓先將聲門打開，再放鬆釋放張力，亦即讓聲門連續開啟、關閉、開啟、關閉。聲門開關之間會有不到一秒的極短暫休息，只是我們聽不到。在人類聽來，就是一連串的呼嚕聲。

問題二：貓是唯一會發出呼嚕聲的動物嗎？

不是的！**小型貓科動物、鬣狗、浣熊**和**豚鼠**都會發出呼嚕聲；會咆哮的大型貓科動物，例如**獅子、老虎**或**豹**則不會，因為牠們的喉頭不夠硬，無法發出呼嚕聲。

問題三：貓咪為什麼發出呼嚕聲？

這毫無疑問，永遠是「一百萬個為什麼」中的一題，科學家們至今也還沒完全明白……

當貓咪舒服的窩在你的腿上，你又輕輕搔著他的耳朵後方時，貓會滿足的打呼嚕。但貓在受傷、痛苦或害怕時，也發出呼嚕聲。

小貓一出生就會發出呼嚕聲，並且大都在喝著媽媽的奶時呼嚕。小貓的呼嚕聲有可能會刺激母貓泌乳；而母貓發出呼嚕聲，則用以吸引剛出生時既盲且聾的小貓──牠們可以確實感受到發出呼嚕聲時的震動。

但是，公貓也會發出呼嚕聲。研究人員猜想，發出呼嚕聲可能是貓用以表明自己「無害」的方式。例如躺在陽光下打瞌睡、想要暫時遠離同伴獨處的貓，便會藉由發出呼嚕聲來避免打架和爭吵。

呼嚕響可能也是貓咪在受傷或害怕時自我安慰的方法。有點類似人們在緊張時，自我安慰式的、不自在的微笑。與人類同住的貓，則透過呼嚕聲跟主人溝通。牠們藉此清楚的表達：覺得主人搔搔耳後很舒服，或者非常樂意主人幫忙打開某個貓罐頭！

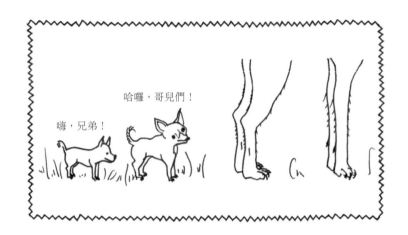

52. 狗是狼的後裔

你可能知道：**狗**是**狼**的後裔；兩者很相像，但性格卻迥然不同。狗很忠誠，喜歡被主人擁抱，也喜歡跟人們玩，牠們將與自己生活在一起的家庭成員視為自己的家人，因此，狗毫無疑問的成為世界上最受歡迎的寵物。

我們還不完全清楚狼是怎麼演化成狗的。或許，當初最社會化的一群狼為了撿拾人們剩餘的食物而跟隨了人們，最後漸漸習慣了人類並長久留在人們附近。但可能還有其他原因，美國的研究人員認為，或許遺傳疾病「威廉氏症候群」也有影響，患有此症候群的人非常社會化、對人異常友好，並且完全不怕任何陌生人。狗有此基因，但狼卻沒有。

53. 驢子不是倔強，是小心！

是不是有聽過「倔得跟頭驢一樣！」的說法呢？這當然是說這個人只肯做自己認定的事。但有趣的是，**驢子**根本一點都不倔強，牠們只是很小心。

驢子跟馬長得很像，但行為舉止卻截然不同。當馬嚇一跳時，會馬上逃跑，但驢遇到危險時，卻會先停下來想一想。若驢子不想再繼續前進，牠必定有個好理由，只有當牠確定一切安全時，才會繼續前行。我們可以說「停下腳步」與「仔細思考」是驢子的生存機制。

當然，有時候驢子會害怕一些牠們根本不需要害怕的東西，例如一顆從山上滾下來的石頭、一個在空中飛舞的塑膠袋或一根嘎吱作響的樹枝。如果你剛好是驢子的主人，這時就得想辦法說服牠：可以繼續往前走，沒問題的！如果牠信任你，就會繼續往前走。

想像一下，你正騎著驢子旅行，你們遇到了一條你自己都可以輕易涉水而過的小溪，但你的驢子卻不相信自己能過得去，又站著不動了！為了說服牠，你可以爬下驢背，親自踩到水裡來證明水一點都不深！當驢子發現你可以做到時，牠就敢自己嘗試了。接著，你還可以用美味的蘋果或紅蘿蔔，來作為牠「勇敢」的獎賞。

驢子學得很快，一段時間後，牠就會知道哪些事是危險的，哪些不是。漸漸的，牠就不會那麼容易又停下腳步、裹足不前了。這並不是因為牠不再那麼頑固，而是因為牠知道，有許多事是牠不需要害怕的了。

驢子是名符其實的「不二過」！

噢……停！！

?

54. 鴿子是最厲害的賭徒

要說明這件事，首先得先解釋「蒙提霍爾問題」。六零年代時，蒙提・霍爾（Monty Hall）推出了一個電視節目，節目中，參加者必須從三扇門中選擇一道門。三扇門中，只有一道門的後面是一輛汽車，其餘兩扇門後則是山羊。

假設參加者選了一號門，接著蒙提・霍爾便要從剩下的兩扇門中，選出一扇他已經知道門後一定是山羊的門（在此例中，就是二號或三號門）。該扇門會打開揭曉：的確是山羊。然後，參加者必須做最後決定，要堅持自己最初的選擇（亦即一號門），還是要改選另一道未揭曉的門？

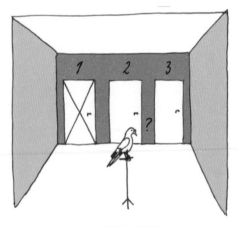

▲蒙提霍爾問題

✱ 不禮貌的鴿子話

此時最佳策略是：改變選擇！

要了解這個問題，需要用到數學大腦。當你選了三扇門中的一扇時，你有三分之一的機會選到正確的門。此時，有三分之二的機率，獎品其實是在你沒選到的另外兩扇門後面。

但當主持人開啟了一扇沒有獎品的門後，那三分之二沒有獎品的機率，便減少了一半。當然，獎品可能就在你原先選的那道門後面，但在數學上，若此時你選擇換門，則你得到獎品的機會，會比原來的三分之一高得多！

若我們要處理更大量的數字，反而會比較容易。例如我們要從一百扇門中選擇一扇有獎品的門，接著主持人把剩下九十八扇沒有獎的門都打開後，相較於堅持原來的選擇，你應該會比較傾向換門！

對人類來說，這可能不大容易理解，但對**鴿子**而言卻是顯而易見的事。每一隻接受此問題測試的鴿子，最後都選擇了換門。看起來，鴿子比人類更善於解決蒙提霍爾問題！這並不表示鴿子比較聰明，這可能只表明了，鴿子更傾向於讓事情保持簡單，而我們人則想得太多太複雜，讓選擇變得更加困難。

當然，鴿子是很聰明的鳥。牠們最多可以數到九、會將圖片分類，甚至可以認得一些人類的單詞。但倒過來呢？當你聽到鴿子輕輕的咕咕叫時，知道牠們在說什麼嗎？

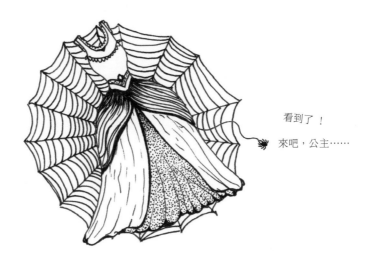

看到了！
來吧，公主……

55. 蜘蛛紡絲

院子裡掛著**蜘蛛**網嗎？去仔細看看，你會發現那有多麼神奇！

蜘蛛網是用蜘蛛絲編成的，蜘蛛絲是一種堅固、耐用且有彈性的纖維，甚至比克維拉纖維還堅固。克維拉纖維是目前人類能生產出來的最堅固的纖維，被用來製造防彈背心。

蜘蛛的蜘蛛絲有各種不同的用途。當小蜘蛛從蛋中孵化出來時，會帶著一條蜘蛛絲，等待風將牠帶到其他地方，而身上的絲可確保牠不會掉到地上。此外，蜘蛛用蜘蛛絲織網，以捕捉昆蟲或其他食物。有時牠們會在樹枝間織一張大網，有時則在自己的兩腿間織網，將其作為一種安全網。

有些大型蜘蛛（如捕鳥蛛）不會結網，而是用蜘蛛絲將巢穴的洞口蓋起來。如此一來，洞口周圍的土會變得比較穩固，洞穴也比較不容易坍塌。

雌捕鳥蛛會將卵用絲線包裹成卵囊，還會在洞穴前面與周邊拉起絲線，以捕捉可能的攻擊者。不過就我們目前所知，還沒有任何蜘蛛可以用自己的蜘蛛絲縫製美麗的宴會服。

太漂亮了！

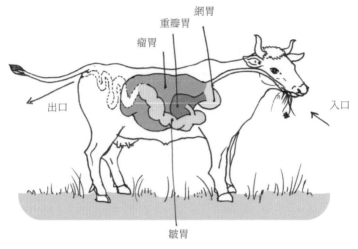

網胃
重瓣胃
瘤胃
出口
入口
皺胃

▲反芻動物

56. 一頭牛有四個胃（而你只有一個！）

牛有四個胃：重瓣胃、皺胃、瘤胃和網胃（或稱蜂巢胃）。這四個胃互相連在一起，幫助牛消化一整天吃進去的草。

牛吃的草或乾草須藉由細菌分解，這個過程我們稱為「發酵」。但整個發酵的過程並不容易，一般普通的胃無法負擔。要消化這些東西，需要另外三個胃來分攤消化的工作。

牛大約每天吃 8 ～ 10 小時的草，平均每天吃100 公斤的草到肚子裡。他們把草從地上拉起來，然後吞到肚子裡，並沒有好好咀嚼。牛吃進去的草會進入瘤胃，這是一個容量高達120 公升的大胃，一旦瘤胃裝滿了，這些食物就會再度回到牛的嘴裡，讓牛再次咀嚼，這

些被重新咀嚼後較細的草，會進入第二個胃：網胃。網胃有點像漁網，所以被稱為網胃，食物在這裡被推擠捲成小球，然後再度被反推回嘴裡咀嚼。第三個胃是重瓣胃，有很多皺褶，像一本有許多書頁的書*，在這裡，食物裡的水分和礦物質被吸收後，接著進入皺胃。皺胃的工作與人類的胃類似，因為胃液中有胃酸而呈酸性，能消化分解草。

被消化後的草接著會經過小腸和大腸，最終變成像壓扁的牛肉餡餅一樣被排出來，中間得花不少的功夫處理呢！

* 譯註：重瓣胃的荷文為 boekmaag，直譯即為「書胃」，故此處形容重瓣胃像有許多書頁的書。

57. 狗會看時鐘嗎？

假設你每天四點從學校回到家，那麼大約三點五十五分時，你的**狗**就會開始興奮了。牠會在站在門口等，滿心歡喜的等待玩伴回家，準時到好像會看時鐘一樣。

當然事實並非如此！如果你送你家的狗一隻手錶作為禮物，牠可是一點都不會開心的。那麼，狗到底是怎麼知道時間的呢？

科學家猜測，狗可以透過嗅覺來知道時間。狗的嗅覺非常靈敏，鼻子是牠們主要的感覺器官，狗的大腦有很大一部分被用來識別氣味。一隻狗有二億兩千萬個嗅覺細胞，而人「只有」五百萬個。

當你在家裡時，你的氣味對狗而言是非常強烈的。但你離開家後，氣味會逐漸消散。狗可以藉由特定氣味的濃度，來判斷經過了多少時間。所以呢，一旦某種氣味到達某個特定濃度時，就代表某件相對應的事要發生了！

你可以透過誤導的方式來對你的狗做一個小測驗。假設你的狗總是準備好在下午四點時歡迎你回家。你可以這樣做試驗：請你的父母在三點半時，把幾件你剛剛穿過的衣服擺在家裡，最好是氣味濃郁的衣服——例如體育課穿過的Ｔ恤。如此一來，你的狗大約就不會在四點時，準時站在門口等你了。因為牠的鼻子沒有告訴牠：到門邊歡迎主人的時間到了！

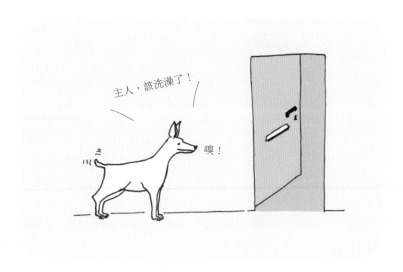

主人，該洗澡了！

嗅！

▲一個牡蠣濾水器一天可過濾一百九十公升的水

58. 沒有比牡蠣更好的濾水器了！

一隻**牡蠣**每天可以過濾一百九十公升的水。一整個牡蠣床中的牡蠣，每天可以過濾九千萬公升的水，大約是三十六個奧運泳池的水量。

水經由牡蠣的鰓進入，經過纖毛後排出。所有的微粒，包含浮游生物及懸浮的藻類都會停留在纖毛，並黏在牡蠣的黏液上，再由此進入牡蠣的嘴裡。也就是說，牡蠣吃自己的鼻涕，但同時從水裡取得許多東西。水再次流出牡蠣時，就被淨化了，這對其他海洋生物很好，因此牡蠣床總會吸引很多海洋生物。首先，小魚和海葵到來，而牠們會吸引其他大型物種紛紛前來。

由此看來，牡蠣床是一種完美的水質淨化裝置，但其實牡蠣床的「功能」不止於此！牡蠣床在暴風雨中，是天然的防波堤，一個牡蠣床可以吸收 76% ～ 93% 的波浪能量。牡蠣床還可以減緩海床土壤被侵蝕的速度，如此可減少洪水發生的機率，和暴風雨可能帶來的災害。

不幸的是，有 85% ～ 90% 的野生牡蠣床已經消失了，而這主要肇因於人類。人們捕捉牡蠣食用，但因為使用了不好的捕撈方式而損毀了牡蠣床。此外，糟糕的水質對可憐的牡蠣更是一點好處都沒有。

不過，還是有一些好消息：世界各地都已經在施行新建牡蠣床的計劃了。若牡蠣的總數可以增加 212%，那麼其他海洋生物的數量也可以增加到 850% 以上。你看，牡蠣真的是名副其實的環保小尖兵！

真的，是最好的濾水器！！

59. 牡蠣是珠寶鑄造師

牡蠣是雌雄同體的生物，也就是説牠們既是雄性，也是雌性。不過，牠們沒辦法像某些雌雄同體的生物一樣，自己讓自己受精。有些種類的牡蠣在第二年性成熟後，便會開始釋放精子，再後一年才能產生卵子。有些種類的牡蠣在出生時為雄性，之後則會因應溫度和食物條件的變化，改變自己的性別。

雌牡蠣排出的卵在受精後，牡蠣苗便開始發育，雌牡蠣會驅趕牡蠣苗移往海底，在那裡，牡蠣苗用自己的凹面附著在海床的某些東西上面。其中有許多牡蠣苗無法順利附著，而順利附著的牡蠣苗，則可在 2 年到 5 年內長大為成年的牡蠣。

偶爾，會在牡蠣裡發現珍珠，這是因為有雜質進入了牡蠣的外套膜與外殼中間。一般來説，外套膜會在牡蠣殼的內層製造一層「珍珠母」（或稱珠母層），而外套膜和內殼間存在雜質時，這雜質則會被珍珠母層層包裹。最後這個被珍珠母包裹的「珍珠囊」就形成了美麗的野生珍珠。

一直以來，人們都非常喜歡珍珠。人類在數千年前就發現了，牡蠣裡偶爾會藏著珍珠。有時人們配戴珍珠以帶來好運，有時也會以珍珠入藥。

野生珍珠非常稀有，一千五百隻牡蠣中，只有一隻有機會形成珍珠。日本人御木本幸吉在十九世紀時發現了透過牡蠣「養殖」珍珠的技術：在牡蠣裡放一顆小小的珍珠母，兩年後便可收成。至今，這樣的「珍珠養殖」方法仍被持續使用。

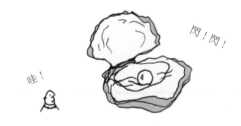

閃！閃！

哇！

60. 我的十顆心都只為你而跳……

想抓**蚯蚓**嗎？下雨後到濕濕的草地上，用力跺跺腳或四處跳個舞。一會兒後，蚯蚓會自己爬出來，接著你就可以好好研究牠們了！蚯蚓在此時會自己爬出來有兩個原因。首先，當土地震動時，蚯蚓會以為鼴鼠要來了，所以牠們要盡快爬出地面，以免被鼴鼠抓到。第二，蚯蚓需要氧氣才能呼吸，一旦挖出來的通道淹水時，牠們會被淹死的。

蚯蚓的身體由許多不同的體節組成，當牠們失去前端部分體節（最多四個）時，仍能存活。一段時間後，失去的體節會再生。各體節上長有剛毛，此外，牠們還會分泌黏液，黏液配合剛毛讓蚯蚓可以在地底移動。

我們不知道蚯蚓陷入愛河時，心會不會跳得更辛苦，或者……比較輕鬆？因為牠有那麼多個心──整整十個！

同樣的，沒有雌蚯蚓或雄蚯蚓，蚯蚓同時擁有兩個性徵，也是雌雄同體的生物，但需要其他蚯蚓才能受精。蚯蚓交配時緊靠對方並交換精液。一段時間後，環帶（蚯蚓身上顏色較淺的一段）分泌黏液形成環狀黏液管，接著蚯蚓會向後蠕動，讓環狀黏液管滑過頭部，最後封閉環狀黏液管的兩端，形成卵繭（或稱蚓繭）。數個星期後，小蚯蚓們就會從卵繭中孵化出來了。我打賭，現在開始，你會特別注意那些暗棕的小土墩，是吧！

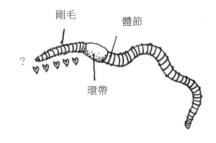

▲蚯蚓的愛

- 4 -

動物和牠們的餐桌禮儀

61. 土豚喜歡螞蟻和「土豚黃瓜」

什麼動物有豬的身體、兔子的眼睛、食蟻獸的舌頭和袋鼠的尾巴？當然是那獨一無二的「土豚」！

土豚生活在非洲，名字來自於十七世紀的荷蘭殖民者，他們覺得這種動物長得像在地上挖洞的小豬；土豚不僅僅在荷文中被稱為「豬」*，在許多語言中也是如此。但事實上，土豚根本就不是豬，牠們的近親其實是大象！

土豚愛吃螞蟻和白蟻，會用牠們尖銳的勺狀爪子挖掘堅硬的地面，或破壞白蟻塚。接著，將黏黏的、不短於三十公分的舌頭伸進螞蟻或白蟻的巢中，然後盡情享用所有被黏在舌頭上的東西。土豚的鼻孔可以關閉，這樣一來螞蟻或塵土就不會跑進鼻子裡，一隻土豚一個晚上能吃掉多達六萬隻螞蟻和白蟻。

除了螞蟻和白蟻之外，土豚也吃一種被稱為「土豚黃瓜」或「土豚南瓜」的植物。這種植物只在能獲取土豚糞便作為肥料時，才得以生長。也就是說，牠們彼此需要。

土豚不咀嚼食物，而是一口氣直接將食物吞進去。牠們的牙齒不適合咀嚼食物，所以所有食物都直接進入胃裡，再由胃部強壯的肌肉「咀嚼」並進一步消化。

土豚每天晚上跋涉近十六公里以尋找食物，白天返回家（洞）中。土豚的洞穴可長達十三米，通常有多個入口，沿著洞穴的主要通道，牠們會挖掘一些額外的地洞，用以休息、躲避敵人，或者大啖「土豚黃瓜」。

* 譯註：土豚的荷文 aardvarken 即由「土 aard」和「豬 varken」兩字結合而成，中文名亦然。

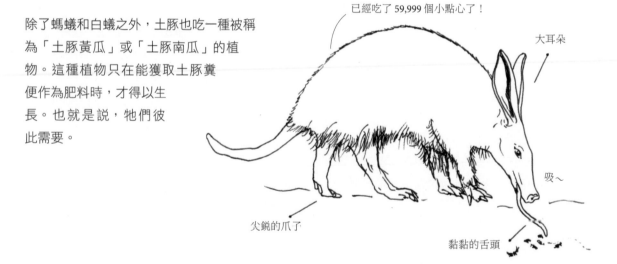

已經吃了 59,999 個小點心了！

大耳朵

吸～

尖銳的爪子

黏黏的舌頭

▲ 土豚／二名法拉丁學名：*Orycteropus afer*

喔喔，還給我！！

嗡嗡嗡

▲ 二名法拉丁學名：*Helarctos malayanus* ／馬來熊

62. 小熊維尼住在馬來西亞

在東南亞的森林裡，住著一種喜歡蜂蜜的小熊，牠們是**馬來熊***。當地人稱之為「biroeang」或「broeang」，字面意思是喜歡坐在高處的人／熊——因為，馬來熊喜歡在樹上築巢。

馬來熊是一種小但強壯的熊，有可愛的圓眼睛和短鼻子，在頭部下方有一塊白色或金色的兜狀斑紋。牠們的皮毛短而硬，如此一來在熱帶氣候下便不會太熱，也可以保護身體不會被樹枝及枝椏劃傷。

馬來熊用牠們長長的爪子打開白蟻塚來吃白蟻；當牠們發現蜂窩時，則會用爪子將蜂窩扒成片，再用長舌頭將蜂蜜舔出來。馬來熊的舌頭可以長達二十五公分，有時候牠們會將蜜蜂一起吞下肚子，而蜜蜂的叮咬，似乎並不會讓牠們受傷。

不幸的是，馬來熊有時會尋找其他食物，例如牠們會偷農民們種植的香蕉或棕櫚果，為此農人們會殺死馬來熊。有些獵人會為了皮毛而獵殺牠們或者獵捕母熊，再販售小熊作為家庭寵物。這當然是非常糟糕、可悲的事。這種維尼熊，可一點都不想當寵物！

* 譯註：在荷文中，Maleise beer 或 Honingbeer 都是指馬來熊。Honingbeer 直譯為蜜熊，但中文中所謂的蜜熊是另一種浣熊科動物，並非馬來熊。

63. 黑猩猩也愛喝一杯！

西非幾內亞的居民們喜歡喝棕櫚酒，為了釀酒，他們會將一種特別的塑膠瓶掛在棕櫚樹頂，用以收集甜甜的樹汁並立即與瓶中酵母菌作用，開始發酵。這便是天然棕櫚酒的製作方法。每天早晨和傍晚，當地居民都會清空瓶子。

與此同時，他們通常會發現自己並不孤單⋯⋯**黑猩猩**們發現了這些棕櫚酒，而且牠們也非常喜歡，甚至發明了一種取得棕櫚酒的方法：首先，收集一些樹葉，並將它們嚼碎，如此一來，便製造出某種「海綿」。黑猩猩會將樹葉海綿塞到裝有棕櫚酒的瓶子中，藉著這些海綿，就可以將整瓶酒吮乾。黑猩猩一天可以喝掉多達 1 公升的棕櫚酒。這些棕櫚樹汁中含有 3% 到 7% 的酒精，大約與啤酒的酒精濃度相同，黑猩猩不可能喝醉，但有些黑猩猩喝了棕櫚酒後便昏昏欲睡，甚至睡到不省人事，也有些黑猩猩喝了酒後變得興奮異常，反而無法入睡。

黑猩猩在飲酒派對後會不會宿醉呢？這我們不清楚，或許哪天該找黑猩猩一起狂歡一下。

▲今年是好年份唷！

64. 狐狸真的很餓時，連刺蝟都敢吃

一般而言，**狐狸**對食物並不特別挑剔，找到什麼，便吃什麼：可以是小型囓齒動物，例如大鼠、小鼠，也可以吃野兔、兔子、鳥、昆蟲、漿果或落果。有時候，狐狸甚至會吃垃圾，或者從鳥巢裡偷來的蛋。狐狸會用尖銳的犬齒刺穿蛋殼，再將裡頭的蛋液吃光。狐狸每天都需要大約半公斤的食物。

當狐狸非常非常餓，卻找不到其他東西吃時，牠們甚至敢去抓刺蝟。當然抓刺蝟很困難，刺蝟有刺，狐狸很可能會被狠狠刺傷。當刺蝟發現狐狸靠近時，會快速將自己捲成一團，並豎起刺保護自己。但狐狸小瑞＊很聰明，牠已經想到辦法了，牠會很小心的轉動刺蝟、讓刺蝟背部朝下，然後對著刺蝟撒尿。如此一來，刺

蝟便會因為不知所措而將自己展開。此時，狐狸便會馬上停止動作，立刻把刺蝟咬死。

但如果狐狸真的想吃頓刺蝟大餐，又不想撒尿的話，該怎麼辦呢？別擔心！只要不久前剛下過一場雨，並且附近有小水坑……那麼狐狸就只需把刺蝟滾進水坑，刺蝟就會自己展開來獻上生命了。對刺蝟而言，實在不是好事，但對狐狸來說，可再好不過了。

▲狐狸與刺蝟

尿！

嗯！

* 譯註：
原文此處稱狐狸為 Reintje，源自於中世紀時於西歐流傳的寓言故事《狐狸瑞納德》（Reynard the Fox），荷文版本為 Van den vos Reynaerde。荷蘭人常用「小字」，類似中文的「仔」或「小Ｘ」之意，此處即用「小字」稱 Reynaerde 為 Reintje，故譯為小瑞。

65. 隼將牠們的獵物保存在監獄裡

鄰近摩洛哥的一個名叫莫加多爾的島，是各種候鳥熱門的繁殖地，例如埃莉氏隼，還有很多其他小型鳥。

哇哈哈！

▲埃莉氏隼

隼通常以昆蟲為食，但在繁殖季節時，牠們也喜歡鮮嫩多汁的小鳥。隼在產卵前幾天會去打獵，但抓到小鳥後不會馬上殺死牠們，而是將牠們關起來。隼會將獵物推進岩石間，讓牠們無法離開。有時候，甚至會扯掉這些可憐獵物翅膀上的羽毛或尾羽，讓牠們無法飛翔。

這些小鳥會一直被囚禁在岩石縫隙中，直到隼和雛鳥們餓了，才會被殺來吃掉。

這事聽起來很殘忍，但事實上，卻跟人類對待食用牛、豬或雞的方式類似。這件事也顯示出隼有多麼聰明：牠們必須提前做好計劃並捕捉獵物，以確保未來有足夠的食物可吃。

▲糟糕了……

66. 貓頭鷹可以「聽到」牠的食物

貓頭鷹是夜行性動物，為了要在黑暗中狩獵，牠們發展出非常好的聽力。

有許多貓頭鷹的兩個耳朵長得不一樣高或不對稱，也可能大小不同，這讓牠們可以精準判斷：鮮美多汁的老鼠躲在哪裡！

貓頭鷹頭部前方是扁平的，如此一來，聲音可以更清楚的傳到耳朵裡，甚至有利於放大傳來的聲音。所以，貓頭鷹能聽到許多人類聽不到的聲音。此外，牠們的頭旋轉範圍高達 270 度，這也幫助牠們得以精準定位聲音的來源。

一旦貓頭鷹知道了獵物的位置，便會悄無聲息的接近。牠們可以做到如此，是因為羽毛上有許多細毛可以消音。此外，貓頭鷹也可以非常輕柔的行進。

貓頭鷹喜歡吃老鼠，一隻倉鴞一年可以吃掉上千隻老鼠。因此，農夫們常常會試圖引誘倉鴞到自己的農場裡，藉以防止鼠患。貓頭鷹會將老鼠整隻吞進肚子裡，無法消化的骨頭、皮膚、牙齒和毛皮會變成球狀的「食繭」，被吐出來。所以，觀察「食繭」可以得到很多貓頭鷹的相關資訊，以及牠們的飲食狀況。有機會時，在貓頭鷹的棲地仔細觀察一下，說不定可以找到牠們的「食繭」來解剖分析一下唷。

67. 跟糞金龜說「謝謝」！

地球上有超過六千種**糞金龜**，除了南極以外，幾乎在世界各地都可以找到牠們。糞金龜對種子的傳播與讓土壤肥沃很重要，澳洲的農民甚至從國外引進糞金龜，因為牠們是農業發展的好幫手。

糞金龜只使用草食性動物的糞便，例如牛、馬或大象。牠們不喜歡肉食性動物的糞便。

有些糞金龜會滾動比自己重五倍的圓糞球，並且非常快。牠們可以在十五分鐘內清理完一隻大型大象的糞便。糞金龜會將糞球滾到安全的地方，滾動糞球時牠們會倒著走，以便隨時留意是否有敵人，以免遭遇障礙。牠們特殊的甲蟲眼可以感知到人類沒辦法看到的光，這有助於牠們直線向後走。

有些糞金龜不喜歡自己滾糞球，而會嘗試搶同伴的糞球，但這通常會引發一場難纏的爭鬥——甲蟲們會用前腿勾住對方，並嘗試將對方翻過來，一隻強壯的甲蟲，可以將同伴扔出一米之遠！

除了會滾糞球以外，也有些糞金龜喜歡住在糞便裡，在那裡，牠們可以獲得生存所需的一切。另外，還有一些種類的糞金龜除了會製作糞球，還會像足球員一樣運球，將這些糞球滾到地底藏起來。

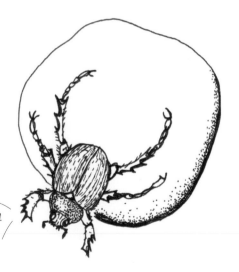

嘿咻！

▲糞金龜，造福朋友們的「滾動者」

來吧，來吧，凱門鱷！

▲ 狩獵中的美洲豹

68. 美洲豹吃凱門鱷，但有時候凱門鱷也會吃掉美洲豹

凱門鱷生活在南美洲北部及東北部。六種凱門鱷中的五種，體型都小於一般短吻鱷。成年雄凱門鱷體長約 1.5 米，只有黑凱門鱷偶爾可能比一般短吻鱷大，曾經發現有超過 5 米長的老年雄性凱門鱷。

凱門鱷的天敵是**美洲豹**和**森蚺**，牠們會獵捕較小的凱門鱷，但會放過黑凱門鱷。事實上，有時候黑凱門鱷也敢吞食美洲豹！

凱門鱷也會吃人嗎？不會！大多凱門鱷都因為太小而無法攻擊人。黑凱門鱷夠大可以攻擊人，但牠們比較喜歡獵捕叢林裡的其他動物，例如水豚。

人類會為了皮和肉而獵捕凱門鱷，以至於該物種目前被列為保護類；有些人則將凱門鱷當作寵物飼養。不過，凱門鱷實在不大適合晚上時，坐在沙發上抱著吧……

喵～嗚～

吼～

▲ 誰會吃掉誰呢？

74

69. 科摩多巨蜥會吃掉同類

科摩多巨蜥會連眼都不眨就吃掉自己的孩子（當然也不會臉紅）。所以小科摩多巨蜥會盡可能快速爬到高高的樹上，以躲避自己飢餓但不會爬樹的父母。牠們會爬下樹進食、喝水，但之後仍會儘速回到安全的高處。直到牠們長得夠大、不會再被攻擊時，年輕的科摩多巨蜥才會從樹上離開。

科摩多巨蜥吃昆蟲、壁虎、蛇、鳥類和豬科動物，也會獵捕水牛或鹿等體型比自己大的動物。被巨蜥攻擊而受傷的獵物有時可以成功脫逃，但最終還是會傷重死亡。這些巨蜥的口中有六條毒腺，會分泌毒液令獵物癱瘓，毒液中還含有會讓血液稀釋的物質，會讓被咬的獵物更快因流血過多而死。

偶爾，科摩多巨蜥的菜單上還會包含「屍體」。藉由分岔的舌頭，科摩多巨蜥可以在口中分析氣味分子，所以能「聞到」遠在八公里外的、已經死亡腐爛的動物屍體。

科摩多巨蜥是地球上體型最大的蜥蜴，身長可以超過 3 米，平均體重達 80 公斤。

在印尼的某個島上，大約還有三千頭野生科摩多巨蜥，牠們幾乎沒有天敵，但棲地正受到人類、森林大火與火山噴發的影響。

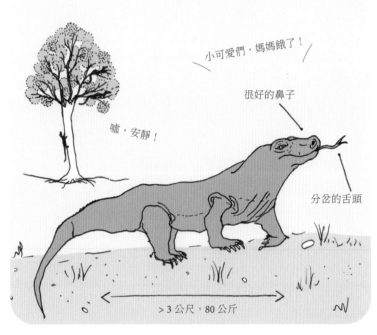

▲同類相食的雌科摩多巨蜥

70. 聖十字蛙總是帶著自己的便當

聖十字蛙不會為孤兒禱告，也不會口稱天父。牠們的名字來自於背上那深色的疣狀斑點（看起來像十字架）。

這些黃色或綠色的青蛙，大都居住在澳洲乾旱地區的土裡。為了生存，在旱季裡，牠們會做「繭」包覆自己躲在地底下。直到開始下大雨時才回到地面，住進水坑裡。

聖十字蛙以螞蟻和白蟻為食，牠們通常只會吃掉一部分的食物，另一半則用一種特別的方法儲存起來。這種蛙的背上包覆有一層特殊的「膠水」，這種東西對蛇和蜥蜴等喜歡以蛙為食的動物可能是一種威脅。但除此之外，還有其他用處——螞蟻和白蟻會被膠黏住，數分鐘後便會變硬，之後當聖十字蛙蛻皮時會將皮膚扯下來，就好像我們脫下毛衣一樣。接著，便

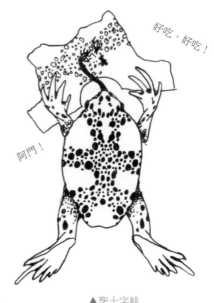

▲聖十字蛙

可以將困在其中的昆蟲們溶出來吃了。這種可以隨時隨身攜帶的便當盒，很方便吧！

71. 野雙峰駝的小便像糖漿

只有在中國草原氣候區的大草原，以及蒙古戈壁沙漠中，可以看到**野雙峰駝**。牠們比被馴養的駱駝小，兩個駝峰也明顯比較小，駝峰中儲存有脂肪，是牠們的儲備糧食，背部可以承重三十六公斤。

野雙峰駝裝備齊全，可以在沒有水的情況下存活很長的時間，牠們幾乎不會流失水分，因為牠們不流汗，而且尿液超濃縮。如果你有機會看到野雙峰陀的尿，你會以為那是糖漿。對，牠們的尿就是那麼濃。

▲ 野雙峰駝

一旦有水時，野雙峰駝會毫不猶豫的大口喝水。牠們可以在十分鐘內喝掉超過一百公升的水。那可是一大浴缸的水唷！

牠們的鼻子也有特殊構造以保留水分——鼻孔中有一個小溝，可確保沒用完的水分不會溢出，而會回流嘴中。如果需要的話，牠們甚至可以喝鹹水。可沒有多少哺乳類動物可以像牠們一樣哪！

72. 失火時是彩虹吉丁蟲的派對時光

•**彩虹吉丁蟲**，蟲如其名，外表七彩非常漂亮。纖細的身體呈錐形，並且通常有鮮豔明亮的色彩，如亮綠色、鮮紅色、艷藍色的斑點、條紋或色帶。彩虹吉丁蟲的蟲體有金屬光澤，讓牠們看起來像藝術品一般。

• 身懷六甲的彩虹吉丁蟲，瘋狂喜愛森林火災！牠們在八十公里外就可以「聞到」火災的氣息。這種甲蟲的觸角，可以偵測到悶燒中的木頭所散發出來的微小顆粒。懷孕中的雌甲蟲會飛到起火處，將卵產在燒焦的木頭裡，由於其他掠食者都已經離開火災現場了，所以對於身處焦炭中的吉丁蟲幼蟲而言非常安全。

• 林木愛好者不喜歡彩虹吉丁蟲。因為雌蟲不只在燒焦的木頭上，也會在年輕的樹幹中產卵。幼蟲會往樹幹內部蛀食，以便在裡頭越冬，直到氣候夠暖和了，則再度往外蛀食樹幹到外面來。兩年後，幼蟲便會化蛹，之後羽化為成蟲後飛離。有時候，幼蟲在樹幹內蛀食的通道可以長達一米，當某棵樹中有太多彩虹吉丁蟲幼蟲時，樹木會便會因樹液無法流動而死亡。

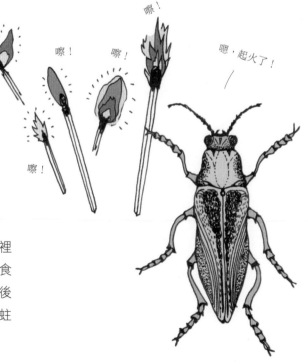

73. 螞蟻是傑出的農夫

野蠻收獲蟻的工蟻在尋找食物時，會收集各種不同的種子。牠們會將這些種子帶到地下糧倉中儲存，有時糧倉中可以發現多達三十萬顆種子，牠們會確保這是不同植物的種子，並且生長時間各不相同。

螞蟻可以用牠們尖銳的大顎咬碎小型種子，咬不動的大種子則會整齊保存，直到發芽再食用。螞蟻們知道大種子中包含有更多的食物，值得花費力氣把它們拖進巢裡。此外，螞蟻們似乎知道自己需要在不同時期生長的不同植物的種子，如此一來，種子會在不同時候發芽，便可確保牠們總是有充足的食物。

螞蟻群也會豢養供給「牛奶」的「牲畜」，也就是吸了太多自己用不到的植物汁液的蚜蟲。蚜蟲攝取過多汁液會在腹部形成蜜露，這些蜜露只在當螞蟻用觸角為蚜蟲「搔癢」時才會釋出。螞蟻清楚知道這點，並且會好好照料牠們的「乳牛」。

當蚜蟲的食物即將被吃完時，螞蟻會將蚜蟲搬到其他食物來源充足的地方，並確保蚜蟲們在冬天能保持溫暖、乾燥。當蚜蟲附近出現獵食者（例如瓢蟲），螞蟻甚至會犧牲自己的生命來保護蚜蟲。

蚜蟲覺得螞蟻實在是太棒了！所以，牠們讓螞蟻收養自己的幼蟲，再由螞蟻扶養蚜蟲幼蟲長大。

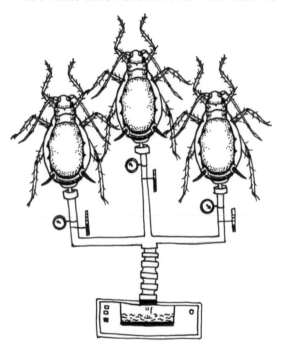

▲螞蟻王國中科技化發展的奶牛牧場

給我亞馬遜沙拉就好

▲ 星期四、素食日

74. 有些食人魚其實是蔬食主義者

一提到**食人魚**，你是不是會馬上想到嗜血的掠食者？若是不小心太靠近，他們就會馬上咬掉你的腳趾頭？如果是的話，我們可能得讓你失望了。現存的三十到六十種食人魚中，只有四種是只吃肉或魚的；其他種類大都什麼都吃，是雜食性動物；甚至有少數幾種，根本就是草食性的蔬食主義者。

即使是肉食性食人魚通常也不會主動攻擊人。他們大都吃其他魚和已經死掉或受傷的動物。食人魚可以從很遠的地方，聞到水中的一小滴血，他們的牙齒和剃刀一樣鋒利，可以咬穿骨頭。被整群食人魚攻擊的獵物，通常沒有存活的機會。

只有當亞馬遜河的水位很低，或是非常缺乏食物時，肉食性的食人魚才會攻擊人類，他們平時是很膽小的。

食人魚的惡名來自於 1913 年訪問巴西的西奧多・羅斯福（Theodore Roosevelt）。當地人想為這位美國總統舉行一場盛大的表演來歡迎他——他們從亞馬遜河抓了很多食人魚，並且讓這些魚餓了好幾天。當這位總統先生抵達時，當地人把一隻牛放到水裡，再放出這些飢腸轆轆的食人魚。食人魚立即蜂擁而上，幾分鐘內就把整隻牛連毛含皮，吃得一乾二淨。

羅斯福總統回到美國後傳揚了這個故事，於是嗜血食人魚的傳說就此誕生……

75. 房間髒亂不堪嗎？請一群行軍蟻來吧！

行軍蟻或**矛蟻**的名聲不佳。牠們不築巢，而是以每五千萬隻螞蟻為一群四處遷徙，遷徙中的行軍蟻看起來像一條長長的、緩慢移動中的黑色道路。行進時，牠們會攻擊途中各種大、小型動物。理論上牠們也可以吃人，但這種狀況極少發生。人們大都會主動避開這些小蟲子。

那麼，為什麼要建議你邀請這種具攻擊性的蟲子來幫忙清掃房間呢？這是因為牠們也是超厲害的清潔工。某些非洲人對此有深刻的認識，所以當他們發現行軍蟻接近時，便會去其他村鎮跟親朋好友待在一起。經過村莊的螞蟻會吃掉大鼠、老鼠、蟑螂和其他害蟲，再繼續前進。

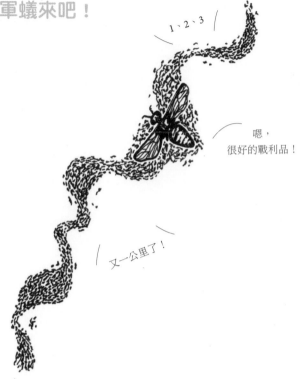

1、2、3

嗯，
很好的戰利品！

又一公里了！

咯！咯！

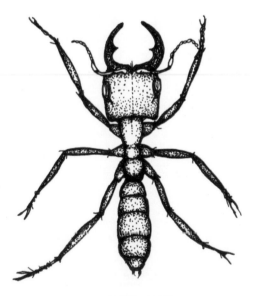

▲行軍蟻／矛蟻

喀麥隆共和國的穆弗人甚至會在自己遭遇毛蟲、白蟻或其他昆蟲的危害時，主動「邀請」螞蟻來幫忙。他們會去尋找蟻群，從中帶回數百隻兵蟻回到村中，這些兵蟻只要數天的時間，便可以將村莊從害蟲手中拯救出來。

行軍蟻有尖銳的大顎可以咬合，叮咬強而有力，也很痛。住在肯亞的馬賽人會使用行軍蟻來縫合傷口。他們先將傷口邊緣拉在一起，再在傷口旁放上一到數隻行軍蟻，螞蟻會將牙齒緊緊咬在一起，保持傷口閉合。

即便行軍蟻的胸腹部被去除了，仍會保持緊緊咬住的狀態達數天。

76. 棕熊的減重法，無人能敵

說到減重，**棕熊**絕對是冠軍！一隻雌性棕熊在冬眠期間，可能會減少多達三分之一的體重。這表示平均每天減少 0.5 公斤，整個冬眠期間減少 73 公斤。

在夏天近尾聲時，棕熊們便會開始大吃大喝（或者說增重），試著在短時間攝取上萬卡路里的熱量。但這些熱量並非被拿來使用，而是被轉化儲存在厚厚皮毛下的脂肪層中。

一旦變冷了，棕熊便會找一個洞並將自己捲成一個球，開始冬眠。冬眠時棕熊的體溫從攝氏 37 度降到攝氏 33 度，心跳速度也減慢到每分鐘 20 下。如此，棕熊需消耗的能量便可大幅減少。冬眠時，牠們幾乎不吃不喝，完全依靠毛皮下的脂肪度過整個冬季。

母熊並不像大多數動物，要等到春天來才生小熊，熊寶寶會在冬眠時出生，是在一年中最濕、最冷的時候。剛出生的小熊並不比老鼠大，且在出生三週後才會睜開眼睛。小熊出生後要跟熊媽媽一起在洞穴裡待三個月。

當可以再度外出的時間到了，熊會被自己的生理時鐘叫醒。生理時鐘告訴牠們，可以再度覓食活動了，但棕熊得花點時間才能完全清醒過來。剛醒來的第一天，牠們動作會非常緩慢，並且仍然難以進食，這種狀態我們稱為「冬眠過渡期」。不過陽光和食物，會確保棕熊們很快又可以快樂的到處遊蕩了。

77. 攝魂蜂（催狂泥蜂）會把蟑螂變成殭屍

扁頭攝魂蜂（催狂泥蜂）或**扁頭泥蜂**是一種不到一公分大的黃蜂，外表看來完全無害，卻能把蟑螂變成殭屍！這可能是他們得名自哈利波特系列書籍中的攝魂怪「催狂魔」的原因——牠們會吸取受害者的靈魂。

雌蜂懷孕時，會去尋找一隻大蟑螂，然後用螫針快速、用力的刺進蟑螂胸部神經節中，讓蟑螂麻痺。被麻痺的蟑螂會翻過身來，接著攝魂蜂便能刺進下一針，這針會穿過蟑螂柔軟的頸部，直接刺入大腦。螫針會在蟑螂的大腦內摸索，直到找到正確的位置，再注入毒液。當蟑螂從麻痺狀態醒來時，已經變成了殭屍，從此成為攝魂蜂的奴隸，完全聽命於攝魂蜂。

接下來，小小的攝魂蜂會控制蟑螂觸鬚，引導牠回到巢穴，並在那裡將卵產在蟑螂的腿上。

三天後，幼蟲孵化而出，直接住到蟑螂的身體裡，並從內部開始啃食蟑螂。但與此同時，也會確保蟑螂活著，如此才能保持食物的新鮮可口。直到兩個星期後，幼蟲破蛹、長成成蜂後，蟑螂已經被整個啃食殆盡了。

嗯，
大腦！
大……腦……

▲殭屍蟑螂

78. 來一盤盲腸便嗎？

無尾熊有毛茸茸的耳朵、大大的鼻子和圓滾滾的身體，看起來超級可愛，令人忍不住想把牠從樹上抱下來。很不幸的，在二十世紀初，因為人們喜歡用無尾熊毛皮做外套，很多無尾熊被獵殺，為此，無尾熊瀕臨滅絕。目前已經全面禁止獵捕無尾熊，但牠們的日子仍然不很好過。因為牠們唯一的食物來源：尤加利樹（桉樹），正因為人類的砍伐而逐漸消失。而且無尾熊的菜單只有一樣——「尤加利樹葉」，並

非整棵尤加利樹。而且，在六百多種不同種類的尤加利樹中，只有約二十種可以吸引無尾熊的目光。事實上，牠們真正喜歡的只有其中五種。一隻無尾熊每天必須吃兩百到四百公克的尤加利樹葉，才能存活。

母無尾熊每兩年才會生下一隻小無尾熊。小無尾熊出生時只有 6 公分大，得在媽媽的育兒袋裡住六個月。無尾熊的育兒袋開口是朝下的，

進

尤加利樹葉

出 進

▲無尾熊的回收再利用

這也是無尾熊的特色之一，剛出生的小無尾熊吃媽媽的奶水，但很快的也會開始「吃」尤加利樹葉。小無尾熊吃的軟糞（又稱盲腸便）直接從媽媽的屁股排出，此舉是為了讓小無尾熊能夠習慣難以消化的尤加利樹葉。好好享受吧！

79. 超方便：自家門口的自助餐

穴鴞是世界上最小的貓頭鷹之一。成年穴鴞身長約 25 公分，翼展（從一邊翅膀尖端到另一邊翅膀尖端）寬度約 60 公分。這種貓頭鷹分佈於美洲，包含北美和南美的疏林莽原和熱帶草原地區。大多數時候，穴鴞會用牠們細長的雙腿在地面漫遊。

穴鴞喜歡吃蚱蜢和甲蟲，也喜歡老鼠、大鼠和小型的松鼠。牠們是唯一一種也吃水果和種子的貓頭鷹。

與其他貓頭鷹一樣，穴鴞也會飛到高空搜尋獵物。但牠們還會做一些跟其他貓頭鷹不一樣的事——收集各種動物的糞便，並將這些糞便抹在自己洞穴的入口前面。穴鴞的洞不在樹上，卻在地上，這是牠們被稱為「穴鴞」的原因。

昆蟲們會被糞便的氣味吸引而來，小穴鴞只要從洞裡探出頭來，就可以從糞便中挑選出最肥美的昆蟲，大快朵頤一番。超方便的，對吧！

什麼？

嗡嗡！

嗡嗡！

最高 25 公分

▲穴鴞／二名法拉丁學名：*Athene cunicularia*

80. 蝴蝶用腿品嚐食物

當雌**黃鳳蝶**感覺到自己即將產卵時，會為自己找一個好地方，就像人類母親一樣，總想為自己的孩子準備最好的。從卵裡孵化出來的黃鳳蝶幼蟲喜歡鮮嫩多汁的葉子，但並非每棵樹或灌木叢都足夠美味，所以，黃鳳蝶媽媽會先去試試味道！

不過，這群媽媽可不會「到處去吃一口樹葉，把自己撐到臃腫不堪」，而是用腿來品嚐。牠們只要踢一下樹葉，便能透過腿上纖細的味覺毛或氣味受器，分辨出七種不同氣味。藉由這些精細的味覺受器，甚至可以判斷植物年齡多大，以及是否健康。這是非常重要的事，因為幼蟲孵化時，該植物當然必須仍存活，這樣幼蟲才有足夠的食物可吃。如果該植物在幼蟲孵化前就死了，那麼黃鳳蝶媽媽為了幼蟲們做的所有努力，就都化為烏有了！

嗯，好植物！

蝴蝶還可以透過這特別的腿判斷風向。在升空前，會先抬起一條腿「感覺」風向，判斷自己是否能夠順利升空。

口器

▲黃鳳蝶

蝴蝶用牠們的腿試味道，但進食則透過口器。當蝴蝶飛行時，嘴巴前長長的口器會被捲成螺旋狀。當牠們找到可口的花朵時，便會停下來並舒展口器、讓口器成為一根管子。透過管狀的口器，可以吸食花蜜或可口的果汁。

若要頒發一個最長口器獎，得獎者必定是來自馬達加斯加島，並不特別可愛的棕色天蛾——馬島長喙天蛾。牠們的口器舒展開來，可以長達30公分！

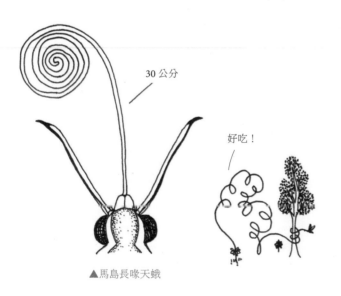

30公分

好吃！

▲馬島長喙天蛾

81. 偷偷摸摸的姬蜂

姬蜂是一種對人類無害的小蜂。當牠們在你耳邊嗡嗡作響時，的確非常煩人，但對毛毛蟲而言，這種小昆蟲卻是真正的殺手。當姬蜂即將產卵時，會去尋找一隻鮮美多汁的毛毛蟲（例如白粉蝶的幼蟲），牠們喜歡正在蛻皮的毛毛蟲，因為這樣一來，便可以輕易將產卵管刺入毛毛蟲體內。接下來，毛毛蟲就無法開溜，只能任由姬蜂媽媽擺佈了。姬蜂會將卵產在毛毛蟲體內。

毛毛蟲將會是姬蜂寶寶的食物。姬蜂幼蟲孵化出來後，會從裡到外將毛毛蟲吃得一乾二淨。直到食物吃完了，便羽化而出。

姬蜂非常擅於分辨氣味！牠們能透過毛毛蟲啃食樹葉時，樹葉所分泌的氣味，來尋找毛毛蟲。

而用姬蜂來幫忙探測地雷的想法，便來自於此。在曾經或正在發生戰爭的地區，地底下往往可能

被放置了上千個地雷，這些地雷會讓不小心踩到的人立即喪命。

在自然的狀況下，姬蜂當然並不喜歡地雷的味道。但科學家使用伊凡・巴夫洛夫（Ivan Pavlov）的方法來訓練牠們：巴夫洛夫叫自己的狗來吃飯的同時會搖鈴，接著，狗看到食物時，便會開始分泌唾液；一段時間後，狗一聽到搖鈴，就會開始分泌唾液。我們稱這樣的狀況為「巴夫洛夫制約」（或稱古典制約，或制約反射）。這樣的訓練方式對所有動物都有效，當然對姬蜂亦然。

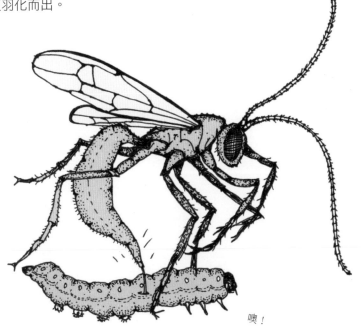

噢！

▲姬蜂

啊~

▲大鱷龜

82. 如何用舌頭釣魚？

要釣魚？通常需要魚餌，就是拿來掛在魚鉤上的東西，例如小蟲子。

北美的**大鱷龜**對此非常了解，牠們會待在淡水池塘的底部，並且保持靜止不動——如此一來，牠們便近乎隱形了——大鱷龜的殼與池底顏色相近，殼上甚至還長了水藻。靜止的大鱷龜只把嘴大大張開，嘴裡粉紅色的舌頭凸出伸長，看起來就像是一隻正在蠕動的蟲子。

「好好吃呀！」游經的魚和螯蝦都會這樣想，卻完全沒看到「蟲」後一隻上百公斤的大鱷龜正等著。所以，魚蝦們會直直朝著大鱷龜的嘴裡游進去。接著，大鱷龜當然就立即關閉自己鋒利的顎了。

有時大鱷龜也想吃吃魚以外的食物，例如：鳥。海鷗或其他漂浮在水面的鳥，會被大鱷龜拖進水中淹死，接著，這些鳥兒就會變成只剩毛皮的殘骸。

大鱷龜的壽命可以長達兩百歲。雌龜每次可以產十到十五個卵，所以每隻大鱷龜都有很多子孫後代。不過許多大鱷龜寶寶在成年之前，就會被掠食者吃掉。

這樣嗎？

83. 你必須這樣做：單腳站立，然後把頭伸到水裡用餐

• **紅鶴**常常單腳站立，為什麼呢？科學家還沒想出來。牠們可能只是想讓其中一隻腳休息一下，但也可能是想確保自己不會著涼。想想看，當你站在冰冷的水裡時，也會想抬起一隻腳吧！不過，紅鶴即使站在溫暖的水裡，也還是會縮起一隻腳。此外，紅鶴不站在水裡時，也一樣用單腳站立……紅鶴還真是有點奇怪的鳥，對吧？那麼，牠們是如何做到總是單腳站立呢？鎖定膝關節！這會是一個非常穩定的狀態，所以紅鶴可以維持這個姿勢睡覺。而且，即便紅鶴死了，也還是可以維持單腳站立。

• 紅鶴必須把頭轉成上下顛倒才能進食，這是因為牠們有個彎曲且形狀特殊的喙，必須將喙以上下顛倒的方向伸進水裡，用舌頭將泥水吸進嘴裡。泥水會通過喙裡的過濾器再流出來。

• 紅鶴的巢成小丘狀。雄紅鶴與雌紅鶴會共同築巢，然後雌鶴在巢中下一顆蛋。孵化後的幼鳥以一種特殊的「紅鶴奶」為食，這種紅鶴奶由成年紅鶴頭部的特殊腺體分泌。大約兩到三年後，小紅鶴才會由灰色變成紅色。

真愛出風頭！

84. 你知道南非的吹笛捕鼠人嗎？

你應該聽過哈梅恩吹笛捕鼠人的童話故事，但你知道住在南非的真正捕鼠者嗎？**蛇鷲**不用笛子來誘惑老鼠，而是直接用堅固的爪子抓住老鼠，然後瞄準攻擊數次直到獵物死亡。牠們的獵物不只是老鼠，蛇、龜和各種爬蟲類都在菜單上。當一隻成年雄蛇鷲需要攻擊獵物致死時，其攻擊力道可以高達自己體重的六倍。這也是為什麼牠們被戲稱為「忍者鵰」的原因。

蛇鷲的外觀十分特別，被稱為「秘書鳥」，可能是因為頭上的特殊羽毛——蛇鷲冠上往後生長的羽毛，令人聯想到昔日書記員或秘書插在耳後的羽毛筆。蛇鷲的雙腿長而有力，可以藉之在地面巡行，牠們只在危險或有獵人靠近時，才會展翅以便加速逃離。

這個我帶走囉！

▲蛇鷲（秘書鳥）
二名法拉丁學名：*Sagittarius serpentarius*

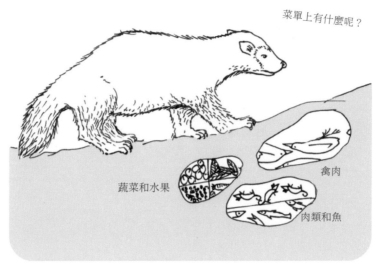

菜單上有什麼呢？

蔬菜和水果

禽肉

肉類和魚

▲貂熊／學名 *Gulo gulo*

85. 貂熊會把雪當冰箱用

貂熊（狼獾）的英文為金剛狼（wolverine）——滿身肌肉，手上還有利刃的漫威超級英雄。

但其實貂熊（狼獾）跟狼一點關係都沒有，牠們是鼬的近親，看起來像小熊，有短短的腿和長長的口鼻部。你可以藉由眼睛周圍和腦門上的黑色毛皮認出牠們。

貂熊吃植物、鳥蛋和漿果，也吃小型嚙齒動物和松鼠。牠們甚至敢攻擊馴鹿或山羊。藉由有力的雙顎和牙齒，牠們可以將獵物整個吃乾抹淨，包含骨頭和牙齒。果然是名符其實的貪吃鬼＊！

這種動物生活在北方的高山上。牠們特別的腿能完全張開站立如同雪鞋，所以可以輕鬆在雪地裡行走。

牠們需要雪才能存活，首先，貂熊會用雪來當作冰箱。貂熊不會把大型獵物一口氣吃光，而會把獵物埋在雪裡，作為幾乎找不到食物時的糧食。藉由將肉類保持低溫，可以避免被昆蟲吃掉或受到細菌侵襲。當小貂熊誕生時，預先儲存的食物尤其重要，這是貂熊需要雪的第二個原因。母貂熊會在雪地裡挖一個很深的洞，並在其中產下寶寶。貂熊寶寶大約在冬末或春初時誕生，貂熊媽媽無法捕獵，只能以預存的食物為生。貂熊爸爸通常不大關心小貂熊。

＊ 譯註：貂熊的荷文為 veelvraat，複數型 veelvraten 與貪吃的人、老饕是同一個字，所以這裡說貂熊是名符其實的貪吃鬼。

▲小丑魚和海葵是一組夢幻隊！

86. 小丑魚 ♡ 海葵（海葵也愛小丑魚）

如果你看過電影「海底總動員」，一定知道小丑魚住在海葵裡。但你知道**小丑魚**和**海葵**是會相互幫忙的嗎？有毒的海葵是小丑魚的避難所，海葵的毒不會傷害小丑魚，因為小丑魚身上有一層特殊的黏液令其免疫。此外，小丑魚還會把海葵無法消化的食物吃掉。

海葵也覺得把地方租給小丑魚住很不賴，因為小丑魚會保護海葵不受攻擊者的傷害，還會把討厭的寄生蟲吃掉。此外，海葵覺得小丑魚的糞便非常可口，可以從中獲得許多營養。小丑魚的活動也讓海葵周圍的水有好的流動性，可以吸引更多的食物。在生物學上，我們稱這兩者間的關係為「互利共生」。

但當小丑魚生病時，則會離開海葵。因為生病時，小丑魚身上用以保護自己不受海葵毒液侵襲的黏液不夠強大，會有被海葵吃掉的危險。

- 5 -

行為怪異的特殊動物

87. 巴哈馬的游泳豬

在巴哈馬的豬島上，住著一小群覺得在海裡游泳實在太有趣了的野豬。目前還完全不知道，到底這些**豬**是怎麼來到這個島上的？是被水手暫留島上、等待被接走？還是從船難中死裡逃生？沒人知道，但是這些豬已經完全適應島上的生活了。

你可以在豬島的海灘上看見這些豬。牠們在那裡快樂的跑來跑去，並且在水裡游泳。

不幸的是，這些會游泳的豬正受到威脅，大約已經死掉一半了，這可能是因為豬島來了太多遊客。這些遊客在沙灘上隨意棄置食物，而吃掉這些食物的豬則因此而同步吃進太多沙，這些沙會留在牠們的胃裡，是致命的。現在，人們正在想辦法拯救剩下的游泳豬，希望讓牠們可以長久、快樂的在海裡游泳。

嗯，舒服！

▲豬島上的豬在海裡游泳

88. 來自大海最美麗的龍

大西洋海神海蛞蝓的學名是 *Glaucus atlanticus*，常常被稱為「藍龍」。不過牠們是一種迷你龍，因為這種動物只有六公分大，看起來像是迪士尼電影中的角色，或是一隻寶可夢。

藍龍是一種海蛞蝓，跟蛞蝓一樣有細長的身體，身體兩側有非常特殊的凸起——看起來像末端長著細小手指的小手，這些凸起稱為角鰓，藍龍用角鰓來游泳。

在任何一個海裡都可以發現藍龍，看起來像是有人用非常精細的畫筆為牠們上色一般，藍龍的背是銀灰色的，腹部是淺藍和深藍，腿上則

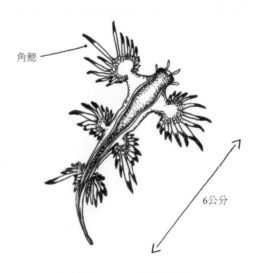

角鰓

6公分

▲「藍龍」／大西洋海神蛞蝓

有藍有灰。牠們透過身體裡充滿空氣的氣囊，得以持續在水中飄浮，並且以背部朝下的方式持續游動。藍龍的腿十分強壯，可以讓牠們保持在靠近水面的地方。

但是，請注意！藍龍可不像外表看起來那麼無辜，牠們會攻擊相當大的動物，例如僧帽水母（參考第 176 則）——現存最毒的動物之一。藍龍會將牠們的毒儲存在自己的組織中，讓自己免疫。有機會遇見一隻藍龍嗎？記得看看就好，千萬別碰牠，牠可是能讓你受重傷的唷！

89. 螯蝦用頭尿尿

這是真的！螯蝦是用頭尿尿的。在螯蝦的第二對觸角旁邊有一對開口，那裡便是牠們噴出尿液的地方。螯蝦透過往對方臉上噴灑尿液來溝通，例如告訴對方説「我要跟你打架」或「我想跟你交配」。

雄螯蝦是真正的戰士，牠們很喜歡跟牠們的對手打鬥，並在打鬥時使用強而有力的螯。螯蝦可以在螯上積聚非常大的壓力，甚至可以弄斷一個成年男子的手臂，當然也可能會對牠們的對手造成嚴重的傷害。但這對螯蝦來説不是什麼大不了的事，因為「失去的部分」在牠們換殼的時候會重新長出來。螯蝦有機會長二十次到三十次新腳！

螯蝦必須換殼，不然無法長大。雌螯蝦只有在換殼時能進行交配，當雌螯蝦正在換殼且有好心情時，便可以交配。為了讓對方有好心情，螯蝦會在對方的洞中尿尿。交配後，雌螯蝦會保存精子，直到環境條件有利時（例如食物充裕時）才讓卵子受精。因此，雌螯蝦的卵子實際受精的時間，可能是在交配之後的六到九個月。此外，雌螯蝦所保存的精子，不一定只來自一隻雄螯蝦，雌螯蝦的卵子們接收的精子很有可能來自不同的雄螯蝦。

噗茲……

啊？你説什麼？

▲龍蝦有一種怪異的示愛技術

當十八世紀的歐洲科學家收到**鴨嘴獸**標本時，以為是有人想跟他們開玩笑，他們確信這一定是澳洲同事把幾種不同動物縫在一起所做出來的標本。當然，這些科學家錯得離譜，但這很正常，畢竟他們是第一次看到鴨嘴獸啊！

你只能在塔斯曼尼亞島和澳洲的一小部分地區找到鴨嘴獸。牠們有水獺的身體、河狸的扁平尾巴、鴨子的腿，和一個又大、又黑、又扁平的嘴。鴨嘴獸的嘴非常敏銳，敏銳到即使把眼睛、耳朵和鼻子都閉起來，牠都可以打獵。

透過這樣一個特別的嘴，鴨嘴獸得以從自己居住的河川底部，找到各式各樣的動物。由於鴨嘴獸沒有真正的牙齒，所以覓食時會確保同時吃進大量的礫石，以便磨碎食物。

鴨嘴獸的腳配備有蹼，所以游泳游得很好。當牠上岸時還可以收起腳蹼，改為伸出利爪。鴨嘴獸在陸地上行走時並不優雅，但這些爪子讓牠們得以在陸地上行動自如。

鴨嘴獸也是極少數的，卵生哺乳動物之一。

上述這些就是鴨嘴獸如此特別的原因嗎？當然不是！雄鴨嘴獸後腿上有尖刺（有點像鉤子）會分泌有毒物質，這可能是用來驅趕其他雄鴨嘴獸，讓牠們遠離自己的愛人。鴨嘴獸的毒雖不致命，但會引發地獄般的痛苦。

還有嗎？難道上述這些還沒能說服你，鴨嘴獸真的非常非常特別嗎？

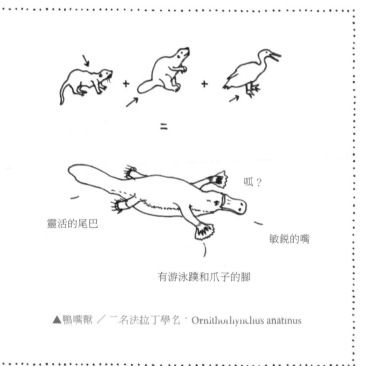

靈活的尾巴

敏銳的嘴

呱？

有游泳蹼和爪子的腳

▲鴨嘴獸／二名法拉丁學名：Ornithorhynchus anatinus

來吧，往這裡走！

▲墨西哥鈍口螈是引導死者前往冥府的嚮導

91. 墨西哥鈍口螈有一點「神聖」

墨西哥鈍口螈是一種非常特殊的蠑螈，只生長於墨西哥霍奇米爾科的運河和湖泊裡。墨西哥鈍口螈（Axolotl）的名字來自於阿茲特克神話中的神祇——索羅特爾（Xolotl），這個神的外型是狗，在阿茲特克神話中會伴隨死者前往冥府。有一天，祂突然害怕自己會被殺死，於是將自己變成一隻墨西哥鈍口螈，並藏身水底。但不幸的，祂卻再也沒辦法變回原來的狗外型，注定要永遠在水底生活。

墨西哥鈍口螈的確有一些幾乎可被稱為「神聖」的特性。你一定知道，許多蠑螈有「再生」的復原能力，所謂「再生」意指牠們可以再長出……例如一條新尾巴（如果原來的尾巴斷了）。墨西哥鈍口螈則有奇蹟般的再生能力，不僅可以再生尾巴、四肢，還可以再生脊椎、顎，甚至大腦，而且再生的部位上甚至找不到任何疤痕。當然，科學家們覺得這簡直太神奇

了，他們很想知道墨西哥鈍口螈到底是怎麼辦到的？或許可以藉此幫助人類。但墨西哥鈍口螈的秘密，至今還未能被解開。

野生的墨西哥鈍口螈是棕綠色或黑色，臉上總是掛著大大的微笑。牠們的頭部兩側各有三根有著滑稽羽毛的凸出物，這些是鰓，鰓上的羽毛有助於獲取更多的氧氣。不過，現今野生墨西哥鈍口螈已經瀕臨滅絕，這是因為許多湖泊的水被抽乾或被嚴重污染。2009 年時，只剩下約一千兩百隻野生墨西哥鈍口螈了。

在水族館中大多可以找到墨西哥鈍口螈。這些墨西哥鈍口螈大部分是有紅色鰓、黑色眼睛的白色蠑螈。牠們的祖先是一隻有遺傳缺陷的雄墨西哥鈍口螈，牠在 1863 年被帶到巴黎，並且繼續繁殖後代。墨西哥鈍口螈不只有個特別的名字，更是一種非常特別的動物！

保持冷靜：吸氣、吐氣

▲淡水龜用自己的方法保持冷靜

92. 有些烏龜用牠們的屁股呼吸

烏龜是變溫（或稱外溫）動物，這表示牠們的體溫會隨著環境變化。例如，當外面的氣溫是 15 ℃ 時，烏龜的體溫也會是 15 ℃。

那麼，烏龜是如何在冬天存活的呢？在氣候寒冷時，烏龜會將自己的新陳代謝降到最低，只有對維持生命至關重要的功能繼續運作。此時，牠們只需使用非常少量的氧氣和能量。

但烏龜也有極限，一旦牠們的殼上結了冰，便會死亡。所以，淡水龜們發現了一個聰明的辦法：牠們沉到水底過冬。水面上的水會結冰，水底的水則不會結冰，而且水溫相當穩定，如此一來在水底的烏龜體溫也會維持穩定。

烏龜難道不用呼吸嗎？當然要，在水裡的烏龜可以使用水中的氧氣，為了能夠儘可能獲得更多氧氣，烏龜不只用嘴呼吸，還可以用屁股呼吸。在烏龜的肛門附近有很多血管，這些血管也可以用來獲取氧氣。

冬天時，烏龜的身體可以有一段時間不需要氧氣，但牠們的肌肉不喜歡沒有氧氣，缺氧會導致肌肉酸化；回想一下，當你激烈運動時可能發生的肌肉抽筋。有些烏龜可以在缺氧狀況下存活長達一百天，但當牠們終於得以回到水面上時，其實處於嚴重的肌肉抽筋狀況，必須在陽光下好好休息一下以提高體溫。所以，當你看到某隻烏龜僵硬緩慢的移動時，記得對牠們溫柔一點……

93. 比恐龍還老的魚

七鰓鰻、八目鰻或七星子的幼魚沒有牙齒和眼睛，以浮游生物為食。一年後長為成魚型態，長度可達十五公分到一米，轉變為成魚形態的七鰓鰻會開始行寄生生活。有些七鰓鰻會留在出生地的淡水中生活，有些則會遷徙到海洋中。

七鰓鰻吸盤狀的口部長滿了小而尖銳的牙齒，可以緊緊吸附在其他魚、海豚或大型動物身上，吸食牠們的血和骨骼。成年七鰓鰻外觀看起來像較粗的鰻魚或蛇，牠們有一對好眼睛、一或兩個背鰭、一個尾鰭，身體兩側各有七個鰓孔，頭部上方則有一個鼻孔，沒有骨頭，整個骨骼系統都是由軟骨組成。牠們是非常原始的物種，在恐龍之前便已經在地球上生存了。

在中世紀時，七鰓鰻可是美味佳餚，是皇家宴會上的珍饈。英國國王亨利一世非常喜愛吃這種魚，但很不幸的也是因此而死。他在西元 1135 年因為食用過量的七鰓鰻而亡。

你想親自嚐嚐看七鰓鰻的滋味嗎？記住，在料理七鰓鰻前，要先將牠浸泡在牠自己的血液裡幾天。專家說七鰓鰻嚐起來像烏賊……我們沒辦法告訴你是真是假，因為我們自己也還沒試過。

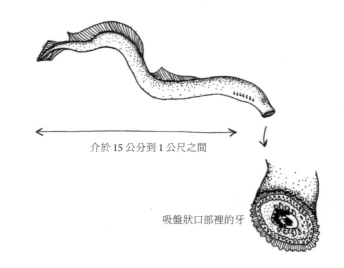

介於 15 公分到 1 公尺之間

吸盤狀口部裡的牙

七鰓鰻！

▲七鰓鰻存活下來了，恐龍沒有……

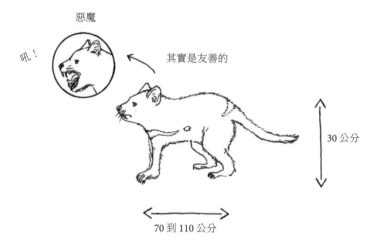

惡魔

吼！

其實是友善的

30 公分

70 到 110 公分

▲塔斯曼尼亞惡魔情緒波動很大

94. 有惡魔住在塔斯曼尼亞島

塔斯曼尼亞惡魔（袋獾），確切的說是一種有袋類動物，有黑色毛皮，胸前或軀幹上有典型的白色標記。牠們大約有 70 ～ 110 公分長、30 公分高（從地面到肩膀的高度）、14 公斤重。

塔斯曼尼亞惡魔只居住在澳洲的塔斯曼尼亞島上，過去也曾經住在澳洲本土，但四百年前居住在那裡的袋獾便已滅絕。牠們並不危險也不會攻擊人（當然前提是別去惹牠），但袋獾有強而有力的顎和牙齒，能輕易咬穿骨頭。

第一批抵達澳洲的歐洲移民並不喜歡袋獾，因為袋獾會吃他們飼養的雞，而且農民們害怕牠們還會攻擊其他家畜，這是當時曾大規模捕殺袋獾的原因。當時獵捕袋獾可以換得獎賞，直到 1941 年，才有保護塔斯曼尼亞惡魔的法律生效。

塔斯曼尼亞惡魔其實是對生態十分有幫助的動物，會吃生病或死掉的動物，如此一來灌木叢便得以保持乾淨。此外，袋獾也有效控制了塔斯曼尼亞島上的野貓數量，這種野貓對島上的鳥群是一大威脅。而島上的狐狸數量，也因為塔斯曼尼亞惡魔而得到控制。

為什麼袋獾會被稱為惡魔呢？顯然是因為牠們常常心情不好。當牠們感覺到威脅，或認為有人要搶牠們的食物時，會變得猙獰兇猛並尖叫咆哮，看起來有點像惡魔。

95. 喙如剃刀般鋒利的史前鳥類

你是否曾經想過，史前鳥類到底長什麼樣子？我們覺得鯨頭鸛的樣子非常像，無論怎麼看，都很像年代久遠的化石。

儘管**鯨頭鸛**輕易就可以長到一米半高，展翅時寬可達兩米，但直到十九世紀中葉，才被正式分類。牠們住在非洲東部的草沼區中，獨居並且非常害羞。

鯨頭鸛常站在水中，以便監控所有水生動物：鰻魚、肺魚，甚至鱷魚。牠們非常有耐心，可以保持數小時靜止不動。一旦時機成熟了，則會無情的攻擊。牠會用巨大的喙抓住獵物並咬著，然後稍微把喙張開一點點，恰恰好讓嘴裡的獵物伸出頭來。接著，鯨頭鸛會再度快速閉合如剃刀般鋒利的喙，口中獵物的頭就被切下來了。此時，鯨頭鸛會甩甩頭，甩掉捕獲獵物時沾染的水和泥沙，最後把獵物直接吞進肚裡。

鯨頭鸛只有交配時才跟同類待在一起。雄鯨頭鸛會用喙不斷的發出聲音，直到找到雌鳥交配為止。牠們通常只照顧一隻雛鳥，所以當巢裡有超過一隻的雛鳥時，最大的那隻會驅趕其他較小的兄弟姐妹離巢。被驅趕的小鳥，則會面臨死亡威脅。

想親眼看看鯨頭鸛嗎？位於恩德培的烏干達野生動物教育中心（Uganda Wildlife Education Centre in Entebbe）裡，住著一隻名為「壽司」的鯨頭鸛。如果你能表現得很有禮貌，便可以撫摸牠。首先你要先對「壽司」深深鞠躬，獲得牠的允許後才能靠近牠。

喀嚓！

撲通

1.5公尺

▲鯨頭鸛／二名法拉丁學名：*Balaeniceps rex*

96. 在腿上放水蛭

光想到**水蛭**，可能就會讓大多數人冷汗直流：一隻有牙齒的蠕蟲黏在身上吸你的血……當然最好別發生在自己的身上！

但其實這種害怕依人、視情況而定：有些人確信水蛭有助於治療很多疾病。自中世紀開始，水蛭便被用在醫療上，稱為水蛭療法（hirudotherapie）。

水蛭被用於消除手術後的腫脹或減緩關節炎，這是改善血液循環，讓血液再度流動的好方法，特別是對於手指、耳朵或眼瞼。此外，也有使用水蛭減緩疲勞的治療法。不過許多科學家和醫生都認為，此類療法是種江湖騙術。

水蛭是黑色或棕色的小型蠕蟲，身體兩端各有一個特殊的吸盤。牠們的嘴中有細小的牙齒，用以叮咬受害者——可能是鳥或哺乳類動物，也可能是人。水蛭的唾液中含有水蛭素，那是一種抗凝血劑，被水蛭咬傷並不會痛，但可能引發過敏反應。

水蛭通常會在溫暖潮濕的地方，散步經過時，水蛭便可能附著在你的皮膚上。要去除身上的水蛭，可以用鹽、肥皂、香菸頭或打火機的火。但最聰明的方法其實是——別讓牠們黏到你身上！所以在熱帶地區散步時，最好穿上長褲並把褲管塞到你的襪子裡。

飽餐一頓後的水蛭，可存活一年不用再進食，直到牠們再度感到飢餓，便會開始等待多汁的人腿經過……

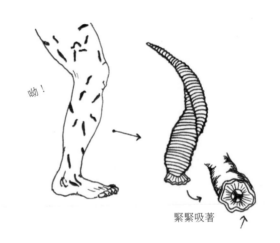

呦！

緊緊吸著

97. 當一隻松鼠從眼前飄過……

蜜袋鼯是分布在澳洲、塔斯曼尼亞島、印尼和新幾內亞的有袋類動物，屬於袋鼠與袋熊家族。蜜袋鼯體長大約 30 公分：身體 15 公分，尾巴也是 15 公分。

牠們最特別的地方在於從腕部延伸到後腿間的翼膜。當蜜袋鼯伸展四肢時，翼膜便會像降落傘般張開，讓牠們得以滑翔。這種松鼠不重，最多 160 公克，藉由翼膜可以滑翔五十公尺遠。牠們用腿操控翼膜，並透過尾巴控制方向。

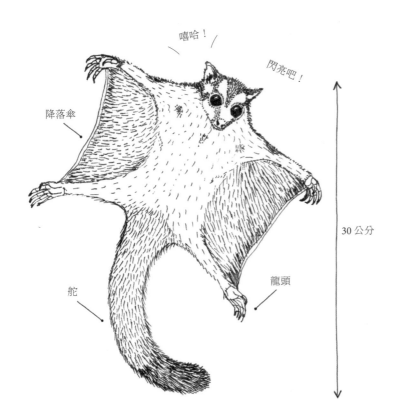

嘻哈！

閃亮吧！

降落傘

舵

龍頭

30 公分

蜜袋鼯很少到地面，牠們會在老樹的樹洞中築巢，以十五到三十隻為一群住在一起。蜜袋鼯名符其實*，非常喜歡甜食。此外，牠們也以按樹汁為食。蜜袋鼯會用尖銳的牙齒咬破樹皮，直到樹汁流出來。

有時候，人們飼養蜜袋鼯作為寵物，但這些人常犯一個錯誤：拿糖餵蜜袋鼯。這實在很不聰明，因為很不幸的，糖會讓蜜袋鼯生病！

* 譯註：蜜袋鼯的荷文 suikereekhoorn 若直譯便是糖松鼠，故此處說其喜愛甜食是名符其實。

98. 剛剛經過的，是長了腿的奇異果嗎？

喜歡吃多汁的 kiwi 嗎？希望你指的是毛茸茸的奇異果 kiwi，而不是澳洲的可愛**奇異鳥** kiwi。不可否認，奇異鳥看起來還真有點像長腳的奇異果。奇異鳥大約跟小型的雞一樣大，有橢圓形的身體、短短的腿、長而尖的喙，只生活在紐西蘭，是紐西蘭（非官方）的象徵之一。

若以蛋與親鳥身體的比例為依據，奇異鳥是所有鳥類中，蛋最大的！奇異鳥的蛋大約有雌鳥身體的 20% 那麼大。作為比較依據——人類足月出生的嬰兒，其大小大約是成人的 5%。

奇異鳥的翅膀非常小，所以無法飛行。牠們在地面行走生活，用長而細的喙找食物，喙的前端有鼻孔，有助於尋找食物。奇異鳥棕灰色的

羽毛看起來更像是毛茸茸的外套，而非飛羽，這對各種敵人而言都是很好的偽裝。

奇異鳥看起來超級可愛，但千萬別惹牠們生氣。如果侵犯牠們的領域，牠們會暴怒，藉由鋒利的爪子狠狠抓傷你。這時候，牠們突然就變得不那麼可愛了！

跳～

▲ kiwi 是奇異果，也是奇異鳥

99. 圓點紋樹蛙是超好的夜燈

科學家們在阿根廷發現一種身上有紅點的綠色青蛙，乍看之下沒什麼特別。他們將這種青蛙命名為「**圓點紋樹蛙**」。

當他們在黑暗中用紫外線燈照射這種樹蛙時，牠們卻會發出亮藍或亮綠色的光。科學家認為，這來自於樹蛙身體中特殊的螢光分子，在此之前，從未在動物身上發現過這種分子。

研究人員還不知道青蛙為什麼會在黑暗中發光，牠們有可能用身上的螢光來吸引伴侶，但

這也可能是牠們互相溝通的方式，或是一種特殊形式的偽裝。

自體發光的能力常見於魚類、水母和其他水下生物，被稱為生物發光。科學家們發現，70%的魚類和不少於 90% 的水母，都可以發光。

深海動物使用生物發光的能力來偽裝。「發光來讓自己隱形」這聽起來有點奇怪，但卻千真萬確。沒有光時，從水底往水面上看，可以看到水中的每個黑點都是一條魚；若這些魚自己發光，每隻都是亮的，反而就不會被看到了。

牠們也運用此能力來吸引獵物或伴侶。例如，有些鯊魚的肚子可以發光，肚子上只有一個小斑點是暗的，如此便能欺騙附近的大魚，牠們會認為自己看到了可口的小魚便游過來。當牠們靠近時，就會被鯊魚攻擊了。

此外，透過發光來嚇唬敵人也十分有用。一些烏賊或甲殼類動物，會將發光物質噴進水中，藉此混亂敵人。

嘿啦！

▲圓點紋樹蛙的生物發光功能

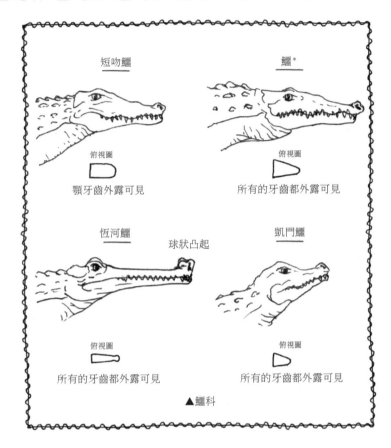

短吻鱷

俯視圖

顎牙齒外露可見

鱷 *

俯視圖

所有的牙齒都外露可見

恆河鱷　　　球狀凸起

俯視圖

所有的牙齒都外露可見

凱門鱷

俯視圖

所有的牙齒都外露可見

▲ 鱷科

100. 只剩下兩百隻野生恆河鱷了

恆河鱷生活在印度、尼泊爾和巴基斯坦，是一種非常特別，但不太知名的鱷目動物（krokodilachtige）。你可以從恆河鱷長而窄的口吻認出牠們，牠們在印度被稱為 gharial，這是因為雄性恆河鱷口吻前端的球狀凸起，看起來像一種名為 ghara 的印度陶罐。

與其他鱷科物種（krokodil）和短吻鱷一樣，恆河鱷可以長得很長，長達六米。牠們大多待在水裡，捕食魚類為生，因為牠們的短腿無法承受身體的重量，在陸地上只能用滑行的方式移動。

不幸的是，恆河鱷是一種極度瀕危物種，目前只剩下大約兩百隻野生恆河鱷了。

* 譯註：此處的鱷（krokodil）意指鱷科物種，與此圖中的長吻鱷、短吻鱷、凱門鱷同屬鱷目（krokodilachtige）。鱷科與鱷目中文皆稱鱷魚，容易混淆。

大耳朵

大眼睛

毛茸茸的尾巴

哈哈！

長手指

噗！

▲指猴／二名法拉丁學名：*Daubentonia madagascariensis*

101. 拉拉我的手指……

有沒有人跟你開過「拉拉我的手指」的玩笑？就是，你拉一個人的手指，那個人就放個屁。我們不知道拉**指猴**的手指時牠們會不會放屁，但我們知道很多關於指猴的小知識。

指猴有一對巨大的眼睛和一對大耳朵，看起來有點像蝙蝠，但牠們是哺乳類動物，與黑猩猩、其他類人猿和人類是親戚。指猴有暗棕色或黑色的皮毛，和比身體還長的毛茸茸尾巴。最特殊的地方則是牠們的「手」，指猴的中指特別特別長，會用中指敲打樹皮以尋找居住其中的昆蟲。透過牠們的大耳朵，指猴可以聽到樹皮中的動靜，當牠們發現昆蟲的行蹤時，便會用長長的中指將昆蟲拿出

來。此外，指猴也會用中指挖取椰子或其他水果食用。

許多馬達加斯加島的居民相信，看到指猴會帶來厄運。傳說指猴會在晚上跑進屋來，用長長的中指戳刺人類的心臟。當然，指猴並不會這樣做！但這樣的迷信深入人心，因而看到指猴的人，常常會射擊牠們以驅趕邪靈。這實在是非常遺憾的事，因為可憐的指猴是無害的——至少不會傷害人類。不但無害，指猴還是一種富有好奇心的動物，非常樂意與人近距離接觸、互相認識。

102. 蟻獅不會咆哮

蟻獅不會咆哮，因為牠們跟獅子根本沒有關係，牠們是脈翅目蟻蛉科昆蟲的幼蟲。

這種小蟲平均約 1.5 公分大，住在沙地裡，蟻獅會用牠們的腹部在沙地裡挖一個洞，挖洞的同時，用巨大的顎將沙子往四面八方丟出去，如此一來便可挖出一個漏斗。蟻獅就躲在漏斗末端的沙地裡，等待獵物經過，通常會是沒有防備的螞蟻。

蟻獅的身體滿佈細毛，一旦有東西在動，便可以透過這些細毛感覺到。螞蟻經過蟻獅漏斗時若不注意便會滑進去，掉進洞裡

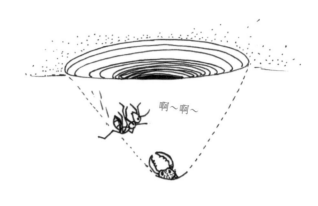

啊～啊～

的螞蟻可能仍然掙扎著想爬出去，但不斷滾動的細沙讓牠們非常難往上爬。特別是此時，洞底的蟻獅也會開始扔沙子，造成沙子往下崩塌，螞蟻便會更快速的往下掉。

當螞蟻掉到漏斗底部時，就是牠們的死期。蟻獅會用強壯的大顎抓住牠們，並注入致命的毒液，毒液可完全消化分解螞蟻的內臟，讓牠們變成可飲用的食物。蟻獅會將可憐的螞蟻吸食殆盡，只留下空殼。

1.5 公分

啊哈！開始震了，有客人！！

103. 獰貓一次可以打下十隻鳥

有聽過格林童話裡，勇敢的小裁縫一巴掌打死七隻蒼蠅的故事嗎？這的確很厲害，但仍然沒辦法跟**獰貓**相比。獰貓可以跳三米高，而且只需一次跳躍，就可以從空中打下十到十二隻小鳥。因此，很久以前獰貓就被波斯貴族豢養當作娛樂：他們將獰貓放進有許多鴿子的競技場裡，下注打賭看牠一次可以打死幾隻鴿子。

獰貓敢獵捕比自己大三倍的動物，牠們在夜間狩獵，先悄無聲息的接近獵物，直到非常靠近時再毫不留情發動攻擊。

獰貓寶寶非常可愛，這是有人想把獰貓當寵物飼養的原因。不過，這真的不是個好主意！一隻長大的獰貓，完全不是沒有防護手套就可以抓住的小貓。一旦牠們成年了，可是會毫不考慮咬人的。

太好了！
好多鳥可以打！

▲獰貓／二名法拉丁學名：*Caracal caracal*

104. 大食蟻獸的舌頭長達 60 公分

想像一下，一條很長很長的義大利麵——或者更像是兩條接在一起的長線——**大食蟻獸**的舌頭就是這麼長又靈活，這樣長而窄的舌頭，根本就是專為深入螞蟻巢穴而設計的。因為食蟻獸酷愛螞蟻和白蟻，而最底下的螞蟻當然是最美味的。

大食蟻獸會先用鋒利的爪子，小心打開即將享用的螞蟻或白蟻丘。然後將自己尖尖的鼻子放在開口處，再讓黏黏的舌頭進出蟻丘。舌頭上黏稠的唾液和小鉤子，可確保螞蟻被牢牢黏在舌頭上。接著，就是儘快把螞蟻或白蟻吞下肚，以免被牠們叮咬。

大食蟻獸的舌頭，在一分鐘內可以上下移動150 次，每次只對一個蟻丘進食兩分鐘，然後接著尋找下一個蟻丘；這樣牠們下回還能再度回到之前享用過的小吃店用餐。

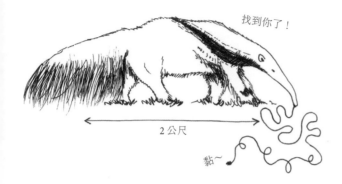

找到你了！

2公尺

黏～

▲大食蟻獸／二名法拉丁學名：*Myrmecophaga tridactyla*

一隻大食蟻獸一天要吃掉三萬五千隻螞蟻和白蟻，看起來很多，但大食蟻獸可是個超過兩米長的大孩子哪！螞蟻含有大量的蛋白質，甚至比一塊厚厚的牛排還多。除了螞蟻餐以外，大食蟻獸也會食用牠們在地上找到的水果。

105. 尾巴是最後防線

被抓住時，有些**蜥蜴**、**壁虎**或**蠑螈**有一種特殊的脫逃手法：留下尾巴。我們稱之為「自割」。

被抓住的蜥蜴會火速逃跑，僅留下尾巴給攻擊者。被留下的尾巴還會持續來回扭動好一會兒，讓獵食者以為獵物還活著，甚至沒有意識到獵物的一大半其實已經逃脫了！

尾巴的殘根當然會流血，但幸運的是，傷口很快會癒合，有時甚至在幾天後便會自己長出新尾巴。這是因為蜥蜴有一種特殊的細胞，可以長成任何一種組織（包含尾巴）。

想抓隻壁虎或蠑螈嗎？請用網子，或不會弄痛動物的特殊陷阱。壁虎在房子裡是完全無害的，甚至還可以幫忙抓很多昆蟲。或許，你根本就應該讓牠們好好的待在牆上！

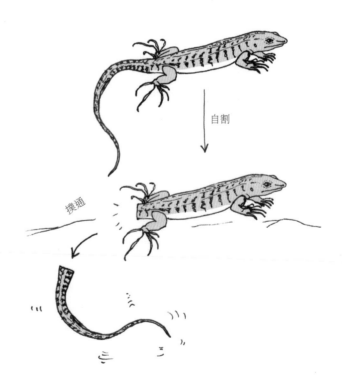

自割

撲通

起身散步

▲水黽／二名法拉丁學名：*Gerris lacustris*

106. 耶穌蟲的奇蹟

在美麗的春日找一個溝渠，趴下來觀察一下水面。如果這是個乾淨而且有許多生物生活其中的溝渠，你將有很大的機會可以看到一隻**水黽**經過。由於這種蟲子可以毫不費力的在水面上奔走，所以在英文裡，牠們也被稱為耶穌蟲（Jesus bug）。

為了不要一直划水，這些蟲子會尋找平靜的水面，有時只是安靜停在水面上享受陽光，有時則會看到牠們能量大爆發——在水面上衝刺、翻身，甚至一躍十公分高，像是在參加蟲蟲奧運會一樣。一隻小水黽用牠們伸展開來的腿，可以在一秒鐘內滑行一百公尺，這可是每小時

三百六十公里的速度。對於不到一寸大的小蟲來說，很不賴唷！

水黽借助水的表面張力得以在水面奔走。牠們的身體和腳上覆滿了防水的細毛，細毛本身可以保存空氣，並覆蓋有蠟層。水黽會花很多時間仔細清理自己的身體，確保自己可以好好浮在水面上。

水黽居住地的水質不能被會降低水表張力的物質污染（例如某些清潔劑），如此牠們才能在水面上不斷滑行。

107. 蟑螂可以在沒有頭的狀況下存活一個星期

聽起來像恐怖電影的情節，對吧？但這是真的，**蟑螂**即便沒了頭，也還可以存活數天。難道蟑螂沒有腦子嗎？當然有！但最重要的功能都在牠們的胸部：蟑螂們透過身體上的小孔來呼吸。

沒了頭，當然就沒辦法進食、喝水。蟑螂可以在沒有食物的狀況下，存活一個月，因為牠們是消耗少量能量便可存活的冷血動物，但牠們至少必須每週喝一次水，否則會脫水而死。

既然蟑螂可以無頭存活，牠們必定是非常強韌的動物！在地球上的所有動物中，蟑螂可能是適應力最強的，畢竟牠們已經在這個星球上生活超過三億年了，比恐龍還早出現，而這也正是蟑螂難以被消滅的原因。把蟑螂沖到馬桶裡？沒用的，因為牠們可以停留在水中三十分鐘而不會溺水，接著再輕而易舉的爬出來，然後躲到馬桶蓋下逃脫。

那麼，把蟑螂凍起來呢？已有案例顯示，凍結一隻蟑螂後，一旦溫度回升，蟑螂便又可以活回來逃離。或許，我們需要一種超強大的能源（例如原子彈）……當原子彈在長崎和廣島爆炸後，所有的生命都被炸死了（包含蟑螂）。但早在人類回歸前，這些受災城市裡就已經出現蟑螂了，牠們顯然比其他動物更能承受輻射影響。

蟑螂也真的是什麼都吃！除了平常的食物外，也可以吃紙、灰塵、肥皂、木頭、黏膠、毛髮或糞便。此外，牠們排出的糞便中含有讓其他蟑螂得知「這裡有食物可吃」的物質。在你發現之前，蟑螂們可能已經在宴會中大跳蟑螂舞了*！

* 譯註：La cucaracha 是西班牙文的蟑螂，也是一首西班牙民歌，歌詞描述一隻沒有腳的蟑螂。而伴隨著歌曲前進後退的舞步，也很像用腳踩跺蟑螂的樣子。

蟑螂之舞 La cucaracha

▲跳到死為止

108. 獨角獸是存在的？

我們可能馬上就要讓你失望了，你從各種童話和故事中認識的獨角獸——白色或粉紅色的、頭上有一支角的馬——並不存在。但在水中，有一種可以被稱為「獨角獸」的完美生物，那就是**獨角鯨**，一種生活在北極圈的齒鯨。雄性獨角鯨有一根長牙從嘴的左側凸出，可以長達三米，看起來像一支螺旋狀長矛。

長久以來研究人員一直想知道，獨角鯨到底拿牠們獨特的長牙做什麼？牠們會在交配季節用長牙互相打鬥，也用長牙在冰上鑽洞，但新的科學研究發現，長牙並不只是用來打鬥或鑽洞的器官。

獨角鯨長牙中有上百萬的神經管，從長牙中心向外延伸，牠們可以藉由牙齒回聲定位：獨角鯨會發出數百萬次脈衝式聲音，這些聲音將撞擊周圍環境中的物體，接著再用長角接收回傳的回音，如此牠們便可精準得知在黑暗或泥濘的水中，該怎麼游泳前進。此外，長牙還可以告訴獨角鯨更多關於水的溫度和壓力，甚至空氣的狀況。

▲來自北方的獨角獸

在最近的觀察中，研究人員發現獨角鯨還會用牠們的長牙來麻醉、襲擊其他魚令其昏厥，如此便可輕易的抓捕並吃掉牠們。

109. 你敢配戴一個活的胸針嗎？

在墨西哥的猶加敦，很有可能會遇到街上的小販跟你兜售一樁活胸針。他們用黃金和寶石來裝飾一種**樹皮甲蟲**，再將小鏈子和別針固定在甲蟲身上，這樣就可以拿來當作胸針配戴——做為胸針的小甲蟲則會在你的毛衣或襯衫上走來走去。這種樹皮甲蟲有金色帶黑色斑點的鞘，本身看起來就像古馬雅寶藏。

幾世紀以來，古馬雅活胸針的傳統一直存在中美洲和南美洲，源自於一個古老的傳說：一個

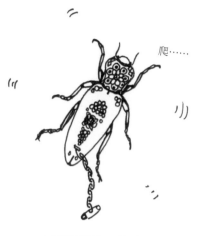

爬……

▲活甲蟲胸針 Ma' kesh

成一隻閃閃發光的甲蟲，公主便可將甲蟲當作胸針佩戴在心口，象徵他們永恆的愛。

樹皮甲蟲不會飛，還可以長時間不吃不喝，所以是做活胸針的最佳選擇。只要偶爾給予一點點食物，就可以讓她們存活很久。

當然，對樹皮甲蟲而言，終其一生都被拴在鍊條上一點都不好。動物權利保護者們主張應禁止出售活甲蟲胸針（Ma' kesh）。你可以好好將樹皮甲蟲當作特別的寵物，養在飼養箱裡。

當時住在中南美洲的馬雅公主，愛上了一個年輕人，但她的父母禁止他們結婚，公主因此傷心欲絕。有個巫師很同情公主，於是把王子變

110. 非常奇怪！有種魚不會游泳

蝴蝶會飛舞、魚會游泳，對吧？這可不一定……有種魚用奇怪的方式移動，因為她們不會游泳！不會蛙式、不會狗爬式、不會蝶式，甚至不會像普通的魚一樣游泳！

躄魚搖搖晃晃的擺動尾鰭，一點一點的前進。此外，她們會把水吞進去，再從鰓後的小開口擠出來。哇，你可能會覺得，這聽起來會像什麼推進器一樣超級快速……並不是！躄魚移動得非常緩慢，這也可能是因為她們正用釣魚的方法來取得食物（當然，也可能是因為她們沒辦法快速移動，所以只能透過釣魚來取得食物）。躄魚的頭上有一個凸起，看起來像隻小

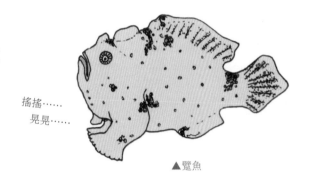

搖搖……
晃晃……

▲躄魚

蟲或小魚，於是，其他動物會以為自己看到了可口的獵物而接近躄魚，當她們靠得夠近時，躄魚便會快速將她們吃進去！

躄魚會上岸來嗎？不會！因為她們一旦離開水就完全沒辦法移動了。而且你應該不會想遇到躄魚，因為她們一點都不美麗：在奇怪的圓球形身體上，有張佈滿剃刀般尖銳牙齒的大嘴。

111. 超級醜，還是超可愛？

長得像一大坨白鼻涕，有一個奇怪的胖鼻子和兩個黑眼睛，兩側的胸鰭則毫無特殊之處。你知道這是什麼動物嗎？

這是**水滴魚**，被稱為「世界上最醜的動物」！難怪牠總是嘴角下垂、一副悶悶不樂的樣子。但你知道嗎？其實水滴魚只有從水裡被捕撈上岸時，才會是這個奇怪的模樣。在深海裡，牠看起來其實跟一般的魚沒什麼兩樣。但水滴魚的身體幾乎沒有「肌肉」，以致於從水底到水面上的急遽壓力變化會讓身體「崩壞」⋯⋯

水滴魚生活在澳洲和塔斯曼尼亞周圍海域，住在約 800 米到 1200 米深的深海裡，大多在棲息在海底。因為這種魚不像其他魚——牠沒有鰾，很難自行決定去向，只能跟隨當前洋流漂流。也因此，牠們只需要耗用很少的能量，不需要吃太多。

水滴魚不喜歡社交，牠們

通常單獨行動，而且不能忍受同一個區域裡有太多同類，所以科學家至今未曾目睹水滴魚交配，但他們已經見過水滴魚產卵和孵蛋⋯⋯是的，水滴魚就像鳥一樣，會躺在卵上直到孵化，而且雌魚和雄魚還會共同合作。

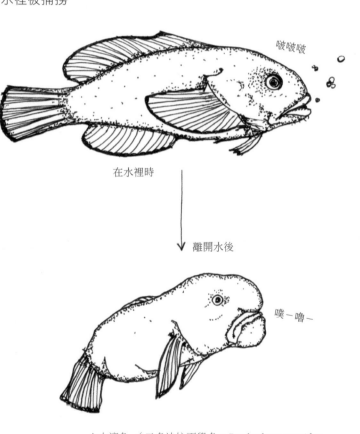

啵啵啵

在水裡時

離開水後

噗～嚕～

▲水滴魚／二名法拉丁學名：*Psychrolutes marcidus*

▲河魨

112. 有超能力的魚

你知道**河魨**有超能力嗎？當攻擊者太過靠近，河魨便會吸入大量的水，讓自己膨脹成一個大球——如果這樣還不夠大，牠們還可以吸進額外的空氣，讓自己變得更大。如此一來，攻擊者在進一步行動前，就得三思了：因為這魚變得那麼大，自己的嘴應該已經不夠大、吃不了，攻擊恐怕很難成功。

河魨不善游泳，牠們動作慢，而且移動的方式有點怪異，這或許就是為什麼牠們會演化出膨脹自己的超能力。即使如此，掠食者有時還是能逮到河魨，只不過被抓的河魨可憐，對成功抓到河魨的攻擊者而言，這也不是好事。河魨身上有劇毒：河魨毒素，這種毒可以一口氣毒死三十個人，沒有解毒血清，而且河魨體型越大越毒！

河魨是可以吃的，但誰那麼瘋狂敢吃這麼毒的魚？日本人。河魨的日文發音為 fugu，價格非常貴，只有取得特殊執照的專業廚師才可以提供，因為只要有一丁點毒素殘留，吃的人就死定了！日本的河魨食客很奇怪，是吧？

覺得蜘蛛很可怕？可能的話希望離牠們遠一點？我們了解的！不過有時候……至少找一次機會近距離觀察蜘蛛，是很值得一試的事喔！因為蜘蛛有時真是超級酷的。

• **銀板蛛**又稱鏡子蜘蛛或亮片蜘蛛，看起來像顆閃閃發光的鏡球。牠們圓圓的腹部覆蓋了許多像小玻璃的東西。你可能會覺得：這不會讓牠們變得太過惹眼嗎？其實並不會。這些「玻璃」反射的是周圍環境景象，反而有隱形效果。

• **巨人捕鳥蛛**是地球上最大的蜘蛛之一，腿的跨度（從一腿尖端到另一腿尖端的距離）可達近三十公分。這種蜘蛛吃昆蟲，也吃老鼠、青蛙，偶爾還吃鳥。當牠受到威脅時，會往周圍噴灑幾乎不可見、會刺激眼睛或嘴巴的螫毛。

• 你可能無法從這種蜘蛛的拉丁學名 *Cebrennus rechenbergi*，看出任何關於這種蜘蛛的資訊。但「**摩洛哥後翻蜘蛛**」可能就透露比較多訊息了，這種蜘蛛在受到威脅時，會開始表演後翻雜技，而且後翻移動的速度，可達牠們一般奔跑速度的兩倍。

• **孔雀蜘蛛**非常美麗，腹部色彩豔麗，還有精美的花樣。雄孔雀蜘蛛藉由牠們美麗的腹部讓交配舞更加增色，以吸引雌蜘蛛。但是，牠們最好是個好舞者……因為若是雌蛛不喜歡，可是會被一口吃掉喔！

• **暗門蜘蛛**的英文為 Trapdoor spiders，這個名字很適合牠們*，因為牠們會在地上挖洞，並用一個幾乎看不到的活板門蓋起來。暗門蜘蛛靜靜躲在洞裡等待，直到感覺到因獵物靠近引起的地面震動，便會快速打開活板門，將獵物拖進洞裡。暗門蜘蛛幾乎不會主動從洞裡出來，牠可以在洞裡活到三十五歲。

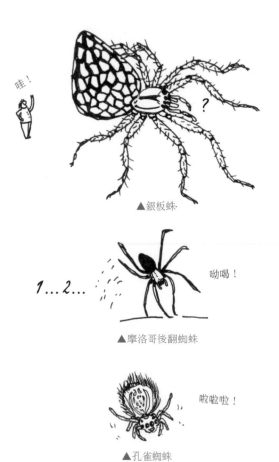

哇！

▲銀板蛛

1…2…

呦喝！

▲摩洛哥後翻蜘蛛

啦啦啦！

▲孔雀蜘蛛

* 譯註：此處提及的是一種荷文名為 Muisspinnen 的蜘蛛，字面可直譯為「老鼠蜘蛛」，是暗門蜘蛛的一種。根據其行為，英文名 Trapdoor spiders 的確更適合牠們。

嗶
嘟
咻

▲白鯨

114. 海裡的金絲雀

金絲雀是黃色的、會飛，但是「海裡的金絲雀」則完全不是這樣，牠們是白色的、生活在北冰洋。不過那裡沒有鳥，只有**白鯨**（或稱白海豚）。

那麼，為什麼稱其為海裡的金絲雀呢？因為白鯨會發出很多種聲音，藉以在黑暗的海水中找到方向，以及與同伴溝通。牠們會送出許多高頻的聲音，這些聲音碰到獵物後形成回音回傳。白鯨透過這些回音，便可精準得知獵物的大小及位置，我們稱之為「回聲定位」。此外，白鯨還可以低聲吟唱、高聲呼嘯。因此，在船艙裡聽到這些聲音的水手們，便暱稱白鯨為「海上金絲雀」。

白鯨的頭上有一個球狀凸起，我們稱之為「額隆」。所有的齒鯨都有這樣的球狀凸起，但唯獨白鯨可以自由改變額隆的形狀。正因如此，白鯨有更好的回聲定位能力，這樣的能力對生存至關重要，因為這能幫助牠們輕鬆找到可供呼吸的浮冰中的洞。

白鯨有極厚的脂肪層，厚達十二公分，這可以保護牠們免受冰冷的傷害。白鯨可以下潛深達三百米，由於這種鯨魚沒有背鰭，所以可以緊貼冰層游泳。這招非常聰明，因為這樣就得以躲避偶爾喜歡獵捕小海豚的虎鯨（虎鯨的背鰭非常大，無法像白鯨一樣靠近冰層游泳）。

115. 該燻出來？還是在蟻酸中沉迷？

渡鴉喜歡靠近燃燒中的煙囪。牠想把房子燒了嗎？噢，不是的！渡鴉與其他鳥類一樣，對羽毛中的各種小蟲深感困擾，牠們不喜歡被蝨子或蜱蟲叮咬。而渡鴉很聰明，發現這些惱人的小蟲不喜歡火和煙，這就是為什麼牠們會坐在煙囪上，甚至還張開翅膀。因為如此一來，這些不受歡迎的訪客就會被煙燻走了。渡鴉甚至曾經被發現在燃燒的香菸上方展開翅膀。

但這可不是這種聰明的鳥讓羽翼保持乾淨的唯一方法。當牠們找不到火時會去尋找螞蟻，或者更有效的：牠們尋找蟻酸（甲酸）。渡鴉會叼起一些螞蟻，拿牠們在自己的羽毛間搓揉，我們稱這樣的行為叫「蟻浴」。

真的太癢時，渡鴉們會將翅膀張開坐在蟻丘上，等待螞蟻們爬過身上，牠們喜歡螞蟻在羽毛裡穿行。有些科學家相信，螞蟻們會為渡鴉殺死羽毛中的寄生蟲，只要螞蟻遇上蝨子就會吃掉牠們；有些科學家則認為，蟻酸對鳥而言是一種毒品：當渡鴉作蟻浴時，會把頭枕在脖子上、嘴喙張開，擺出沈迷享受的模樣。這有可能是因為終於能擺脫小蟲嚙咬而開心，也可能因為蟻酸造成了某些影響，令牠們完全為之瘋狂——也可以說是渡鴉的海洛因……

噢！噢！

＊漂亮！

▲閃亮亮的變色龍

116. 心情決定顏色

變色龍是一種具有特殊能力的蜥蜴：牠們可以改變顏色。變色的範圍從一般的綠色或棕色，到非常明亮的粉紅色、藍色、橘色、紅色或黃色等。

長久以來，生物學家一直認為，當攻擊者太過靠近時，變色龍便會改變顏色，讓自己融入背景中隱藏起來。但變色龍可以跑得很快——高達時速三十公里——因此牠們似乎並不需要這樣的防衛機制。

雄變色龍用明亮的顏色來吸引伴侶或驅趕求偶對手，所以「變色」跟異性有關。與此同時，研究人員們也發現，變色龍會因為情緒而改變顏色。當牠們生氣時，顏色會變得比較深沉。而較淺的顏色，則表示牠們的心情還不錯。

變色龍也會透過顏色變化來調節體溫。覺得冷的時候顏色會變深，就更容易保持熱量。相反的，當牠們比較溫暖時，顏色就會變淺。

那麼，變色龍是如何改變顏色的呢？是透過一種特殊的「色素細胞」達成的，這是一種搭載各種顏料（或色素）的細胞。大腦向這些細胞發送訊息，驅使細胞內的色素改變位置，變色龍的顏色就改變了。

除此之外，變色龍之所以能變成非常明亮的顏色，是因為牠們有彩虹色素細胞（或稱鳥色素細胞）。這種色素細胞中有一種閃亮物質（結晶）構成的平板，可以反射光線。透過改變這種細胞的結構，變色龍可以突然變成亮粉紅、亮黃色或耀眼橘。

117. 懶到令人難以置信的希拉毒蜥

希拉毒蜥約五十公分長，近兩公斤重，是一種大蜥蜴。牠們有大大的身體、短而肥的尾巴、寬闊的頸子和頭。最特別的地方，是牠們身上的顏色和斑紋。希拉毒蜥的身體是有光澤的黑色，其上佈滿亮粉紅、亮黃或亮橘色的花紋，腳上有尖銳的爪子。此外，希拉毒蜥正如其名是有毒的蜥蜴，一旦被希拉毒蜥抓住，牠們就不會鬆手，而且還會不斷啃咬獵物，讓毒液確實滲透到獵物的身體裡。被希拉毒蜥咬傷是非常痛苦的，可能會令人暈厥，但以人類來說，並不會因此而死。

那麼，我們是不是該特別小心注意，以免被希拉毒蜥咬傷？其實不用，我們碰上希拉毒蜥的機會非常小，因為牠們住在美國和墨西哥的沙漠裡。此外，希拉毒蜥懶到不可思議，牠們有百分之九十五的時間都待在洞裡，只有需要曬

嗝！

吞

▲希拉毒蜥

太陽或尋找食物時才會外出。平常以青蛙、嚙齒動物、昆蟲和蠕蟲維生，偶爾會偷蛋，或從哺乳類動物的巢穴中搶走新生幼獸。知道嗎？牠們甚至懶得咀嚼，而會直接一口吞下獵物。希拉毒蜥會一口氣吃很多——多達自己體重三分之一的量——也就是說，若你的體重是三十公斤，則要一口氣吃進十公斤的食物。

吃飽後，牠們便又開始放鬆發懶，長達數月之久，直到再度感覺饑餓。希拉毒蜥在胖胖的尾巴中儲存很多脂肪，可藉此存活很長的時間。

118. 蝦中的瑞士刀

蝦蛄俗名眾多：如螳螂蝦、拳擊蝦、海蚱蜢或撒尿蝦*。會被稱為撒尿蝦，是因為當牠們被抓出水中時會噴出一股水，形同撒尿。蝦蛄是一種非常美麗的動物，有著長長的、色彩斑斕的身體。

不過，這種蝦若沒有保護措施可不能徒手去抓，因為牠們的顎足（又稱掠螯）可用雷霆之

速發動強力攻擊，攻擊速度可以媲美 .22 口徑的子彈。

蝦蛄藉由掠螯，能輕易擊碎牡蠣、貽貝或龍蝦。喜歡蝦蛄的水族愛好者會告訴你，蝦蛄心情不好時，甚至可以打破水族箱的玻璃！

事實上，我們可以把蝦蛄視為蝦族瑞士刀。牠

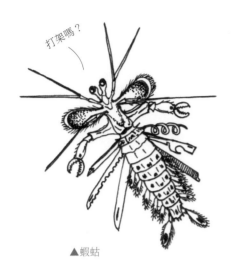

打架嗎？

▲蝦蛄

們身上有各種工具——爪、矛、錘子——每種工具都有不同的用途。

蝦蛄遇敵時，不會只選擇開溜。例如當章魚靠近牠們的巢穴時，蝦蛄會主動離巢並張開前足以嚇阻章魚，警告侵入者最好保持距離。若章魚仍持續接近，蝦蛄則會快速發動攻擊，牠們會不斷擊打，直到章魚離開。蝦蛄強大的力道不僅僅來自於肌肉，還要歸功於身體上的各種配備——銳棘、槓桿和彈簧系統等。

* 譯註：此處列出許多蝦蛄荷文俗名，直譯便是文中所述的螳螂蝦 mantisgarnaal、拳擊蝦 boksgarnaal、海蚱蜢 zeesprinkhaan 和撒尿蝦 pissende garnaal。蝦蛄的中文俗名也很多，包含螳螂蝦、蝦虎、蝦猴、琵琶蝦、撒尿蝦等。

119. 最美麗笑容獎得主：短尾矮袋鼠

短尾矮袋鼠有時被稱為「世界上最快樂的動物」，這是因為這種小型袋鼠有一張很滑稽的臉：胖嘟嘟的臉頰、大眼睛，和一張似乎總是在笑的嘴。

短尾矮袋鼠並不比野兔大多少，過去在澳洲的許多地方都可以見到牠們。但自從狐狸被引進後，牠們的數量便急劇減少。此外，貓和狗也是牠們的天敵。如今仍能在澳洲西南邊的兩個島上見到牠們。

短尾矮袋鼠在夜間覓食，主要吃樹葉、樹皮和草。當食物短缺時，牠們可以靠尾巴裡儲存的脂肪存活很長的時間。

跳　　跳

跳

笑～

▲短尾矮袋鼠

小短尾矮袋鼠在可以自己探索世界之前，會留在媽媽的育兒袋裡大約六個月。不過，當短尾矮袋鼠媽媽發現自己被掠食者追捕時，會快速逃跑，並將寶寶丟出育兒袋。小袋鼠發出的尖銳叫聲會分散追捕者的注意力，而袋鼠媽媽在小袋鼠被攻擊時，便可得到足夠時間逃跑……

120. 小心！有貓在飛！

提到會飛的貓，你想到什麼？一隻坐在巫婆掃帚前的黑貓？呃，那的確是隻會飛的貓，不過不是我們在這裡要討論的物種。

馬來亞鼯猴*不是貓，其實也不會飛，他們是一種灰色或灰綠色，體長 33 ～ 42 公分的小動物，有一條長約 18 ～ 27 公分的長尾巴，體重大約 1 公斤。

鼯猴最令人印象深刻的是身上有一種特殊的膜：從肩膀延伸到前腿，再從指尖連到腳趾尖，後半部則連接後腿到尾巴尖端。藉由這個膜，鼯猴得以在樹和樹之間飄移。他們先爬到樹頂，一邊攀爬一邊吃掉路上的食物，如樹葉、花苞、花和果子，到達樹頂後，再飄移到下一棵樹上。鼯猴用這樣的方式可以「飛行」一百公尺遠，這可是相當長的距離，大約是一個足球場長。鼯猴飄移到下一棵樹時，會落在較矮（但不會差很多）的枝椏上，接著他們會用鋒利的爪子再度爬到樹頂。

事實上，鼯猴不善於行走，而且拇指的生長位置不利於抓握（使力），所以他們總是小小步跳著前進。

想看鼯猴嗎？你得去東南亞的雨林才看得到牠囉！

* 譯註：
鼯猴有很多荷文俗名，原文此處採用 vliegende katten，此名直譯就是「飛貓」，所以用「會飛的貓」為題，也才會特別說鼯猴其實不是貓、也不會飛。

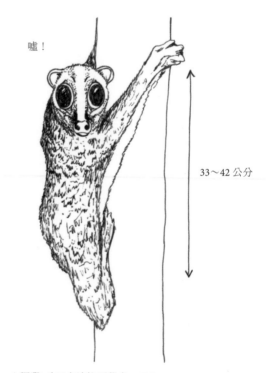

33～42 公分

▲鼯猴／二名法拉丁學名：*Galeopterus variegatus*

▲亞馬遜河豚

嘟～
嘟～

121. 這世上沒有粉紅大象，但有粉紅海豚

亞馬遜河中生存著一種擁有粉紅色皮膚的淡水海豚——**亞馬遜河豚**。小亞馬遜河豚是灰色的，隨著年紀增長會變得越來越粉紅。目前發現最老的雄亞馬遜河豚是最粉紅的。

怎麼會這樣呢？我們還沒完全弄懂。有些科學家認為，亞馬遜河豚的粉紅色皮膚，是因為靜脈血管非常靠近皮膚而造成的；也有一些科學家聲稱，這是雄性河豚攻擊性行為的後果，因為牠們常常打架、咬來咬去，皮膚上漸漸累積越來越多的粉紅色傷疤；還有些科學家推測，這是大自然的小把戲，亞馬遜河豚的粉紅色皮膚，能讓牠們隱身於亞馬遜河的粉紅色泥水中，讓敵人們看不到牠們。

這些粉紅色的淡水豚是非常好的泳者，可以用各種奇怪的角度扭曲自己，因為牠們的脊椎骨是互相分開的，在淺水中也非常敏捷。亞馬遜河豚有眼睛，但主要是使用回聲定位在混濁的河水中找到方向，牠們頭上厚厚的凸起有著類似透鏡的功能，可以接收回傳的回聲。

事實上，我們對這種特別的動物了解不多，因為牠們很難被找到。亞馬遜河邊的居民流傳許多關於牠們的傳說。例如：牠們會在夜間幻化為男子，偷偷來到村子裡，讓村中女子受孕。

想不想親眼看看亞馬遜河豚呢？預定一個到巴西莫卡茹巴的行程吧！亞馬遜河豚會在早上來到市場，與孩子們在清澈的水裡玩耍。牠們成群結隊的來，而且毫無攻擊性。說不定那兒的孩子們晚上做夢都會夢見亞馬遜河豚呢！

世界上有超過兩萬五千種蠕蟲，牠們幾乎無所不在，但大多數在海中。

• 陸地上最大的蠕蟲是**巨型蚯蚓**，體長可達 6.7 米，會在暴雨後鑽出地表。但巨型蚯蚓的長度與生活在海底的巨型紐蟲相比，根本不值一提。**巨型紐蟲**長度可達五十五米，是地球上最長的生物，但並不比你的手指頭粗。紐蟲可以縮得很短，也能伸展到原來的五倍長。當牠們被驚嚇時，會將身體斷成數節，每一節都會再生成為新的紐蟲。紐蟲的皮膚上有黑色的纖毛，前端有眼點和感覺接受器；身體內部有一個可翻出、且具毒刺的長吻。紐蟲將毒液注入獵物體內，殺死牠們後便一口氣全部吃掉。

• 若敢摸摸看**櫛蠶**的話，一定會馬上了解為什麼牠們又被稱為天鵝絨蟲，牠們摸起來就像是柔軟的天鵝絨。櫛蠶身上二十對像氣球一樣圓滾滾的腳，讓牠們看起來很滑稽，但櫛蠶最特別的是生殖方式。雄櫛蠶會將精包產在其他櫛蠶身上，若對方恰巧是雌性，則經過一段時間後便會將皮膚「打開」，讓精子進入體內。進入體內的精子便會尋找卵子，形成受精卵後孕育小櫛蠶。

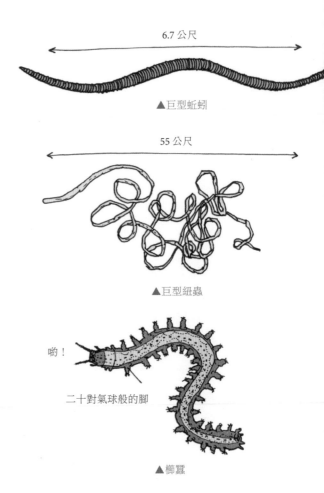

6.7 公尺

▲巨型蚯蚓

55 公尺

▲巨型紐蟲

喲！

二十對氣球般的腳

▲櫛蠶

我動不了了！

結凍中

青蛙冰

123. 長期保鮮的方法

在阿拉斯加，氣候可能變得極端寒冷，生活在世界上最冷的地方之一的**木蛙**，必須要能適應這樣的酷寒。如同其他青蛙，木蛙也會冬眠，但方式非常特殊，牠們會匍匐在一堆落葉下或泥沼裡，然後慢慢睡去，同時呼吸越來越慢、越來越慢，慢到心臟停止跳動。

在此同時，森林完全冰封。青蛙是變溫動物，體溫會與環境一致，因此在這個區域裡樹蛙也是完全凍結的。牠們趴在地上像石頭，像早已僵死了。

但每到五、六月，天氣開始變暖，冰凍青蛙便會解凍、甦醒。牠們會好好伸展身體、大聲呱呱叫，然後就又開心的跳來跳去了。

木蛙可以在冰凍狀態下存活七個月，科學家們都非常想知道牠們是怎麼做到的。

為此，科學家們追蹤木蛙一整年。阿拉斯加到了十月時，晚上便會變得很冷（但白天還好），這樣的天氣狀況會持續一段時間，木蛙也會隨之結凍再解凍，每天早、晚不斷重複。在那段時間中，木蛙還會盡可能在身體內製造醣分，因為醣可以減慢牠們結冰的速度。若身體裡沒有足夠的醣，結冰時便會產生尖銳的冰尖或鋒利的冰緣，將徹底破壞身體內部。但只要將結冰速度降低到某個程度，便可以避免這種狀況。木蛙就是這樣讓自己完全結凍且不會損害身體的。

124. 在水中飛翔的海蝶

海蝶亦稱為**振翅蝸牛**，生活在北極和南極的冰冷海水中。牠們跟陸地上的蝸牛一樣，背上背著房子。因為殼的重量，讓牠們自然會往海底沉……其實不會啦！這種動物名副其實，是有「翅膀」的，牠們藉由翅膀移動，而當牠們不「飛」的時候，會抓住一個自己分泌的黏液網以浮在水中。

美國研究人員透過一些非常特殊的攝影機發現，海蝶的飛行方式與陸地上的昆蟲一樣。海蝶的翅膀形狀像是個「8」，會藉由上下拍動翅膀來飛行。根據研究，牠們的飛行方式與果蠅最像，唯獨果蠅每秒可拍動翅膀達兩百次，振翅蝸牛則只有五次。果然，像蝸牛一樣……

▲振翅蝸牛

大嘴，保持頭部涼爽！

▲巨嘴鳥／二名法拉丁學名：*Ramphastos toco*

呦喝！

125. 巨嘴鳥的喙其實是溫控器

提到**巨嘴鳥**，你的第一印象應該是：這鳥的喙好大呀！沒錯。世界上最大的巨嘴鳥——托哥巨嘴鳥的喙，就佔了整個體長的三分之一。

提出演化論的科學家查爾斯·達爾文認為，巨嘴鳥的喙是用來吸引雌鳥的。但有些生物學家則認為，巨嘴鳥的喙可以幫助牠們剝開果子或趕走競爭對手。

這些推論都是可能的，但或許牠們巨大的喙的特別功用在於：讓頭部（和其他部分）在熱帶的炎熱氣候下保持涼爽。

巨嘴鳥的鳥喙表面下分佈著許多血管，這有助於保持穩定的體溫。科學家們用一種特殊的紅外線攝影機研究睡覺中的巨嘴鳥，觀察牠們的體溫變化。科學家們發現，巨嘴鳥可以控制自己嘴喙中的血液流動，有時透過喙來升溫，有時則用來散熱。鳥類不會流汗，大嘴的效果就像個溫度控制器，擁有一個大嘴真方便哪！

126. 生活在水中的牛

我們要在這裡介紹的，當然不是提供美味牛奶的乳牛貝拉*，而是**海牛**和**儒艮**。這些大型動物生活在印度洋及太平洋沿岸有豐富海草的地區。牠們在大海草床間緩慢滑行，將海草從海床中連根拔起為食。如果你發現某片海草禿了一大塊，那麼附近可能會發現儒艮的影蹤。

海牛最長可在水中停留 6 分鐘，之後就必須把頭伸出水面呼吸。牠們的身長 3～4 米，體重介於兩百五十到九百公斤，是很大的動物。 雖然看起來一副昏昏欲睡的樣子，但其實不然，海牛認真起來時，可在短距離內加速至時速二十公里。

儒艮有時獨自啃食海草，有時成對出現，也可能成群結隊，是全然無害的動物，卻曾經瀕臨滅絕。人們為了取得儒艮的肉、油脂、皮、骨頭和牙齒而獵捕牠們。所幸，儒艮已開始受到保護，可望逐漸繁衍、增加數量。

* 譯註：乳牛貝拉（Bella）是比利時漫畫《Jommeke》中，主角 Jommeke 的乳牛朋友。牠不會講話，非常喜歡音樂，只要聽到音樂就會忍不住開始跳舞，並且可以比其他乳牛產出更多牛奶。

* 譯註：海牛的尾鰭寬大，為圓槳狀；儒艮的尾鰭則像海豚，是丫字型。所以圖中所繪，應該是儒艮。

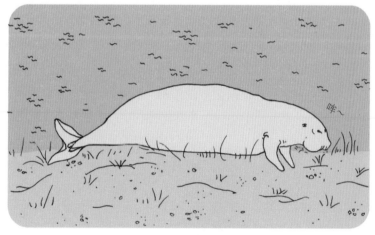

▲ 海牛或儒艮*

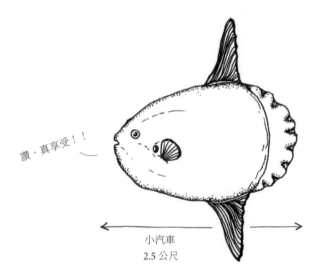

讚，真享受！！

小汽車
2.5 公尺

▲翻車魚／二名法拉丁學名：*Mola mola*

127. 翻車魚喜歡日光浴

翻車魚*是海中最引人注目的魚類之一。牠們看起來簡直就像史前怪物：一個巨大的灰色頭顱連接著尾巴，學名 *Mola mola*，是拉丁文中的「石磨」。翻車魚圓滾滾的身體，和灰色、佈滿顆粒的皮膚，的確會讓人聯想到「石磨」。

翻車魚平均體重為 1 噸！這可是跟一台小汽車一樣重。牠們的身長平均 2.5 米，但也有長達 4 米、重達 2.3 噸的特例。翻車魚分佈於世界各地的海域，以水母、浮游生物和小魚為食。

大多數時候，翻車魚都躺在水面上做日光浴。所以有很長一段時間，科學家們都認為牠們是一種很懶的魚，光浮在水上無所事事，但事實並非如此。翻車魚是積極而快速的獵人，牠們會跋涉數公里以捕捉獵物，也可以潛到很深、很冷的海底，因為飯後要讓身體再度溫暖起來，所以常常需要作一會兒日光浴。

雌翻車魚一次可以產三億（300,000,000）個卵，是所有脊椎動物中，一次產卵最多的。雄翻車魚會從卵間游過，並釋出精子讓卵子受精。幼魚從卵中孵化出來時只有 2.5 公釐，不到 1 公克重。幼魚慢慢長成小魚，會跟其他同伴待在一起一段時間，長大後便獨立生活。

* 譯註：翻車魚有各種名稱，荷文 maanvis 直譯為月魚，英文則是 sunfish 太陽魚。此則標題「翻車魚喜歡日光浴」，多少有名叫月魚卻喜歡曬太陽的趣味。

- 6 -

有名的動物

▲太空中的漢姆

128. 漢姆，成為太空人的黑猩猩

在正式送人類上太空之前，美國人先拿猩猩做了實驗。恆河猴亞伯特二世（Albert II），在 1949 年 6 月 14 日進入太空。牠在太空旅行期間被麻醉，身上裝有許多感測器，以監控牠的身體在無重力太空艙中的反應。但很不幸的，亞伯特二世在回程時去世了。

最有名的猩猩太空人肯定是漢姆（Ham），一隻為了飛上太空而接受特別訓練的**黑猩猩**。牠在兩歲大時，和其他黑猩猩們一起進入美國空軍的一項計畫。這些黑猩猩接受了各式各樣的測驗，最後，漢姆被判定為其中最聰明的黑猩猩。舉例來說，牠能非常快速的認知到：正確回答問題可以幫自己贏得香蕉獎勵。

1961 年 1 月 31 日，漢姆搭乘一艘火箭進入太空，牠總共旅行了 250 公里，並且在太空中停留了 16.5 分鐘。當時由於太空艙中的氧氣供應出了問題，所以火箭提前返航。返航著陸的過程絕對稱不上平穩，火箭以驚人的速度進入大氣層，然後轟然一聲墜入海裡。幸好，漢姆倖免於難，只傷到了鼻子。當牠被從太空艙帶出來後，甚至還津津有味的吃了一顆蘋果。

漢姆在太空旅行後，搬到華盛頓特區的動物園，在那裡快樂的生活。科學家們藉由漢姆太空行獲得的資訊，終於得以在 1961 年 5 月，將第一個人類送入太空。

129. 袋狼已經滅絕了嗎？

袋狼長得跟認知中的老虎一點都不像*！袋狼的頭像狗，有個長而低的身體，背上有條紋，尾巴與袋鼠的尾巴一樣粗，大小則大約像一隻超大的拉布拉多犬。

世界上可能從來不曾有過「很多」袋狼。自從殖民者到達澳洲的塔斯曼尼亞島後，袋狼便被大量獵捕，到了西元 1800 年時便只剩下約五千隻了。袋狼繁殖得不快，一次最多只能生下四隻小袋狼，且小袋狼對在附近漫遊的野狗而言，是超可口的獵物。不過，袋狼數量大幅減少，肇因於白人農夫的到來。農人們捕殺袋狼，因為袋狼對牲畜是一大威脅。而獵殺袋狼的農人們，甚至會因此得到政府的獎勵。

世界上最後一隻袋狼是班傑明（Benjamin）。牠一直住在塔斯曼尼亞動物園內，直到 1936 年某個晚上，值班的警衛忘了讓班傑明進到室內，導致牠不幸因失溫而死。

有些生物學家仍然懷抱希望，希望班傑明不是最後一隻袋狼。生物學家尼克·穆尼（Nick Mooney）在塔斯曼尼亞島上發現了一隻脊尾袋鼬——這是在一百年前就被認為已經滅絕的動物。於是穆尼想：既然還有脊尾袋鼬，為什麼不能有袋狼呢？

穆尼說不定是對的！近年來，由於病毒感染的緣故，袋獾的數量不斷減少（袋獾會吃袋狼的幼獸）。而且，塔斯曼尼亞島上，小袋鼠和其他小型袋鼠的數量一直在持續增加，牠們是袋狼最喜歡的食物，如果島上還有袋狼，至少牠們會有充足的食物。此外，袋狼在島上的天敵也很少。穆尼在島上各處架設了許多攝影機，希望袋狼能像鳳凰般浴火重生。可惜直到目前為止，仍然未曾拍到任何袋狼。

* 譯註：袋狼的荷文 Tasmaanse tijger 若直譯，則為塔斯曼尼亞虎，故此處特別說牠們一點都不像我們所知的老虎。

汪？喵？啾啾啾？

▲袋狼自己都搞迷糊了

130. 紐西蘭有一隻成為大使的鸚鵡

鸚鵡很聰明，聰明到可以成為大使，就像西洛可（Sirocco）。西洛可從 2010 年起，就是紐西蘭自然保護官方大使，還有自己的網站和臉書頁面。

西洛可是一隻鴞鸚鵡，鴞鸚鵡不會飛，是紐西蘭的特有種，已瀕臨滅絕。1995 年時，鴞鸚鵡的數量僅有 49 隻，也因此西洛可成為了紐西蘭的大使。西洛可是一隻非常特別的鴞鸚鵡，當牠才三週大時曾經病得很重，以至於不得不由人工扶養。結果，西洛可認定自己是人類，其他的鴞鸚鵡也都對西洛可不感興趣。牠喜歡人們待在身旁，也喜歡面對鏡頭。而且西洛可不會為雌性鴞鸚鵡心動，反而想找個人類太太。

西洛可住在一個沒有天敵的島上。在網路上搜尋一下牠吧！打賭，你會立刻愛上牠！

見過大使「先生」！

▲西洛可大使

太好了！

▲「噁心」的渡渡鳥

131. 渡渡鳥太好騙了！

很久以前，模里西斯島上住著一種特別的鳥：**渡渡鳥**。牠們有胖胖的身體、形狀特殊的鳥喙和粗壯的雙腿。牠們也被稱為「噁心鳥」或「園遊會鵝」*。

渡渡鳥高約 1 米，體重介於 15 ～ 20 公斤，大約是嬰兒的大小。這種鳥兒沒有天敵，可以在沙灘上自在的搖晃漫步。

後來，模里西斯成為了重要的航海補給站。要抓補渡渡鳥非常容易，來到島上的人們當然都這麼做了，因為渡渡鳥是很好的儲備糧食。

除了人類，船隻還帶來了貓、老鼠、狗和豬，這對渡渡鳥來說簡直就是個大災難。因為突然間，渡渡鳥多了一大堆敵人，這些外來者不僅獵捕渡渡鳥，還會偷渡渡鳥的蛋和幼鳥。

這導致渡渡鳥在 350 年前就完全滅絕了！人類最後一次親眼見到渡渡鳥，是在 1962 年——距離人類首次踏足模里西斯島，還不到一百年。

一直以來，人們都沒能獲得更多渡渡鳥的相關資料，牠們被描繪在許多圖片與繪畫中，但一直都沒能找到更多遺骨。

幸好，2005 年時，研究人員們發現了一個內有二十二個渡渡鳥化石的沼澤。也因此，我們現在能多了解一點渡渡鳥，例如：牠們長得很快，小渡渡鳥們在八月出生，出生後便快速長大，以便能應付十一月到隔年三月間的颶風季節。

抓捕渡渡鳥是這麼的容易，所以人們總覺得渡渡鳥很笨。但或許，其實是渡渡鳥特別平和友善以及過於老實，才會總是上當受騙。

* 譯註：荷蘭人亦稱渡渡鳥為 walgvogel 或 kermisgans，直譯就是「噁心鳥」和「園遊會鵝」。前者可能是因為渡渡鳥其實並不好吃的緣故。後者則是因為，荷蘭人第一次踏上模里西斯島，發現並二度抓捕渡渡鳥為食的隔天，正好是阿姆斯特丹的園遊會節 Amsterdam Kermis，故將這不好吃但飽足感十足的鳥稱為園遊會鵝。

132. 被判終身監禁的狗

拉布拉多犬「佩普」（Pep）因為咬死了州長的貓，而被判處終身監禁。

你可以在 1924 年的美國報紙上，讀到上述報導。報導旁還有一張照片，照片上是掛著牌子，上面寫著編號 C2559 的黑色**拉布拉多犬**。這是一張被逮捕時拍攝的嫌犯照。照片上的狗兒內疚的看著鏡頭，好似知道自己做了蠢事一樣。

數千名讀者寄了抗議信給州長——吉福德·平紹（Gifford Pinchot），他們認為判處佩普終身監禁實在是太過嚴厲了。狗咬死貓是牠們的本能。

好吧，以上正是所謂「假新聞」的最佳範例！撰寫這篇報導的記者因為看到佩普這張搞笑照，就編了這個故事。其中唯一真實的部分是佩普去了監獄，但並不是因為牠被判刑或受處罰，而且牠根本就沒有傷害州長的貓。

那麼，到底實情如何呢？平紹州長的親戚送了他一隻拉布拉多犬，但他們相處的不大順利，尤其佩普咬壞了躺椅的椅墊，更是令州長夫人不悅。

之後在訪問緬因州州立監獄期間，州長先生看到了在監獄裡狗兒對囚犯的幫助——跟狗一起工作的囚犯，在未來可以更容易回歸社會。於是，州長先生決定將佩普送給監獄，作為治療犬。

這隻黑色拉布拉多立刻成為囚犯們的寵兒。之後建造新監獄時，牠還陪著參與建造的囚犯們通勤往返。佩普從此過著幸福的生活，去世後，也安葬在監獄裡。

哪個是犯人？

▲拉布拉多犬，佩普

接著往南方走嗎？

好！

▲納妍和法渡，搜尋雄北白犀中……

133. 納妍和法渡是地球上僅存的最後兩隻北方白犀牛

這兩隻**北方白犀牛（北白犀）**——納妍（Najin）和法渡（Fatu），生活在肯亞的奧佩傑塔保護區中，兩隻都是雌犀牛。最後一隻雄性北白犀蘇丹（Sudan）已經在 2018 年 3 月死亡。至此，北白犀已注定即將滅絕。目前僅存的兩隻雌北白犀則在持續監控中，牠們居住的保護區外圍有很高的圍欄，角上都裝有無線發射器，位於高處瞭望塔上的武裝警衛隨時注意著牠們。此外，還有護衛犬奔走保護，以及無人機在上空盤旋監控。

為什麼這麼大陣仗呢？為了保護牠們免受盜獵者傷害——他們的目標是犀牛角。在亞洲，犀牛角非常有價值，人們認為磨成粉的犀牛角可以治百病：從宿醉到癌症，無一不治。這些「療效」都尚未被證實，但人們仍然相信，並且願意為犀牛角粉一擲千金。此外，購買整隻完整的犀牛角，也被認為是財力的象徵。

南方白犀牛（南白犀）的狀況稍好一點。十九世紀末，生物學家原本認為牠們已經滅絕了，直到在南非的誇祖魯－納塔爾省再度發現了一群南方白犀牛。這些白犀牛受到保護，至今已有超過兩萬頭南白犀生活在保護區內。我們可以在南非、辛巴威、肯亞和納米比亞看到牠們。

牠們大都在草原中吃草，不會傷害任何人。不幸的是，南白犀們還是因為角而被盜獵者獵殺，仍然必須受到保護。

134. 聰明漢斯的故事

有聽說過聰明漢斯嗎？漢斯是一匹會數數的德國馬——不，不只會數數而已，漢斯還會加法、減法，甚至會算平方根。例如，當牠的主人問：16 的平方根是什麼？漢斯會很快用腳踏四下。「一匹會算數的馬」簡直太不可思議了，於是，從各地而來的人們絡繹不絕的來看牠。

直到德國心理學家奧斯卡·芬格斯特（Oskar Pfungst）介入此事，芬格斯特博士不大相信漢斯真的有算數天份。他想了一個辦法：當漢斯計算時，在漢斯和牠的主人之間掛一道簾子，將他們隔開。結果，漢斯的計算就出錯了。這匹可憐的馬兒非常沮喪，甚至在自己無法算出正確答案時想咬芬格斯特。

那麼，到底是怎麼回事呢？當漢斯在做所謂的「計算」時，其實是在「讀取」主人的肢體語言。牠的主人可能只是做了某個小小的動作，或是因為漢斯要得到正確答案了所以放鬆了一下，而漢斯準確讀取了這些訊息，然後在正確答案出現時停止踩地。

人們為此感到憤怒，他們認為漢斯的主人是個大騙子。但事實並非如此！漢斯的主人堅信漢斯是一匹特別聰明的馬。

有些科學家從漢斯的故事裡，得出「動物實

一、二、三
博士，葛蕾特（Gretel）在哪裡*？

呃……

▲聰明的漢斯

在不大聰明」的結論，但真的是這樣嗎？如果你能像漢斯一樣善於觀察人們，可以讀出其他人完全都沒意識到的訊息，這難道不是一種「聰明」嗎？無論如何，我們都認為：不善於計算，卻能完美讀取身體語言，這也是一種「聰明」！

幸好，漢斯最終還是名留千古：人們將這項研究成果稱為「聰明漢斯效應」*，讓人們得以用更好的方式來研究動物的學習能力和智力。漢斯，的確是匹聰明的馬！

* 譯註：「聰明漢斯效應」即「觀察者期望效應」（Observer-expectancy effect）。

* 譯註：此處以格林童話《漢斯與葛蕾特》（Hänsel und Gretel）中兩個主人翁的名字作為趣味對白——聰明的馬「漢斯」在尋找妹妹「葛蕾特」。

▲ 在狗的天堂裡

135. 太空中的狗

用你最低沉的聲音慢慢說：「在～太～空～中～的～狗～」聽起來是不是很像科幻電影？這可不是電影，**狗**真的是第一批進入太空中旅行的物種。

二十世紀中葉，人類對探索太空的渴望高漲，但完全不知道人體能否負荷。於是，科學家們將各種哺乳類動物送上太空以收集資料。美國人用猩猩做實驗（請參考第 128 則），俄國科學家則用狗。

其中一隻狗叫萊卡（Laika），牠是科學家們在莫斯科街上找到的流浪狗。科學家們認為流浪狗對飢餓與寒冷的耐受力更佳，因為牠們應該早已習慣了。所有接受測試的狗都被關在狹小的籠子裡，並學習吃未來將作為太空食品的食物——營養凝膠。

1951 年起，俄國人開始送狗兒們上太空。有一些狗在旅途中死亡，有一些則順利歸來，萊卡可能是其中最有名的太空狗。牠在 1957 年 11 月 3 日在牠的太空艙——史普尼克二號中，執行進入軌道環繞地球的任務。不幸的是，當時科學家們並沒有時間找出讓萊卡可以活著回到地球的方法。牠在火箭發射後幾個小時，便因為火箭隔熱層破裂過熱而死。1958 年 4 月，焚毀的史普尼克號帶著萊卡的屍體墜回地球。

在萊卡之後，貝卡（Belka）與史特卡（Strelka）在 1960 年被送上太空。牠們是第一批在進入軌道環繞地球後，活著返回地球的狗。藉由這些研究成果，俄國的太空人們得以在不久之後進入太空探索。

136. 世界上最有名的綿羊

桃莉（Dolly）毫無疑問是有史以來最著名的**綿羊**，由於牠是如此有名，死後還被製成標本，收藏在蘇格蘭皇家博物館中展覽。

桃莉會這麼有名，是因為牠是第一隻被複製出來的哺乳動物。所謂複製，是一種可以創造出與第一隻動物一模一樣的另一隻動物的技術。複製出來的動物，擁有與親代完全相同的遺傳物質（DNA）。在自然界中，細菌、植物和一些昆蟲都有此能力。但在哺乳類動物中，則是全新的情況。

嚴格來說，桃莉並非是第一隻複製哺乳動物。科學家們在此之前，就已經嘗試過從胚胎中取出細胞的複製方法。但桃莉是從成年動物的細胞複製出來的，牠來自於一隻母羊的乳腺細胞。當時有兩百七十七個受精卵，其中只有二十九個發育形成胚胎，其中十三個分別植入母羊體內發育。最後，只有一隻在 1996 年 7 月 5 日出生，那就是桃莉。

桃莉終其一生都在羅斯林研究所中度過，被科學家們包圍，密切關注著。牠總共生了六隻小羊：莎莉、蘿絲、班尼、露西、棉花和達西。這證明了，複製羊可以生出健康的小羊。

不過，桃莉一直為多種疾病所苦。牠有關節炎，並罹患嚴重的肺病，這些疾病最終令牠在 2003 年死亡。此後，生物複製技術，也被稱為「桃莉羊技術」。

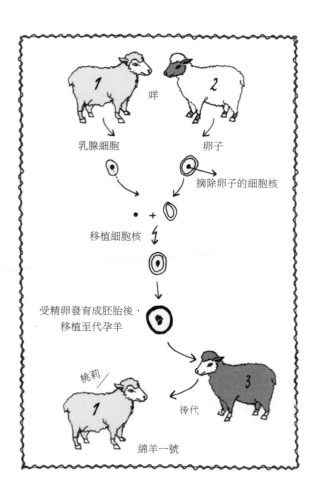

乳腺細胞

卵子

摘除卵子的細胞核

移植細胞核

受精卵發育成胚胎後，移植至代孕羊

桃莉

後代

綿羊一號

完成！

▲ 黑猩猩剛果

137. 黑猩猩藝術家──剛果

黑猩猩剛果（Congo）在大約兩歲時，第一次拿到鉛筆。牠在面前的紙上畫了一條線，接著再畫一條……這隻黑猩猩很顯然的，正為了這件事深深著迷。不久後，牠甚至能成功畫出圓。當守衛給牠顏料時，牠很清楚的知道自己想用什麼顏色，而且畫出了許多非常特別的畫作。這些作品，受到各類著名藝術家的讚賞。

剛果在兩歲到四歲之間，畫了超過四百幅畫。一些藝術鑑賞家表示，牠清楚知道自己在做什麼，例如：牠會仔細選擇用色，若未完成的作品──剛果認為的──被拿走，則會非常生氣並開始尖叫。反之亦然，一旦牠認為作品已經完成了，那麼誰也沒辦法說服牠再多加任何一筆。

巴勃羅・畢卡索（Pablo Picasso）──你一定知道的畫家，在他的工作室牆上掛了一幅剛果的畫。此外，當時許多偉大的藝術家們，也都為剛果的藝術作品著迷。2005 年時，有一批黑猩猩剛果的畫作在拍賣會上拍賣，一位美國收藏家花了超過兩萬五千美元*買下三幅畫作，是至今成交價最高的動物畫作。

剛果於 1964 年時，死於肺結核。牠也跟許多偉大的藝術家一樣，無法在有生之年享受到自己畫作所帶來的巨大財富。

* 譯註：兩萬五千美元，在當時約為八十萬台幣。

138. 謝爾‧艾米，一隻勇敢的信鴿

現在，我們要先回到 1918 年。當時歐洲正值第一次世界大戰期間，數百萬士兵被困在墳場般的戰場上。該年九月底，百日戰役期間的阿爾貢林之戰中，五百多名美軍被困在山谷裡，部隊完全被德軍包圍。更糟糕的是，由於友軍不知道他們身處該地，以至於他們除了被困，還受到友軍的砲火攻擊。被困一天後，整個部隊便僅剩下兩百多人。

還好，當時他們還有**信鴿**。這些信鴿是英國人送給美國人的禮物，牠們受過訓練可以協助傳遞訊息。其中一隻信鴿就是謝爾‧艾米（Cher Ami），牠的名字是法文中「好朋友」的意思。

與該美軍部隊一同受困於山谷中的惠特爾西（Whittlesey）少校打了一段訊息：「我們在與 276.4 平行的路上，彈藥已幾乎耗盡。看在上帝的份上，快點停下來！」他將這封短信放進一個特製的小鐵盒裡，然後牢牢綁在謝爾‧艾米身上。信鴿離開了，勇敢穿過槍林彈雨，在二十五分鐘後抵達目的地。牠的胸口中了一槍、一隻眼睛瞎了，其中一隻腳上甚至還掛著一小塊肉，但還活著。因為牠成功把訊息送出來，最終拯救了一百九十四名士兵的生命。

士兵們非常感激這隻信鴿，於是幫牠做了一條木腿。戰後，謝爾‧艾米由一位將軍護送回到美國，法國還頒發了表彰英勇功績的英勇十字勳章給牠！

不幸的，謝爾‧艾米在一年後去世了。牠去世後被製成標本，現在仍可以在華盛頓特區的史密森尼博物館中看到牠。

瞎了的眼睛

咕咕

胸部的彈孔 →

缺了一條腿 → ?

▲謝爾‧艾米，英雄

▲孤獨喬治

139. 喬治，一隻孤獨的烏龜

想想看，如果這樣的事發生在你身上：你是所屬物種的最後一人，即使找遍全世界也不可能找到另一半，更不可能有後代。

這件事真實發生在孤獨喬治（Lonesome George）身上。孤獨喬治是來自拉丁美洲厄瓜多爾平塔島的**平塔島象龜**（學名 *Chelonoidis abingdonii*）。1971 年，匈牙利科學家瓦格沃爾吉（Vágvölgi）在島上研究蝸牛時，偶然發現了這隻巨型陸龜。這件事很奇怪，因為所有人都認為，平塔島上的巨型陸龜在很久以前便已滅絕。過去水手們過度捕殺這些巨型陸龜，並且在島上放養山羊以獲取新鮮的肉品，結果山羊們完全佔據了島上的資源，而巨型陸龜們則逐漸失去生存之地。

由於安全考量，這隻平塔島象龜被移到聖克魯斯島上的查爾斯‧達爾文研究中心。在那裡，工作人員們不斷嘗試為牠尋找雌龜，但最終沒有成功。喬治無法留下任何後代，始終是僅存最後一隻平塔島象龜，曾經是地球上最稀有的生物。牠成了加拉帕戈斯國家公園的明星，也是瀕危動物保護組織的象徵。

2012 年 6 月 24 日，孤獨喬治在公園裡的照顧者發現牠已經死了，僅僅一百歲。死後，孤獨喬治的屍體經由防腐處理，保存了下來。

敬禮！

▲史大比

140. 向史大比致敬！

1917 年，一隻狗闖進了一群士兵的訓練場，這隻**牛頭㹴**很快便與負責這團士兵的羅伯特·康洛伊（Robert Conroy）下士成了好朋友。康洛伊下士收養了牠，將牠命名為史大比（Stubby），與牠形影不離。

當時正值第一次世界大戰期間，康洛伊下士受到徵召要去法國參戰，於是偷偷夾帶史大比上戰場。結果，牛頭㹴史大比變成了第 102 步兵團的一份子，必須跟著執行各種軍事任務。史大比能夠偵測到其他人聽不到的聲音，以及聞不到的氣味。例如：牠會在發現敵方施放芥子毒氣（一種非常危險且致命的氣體）時警告士兵們，他們便能及時戴上防毒面具。又或者，牠能發現遠方的敵軍炮火並通知自家官兵，因而拯救了許多士兵的性命。

史大比還能找到因受傷而躺在無人知道的地方動彈不得、母語為英文的士兵。找到他們後，牠會坐在他們身邊安慰他們。此外，史大比甚至負責抓到了一個德國間諜。

戰後，史大比幾乎成了所有報紙的頭版新聞，大受讀者歡迎。牠受到多位美國總統接見，甚至在各種軍事遊行中佔有一席之地。

史大比於 1926 年去世。牠的遺體被製成標本，存放在美國的史密森尼博物館中展覽。2010 年時，一本關於史大比的書出版了。2018 年，史大比的故事還被拍成了一部動畫片公開上映，名為：《史大比中士，一個美國英雄》＊！

＊ 譯註：該片未在台灣上映，有些網站將片名譯為《史大比中士：一戰狗英雄》。

- 7 -

動物如何互相溝通

141. 透過霹哩啪拉的屁說話！

鯡魚們喜歡上學！事實上，牠們可是跟其他數百萬隻同伴們，一起住在學校裡：一個長、寬可達數公里、深達數十公尺的學校。鯡魚們可以跟同伴們同步游泳前進，因此整個學校是以一個整體在不斷移動的。如此一來，獵食者便很難選擇攻擊目標。這與其他混亂的動物學校很不一樣，例如珊瑚礁間的小魚們，牠們平時漫無目的游來游去，若有危險發生時，則會迅速消失在珊瑚的裂縫間。

在這樣一個秩序井然的學校裡，魚兒們善用眼睛和耳朵，尤其是牠們的體側線。體側線由沿著身體和頭部延伸的小毛孔組成，魚可以透過體側線感覺到壓力的變化。這些被接收到的訊息會以閃電般的速度被分析處理，接著魚便可以藉以決定是否改變方向。

當夜晚降臨時，水面下一片漆黑，學校解散，但鯡魚們仍然保持聯繫。牠們是怎麼做到的？透過霹哩啪拉的屁！鯡魚從肛門排出氣泡，是種有節奏的霹啪響。藉此，牠們得以彼此溝通、避免碰撞。

偶爾，會有年輕的鯡魚迷路、到不了學校。這些迷路的鯡魚，最後會集結成另一群鯡魚。牠們會不會因為逃學而受到懲罰呢……

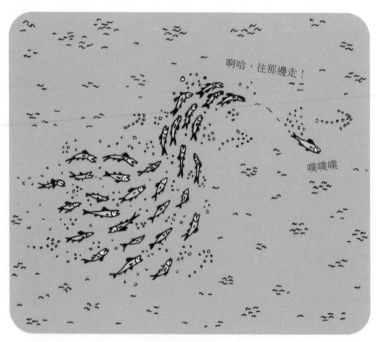

▲鯡魚學校

哈囉小刺,你還好嗎?

▲低地斑紋馬島蝟／二名法拉丁學名:*Hemicentetes semispinosus*

142. 馬島蝟用背上的刺交談

你或許不曾聽說過**馬島蝟**,但目前仍有三十種不同的馬島蝟在地球上生活著,每一種看起來都有點不同。牠們通常看起來像是刺蝟與鼩鼱雜交的後代,背上有刺、有長長的鼻子和短短的尾巴。有些馬島蝟是黃色的,但也可能是其他顏色。

大多數馬島蝟生活在馬達加斯加,但在非洲的其他地方也能找到牠們。

低地斑紋馬島蝟透過背上的刺來溝通:牠們摩擦背上的刺,發出一種柔和的聲音。這種摩擦身體某些部分以發出聲音的方式,在科學上稱之為「摩擦發音」。你或許知道,蟬透過摩擦腳來發出聲響*,而低地斑紋馬島蝟

是我們目前所知,唯一會摩擦發音的哺乳類動物。

除此之外,馬島蝟會用舌頭發出咔噠聲來驅趕入侵者,但這也可能是一種用以尋找獵物的回聲定位方式。

馬島蝟用牠們的刺來溝通、偽裝,還有保衛自己。一隻受威脅的低地斑紋馬島蝟會將刺豎起,然後跑向入侵者、用頭大力衝撞,試圖將刺刺入其體內……有點滑稽,不過對雙方來說,應該都很痛吧!

* 譯註:蟬並非透過摩擦腳發聲(請參考第 156 則),蝗蟲才是磨擦翅膀和後腿發聲。此處應為誤植。

143. 熊狸開心時會咯咯笑

• 關於雌**熊狸**有件很特別的事：牠們隨時都可以交配，但能自行決定何時讓胚胎*在子宮中開始生長——牠們只在環境狀況許可、且確定有足夠的食物可以餵養幼兒時，才會這麼做。

• 熊狸在開心時會咯咯笑，當牠們悲傷或生氣時則會大聲嚎叫。牠們也會咆哮或發出嘶嘶聲。而雌熊狸想要交配時，則會轉圈圈。

• 熊狸負責種植樹林裡的某一種無花果樹。牠們會將無花果的堅硬種子吃下肚，因為牠們的腸道中有一種物質（酶）可以軟化這些種子。之後這些種子會再度被排出，只有這些經過軟化的種子能順利發芽，長成新的無花果樹。

嘻嘻！

▲熊狸／二名法拉丁學名：*Arctictis binturong*

• 熊狸在原始的馬來語中被稱為 binturong，但這種語言已經滅亡，因此我們無從得知這個字究竟意思為何。

* 胚胎是指動物或植物發育的第一個階段。

嗶啾嗶啾

謝謝！謝謝！

掌聲鼓勵！

▲歐歌鶇／GSM 信號的頂級模仿者

144. 最會唱歌的歐歌鶇

歐歌鶇正如其名，是夢幻般的歌手。牠們通常從早上第一縷晨光出現時便開始唱歌，一直唱到黑夜降臨。你可以看到這些小鳥們坐在高高的屋頂或樹梢上，唱出一段又一段詩歌。

第一段有錄音紀錄的鳥類歌聲便來自於歐歌鶇。路德維希・卡爾・柯赫（Ludwlg Karl Koch）於 1889 年收到一台留聲機禮物時，大約只有七歲大，他帶著那台機器走到戶外，錄下正在唱歌的歐歌鶇歌聲。後來，路德維希成了世界知名的動物聲音記錄專家。現在，你仍能透過網路在大英圖書館網站的「聲音」目錄下

*，聽到這段錄音。

歐歌鶇吃小昆蟲，除此之外，牠們特別喜歡蝸牛。如果你在某處見到許多破碎的蝸牛殼，那麼你應該就在歐歌鶇的「打鐵舖」附近了：仔細看看，附近可能會有一塊小石頭（或其他硬物），那便是歐歌鶇用來打破蝸牛殼的工具。每次歐歌鶇找到蝸牛時，都會用同一塊石頭來幫助自己把蝸牛取出來。

* 譯註：大英圖書館網站中，Catalogues and Collections ／ Digital Collections 的 Sounds 目錄下。

145. 噓！有沒有聽到長頸鹿的哼哼聲

有沒有在動物園或野生動物園裡看過**長頸鹿**呢？你記得長頸鹿發出什麼樣的聲音嗎？不記得？的確，因為長頸鹿不會發出聲音。除了偶爾嗅一下的聲音之外，從來沒有人聽過長頸鹿的聲音。一直以來，科學家們都認為長頸鹿沒有聲帶。但事實並非如此，牠們確實有類似聲帶的構造，因此有些科學家認為，長頸鹿之所以不會發聲，是因為脖子太長了。

不過，現在我們知道更多了。一組維也納大學的研究人員，花費了八年時間，在三個動物園裡的長頸鹿附近設置麥克風，記錄牠們可能發出的任何聲音。結果他們發現了什麼呢？長頸鹿會哼哼叫！但牠們是用非常低沉的聲音，而且只在晚上發聲。

科學家們還不很清楚牠們為何在晚上哼哼叫。在白天，站在疏林草原中的長頸鹿依靠牠們的眼睛觀察四周。因為有長脖子的緣故，牠們可以看得很遠，以觀察附近是否有狩獵者出現。動物群體中的成員都會密切觀察彼此，只要其中一隻開始跑，其他成員便會立即跟著逃跑。對長頸鹿而言，不要發出太多聲音是明智的，因為發出聲音反而可能引來狩獵者。

當然，長頸鹿在晚上沒辦法看得那麼清楚。科學家猜測，牠們在晚上發出輕柔的哼哼聲是為了維持族群，讓大家得以待在一起。長頸鹿的哼哼太過低沉，人類無法聽見，但牠們確實發出了哼哼聲，有點像是輕柔的打呼聲。

當然，以上只是一種可能的猜測。或許，長頸鹿只是在為牠們的孩子們唱著非常輕柔的搖籃曲……誰知道呢？

哼、哼

▲長頸鹿一個接一個，將訊息傳遞下去

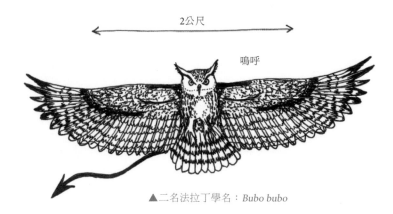

2公尺

嗚呼

▲二名法拉丁學名：*Bubo bubo*

146. 鵰鴞是惡魔之子嗎？

• **鵰鴞**是世界上最大的貓頭鷹之一，牠們可能長到 75 公分高，3 ～ 4 公斤重。翼展——翅膀張開時，雙翼尖端間的距離——可長達兩公尺。

• 鵰鴞自己不築巢，但會佔用其他猛禽，例如蒼鷹和普通鵟的巢。

• 雄鵰鴞藉由為雌鵰鴞唱歌來吸引對方，一旦雌鳥在巢上坐下，雄鳥便會停止歌唱。雌鵰鴞一次會生二到四個蛋，並在雄鳥外出尋找食物時負責孵蛋。蛋會在三十天後孵化，新生的雛鳥會跟父母待在一起，直到秋天。

• 在一般狀況下，鵰鴞只會嗚呼嗚叫，但當附近出現敵人時，則會大聲示警。鵰鴞示警的聲音非常非常恐怖，被稱為是魔鬼的叫囂。

• 鵰鴞是優秀的獵人，藉由牠們銳利的爪子可以補抓重達 5 公斤的獵物。牠們吃其他鳥，也吃小狐狸和刺蝟。

• 長久以來，鵰鴞都被視為瀕危物種。鴿子的飼養者會射殺鵰鴞，因為牠們「竟敢」攻擊昂貴的得獎賽鴿；獵人們也不喜歡牠們，因為牠們也吃雉雞和兔子。但是，對鵰鴞危害最大的是 DDT 殺蟲劑，老鼠和大鼠吃下噴灑殺蟲劑的穀物後也具毒性，貓頭鷹吃了這些嚙齒動物後，積存的毒素會導致產下的蛋蛋殼變脆。結果，蛋尚未能孵化就破了。幸好，1970 年間，DDT 殺蟲劑被禁用，鵰鴞也被列為受保護的鳥類物種。

147. 白犀牛的臉書

• 過去，地球上曾經有一百六十五種不同的犀牛，如今僅存五種：三種亞洲犀牛和兩種非洲犀牛。而且這些僅存的犀牛都已瀕臨滅絕。這都肇因於人類！人類佔據這些草食巨獸的草原，將其變為農田，於是犀牛們喪失了棲地。此外，人們還為了犀牛角而獵殺犀牛，因為人們相信犀牛角具有神奇的力量和物質可以治百病，即便這並不是真的。

• **白犀牛**是最大的犀牛，牠們生活在非洲，可以重達三千六百公斤，是除了大象外最重的陸地生物。白犀牛曾近乎絕跡，還好經過良好的保育後，目前的數量回復到約有兩萬多頭。

• 白犀牛有時候會跟同伴們一同生活一段時間，但通常單獨行動。科學家們發現，白犀牛藉由糞便來互相溝通。犀牛們會在同一個地方排便（類似牠們的公共廁所），由於所含的化學物質不同，每隻犀牛的糞便都有獨特的氣味。其中有種氣味可以告訴其他犀牛自己的性別、另一種物質告知年齡，還有一些物質用以表明自己是在捍衛領地，或者是已經準備好交配的雌犀牛。所以，犀牛的糞便就像牠們的臉書一樣，可以互相交換訊息！

收到：
女性、單身、55 歲

哞，哞

▲犀牛

148. 不會吠的狗

你可能已經想養狗想很久了，可是媽媽不喜歡，因為狗會吠而且髒。

我們有個適合的解決方案：介紹**貝生吉犬**給媽媽吧！這是一種不吠叫，只發出特別嗚嗚聲的狗。貝生吉犬是可以吠叫的，只是牠們很少開口，這是因為牠們的喉頭形狀與其他的狗不同，導致牠們不大能吠。除此之外，貝生吉犬會自己保持乾淨。因此，牠們有時也被稱作「狗中的貓」。

貝生吉犬是非常勇敢的狗。在牠們的家鄉肯亞被用來獵捕獅子。狩獵時，通常一次使用四隻貝生吉犬，牠們透過敏銳的鼻子，可以找到獅子藏身的洞穴。此時，獅子只會看到自己的家門外正站著一隻容易獵取的獵物，完全沒有意識到自己將遭到伏擊。一旦獅子從洞中出來，貝生吉犬便會立即以閃電般的速度逃跑，而圍成一圈等待在外的馬賽獵人，則早已準備好用手中的長矛獵殺獅子了。

女高音

約德爾式吠叫！

▲貝生吉犬

與狩獵犬一樣，貝生吉犬跑得非常快。牠們奔馳的方式與獵犬一樣，在某些時候，四隻腳是全部離地的。

貝生吉犬有缺點嗎？當然有。牠們像貓一樣聰明且好奇心強盛，但也非常執拗且有點頑固，因此不像其他犬種那樣熱情，沒辦法教牠們玩把戲。如何？這些訊息是否足以讓你說服媽媽呢？

149. 不要對黑猩猩露出你的牙齒

• 如果你對**猩猩**露出牙齒，牠們會認為你要攻擊牠們。當猩猩露出牙齒時，目的在於顯露牠們尖銳的牙——這些不僅用於撕裂食物，也在必要時用來啃咬的利牙。所以，當牠們「露齒而笑」時，絕對不是因為很開心，而是完全相反的意思！

• 那麼猩猩開心或心情好時，會怎麼表現呢？牠們也會笑，但會特別注意用上唇把牙齒遮住，以表明自己沒有任何邪惡的意思。

• 黑猩猩會做很多手勢來幫助自己表達意思。研究人員們發現，黑猩猩至少會用六十六種清晰的手勢，來傳遞十九種不同的訊息。

▲微笑

哈哈

• 當黑猩猩媽媽將腳底朝向孩子時,是叫孩子爬到自己背上;若牠們啃葉子,則表示想調情了;若想好好抓個癢,便會碰碰同伴的手臂。

• 黑猩猩使用手語溝通,這讓牠們看起來很像還沒有學會說話的小小孩。研究人員們甚至發現,有時候黑猩猩使用的手勢幾乎與小小孩相同:像是用手指指頭、伸手取物,以及把手臂抬高表示想要被抱起……這些都是黑猩猩和小孩會用的、意思相同的手勢。因此遠古之前,我們的祖先可能就是用手勢溝通的,之後聲音和語言才逐漸發展起來。

150. 紅嘴鷗的大嗓

有一種鳥你可能聽過:**紅嘴鷗**。以前紅嘴鷗只會在海岸邊出沒,但現在牠們已經跟著人類──特別是人類的垃圾──進入到城市中。

夏天時,透過牠們頭上的巧克力色帽子,可以很容易認出紅嘴鷗。冬天時,則只剩下頭部兩側各有一個巧克力色的圓點,看起來就像戴著耳機一樣

紅嘴鷗的聲音聽起來像是──在嘴裡含著一個典型的「R」音高聲大笑,牠們藉此通知同伴們哪裡有食物可吃。所以當你在公園裡餵鴨子時,別被突然飛來的一整群紅頭鷗嚇到。牠們的大嗓也是為了警告其他猛禽──例如喜歡紅嘴鷗的鵟──自己可不是好欺負的。

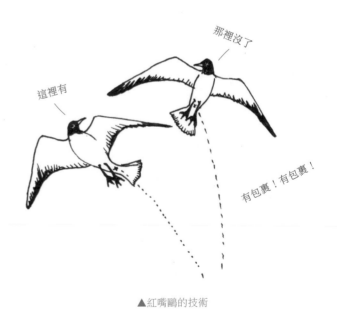

那裡沒了

這裡有

有包裹!有包裹!

▲紅嘴鷗的技術

151. 螞蟻內建有全球定位系統

• 假設你是一隻**螞蟻**，你在外面發現了一隻剛剛死掉的胖麗蠅，這是一個超棒的戰利品，你很希望盡快將牠搬回巢裡。不過牠實在是太重了，根本扛不動，只能用拖的。但要用拖的話，倒著走是最方便的。只是，倒著走怎麼找到回巢的路呢？

• 幸好，螞蟻配備有內建的日象儀，而且還有很好的記憶力，能記得來時的路。牠們結合這種特殊的羅盤功能和良好的記憶能力，倒著走也可以找到回巢的路──這種動物內建有一種類似雙向導航的全球定位系統。

• 同時，螞蟻們會不斷互相交換訊息。如此一來，便能確保整個群體的運作順暢。螞蟻的聽覺及視覺並不好，所以透過觸角來相互傳遞訊息。螞蟻們還會釋放特定物質或氣味，來標示戰利品的所在位置。例如前述那隻螞蟻，如果牠要的不只是拖那隻胖蒼蠅，便會留下氣味訊號，標示出戰利品在哪。接著，其他螞蟻還會跟著牠施放更多氣味訊號，讓路線更加清晰，以便族群裡有更多螞蟻可以趕來協助。此外，有些氣味用來警告同伴有敵人或危險，有些則被用來當成「密碼」，只有知道正確氣味密碼的螞蟻可以獲准進入巢穴，若有帶著錯誤密碼的螞蟻嘗試進入，則可能惹來殺身之禍……

• 有時候螞蟻的 GPS 也會出錯。例如第一隻螞蟻收到最後一隻螞蟻的訊息後，又跟著發出同樣的訊息。接著，其他螞蟻也依樣畫葫蘆，導致上千隻螞蟻一同進入無限迴圈，如漩渦般不斷奔走，直至力竭而亡。

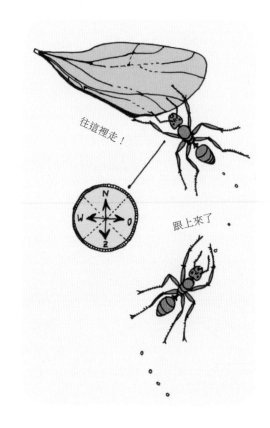

往這裡走！

跟上來了

弗蘭西斯，我來了！

152. 渡鴉們知道彼此的名字

• **渡鴉**是歐洲最大的鳴禽，一隻成年的渡鴉平均 64 公分長。透過黑色的羽毛和聒聒聒的聲音，可以認出牠們。

• 二十世紀初，渡鴉在北歐地區幾乎絕跡。農民們認為牠們會攻擊牛和其他牲畜致死，所以射殺牠們。但事實並非如此，渡鴉只吃死掉的動物，偶爾才吃瀕死的動物。

• 一旦渡鴉墜入愛河，便會終其一生與伴侶相守。若其中一隻渡鴉先死了，另一隻也不會尋找新的配偶，而會自己度過餘生。

• 此外，渡鴉終其一生都與自己的孩子保持聯繫。牠們甚至有喜歡聚在一起的朋友們，並且知道對方的名字。科學家們發現，渡鴉大約認識八十個「單詞」，例如，牠們用某種獨特的叫聲來介紹自己。更特別的是，其他渡鴉會認得那個獨特的叫聲，並會在稍後碰面時用那個聲音來招呼朋友。

• 當渡鴉在空中遇見認識的朋友時，會發出一種高昂的聲音，像是在説：「嗨！凱文，好久不見！」如果遇見不是朋友的渡鴉，牠們則會發出低沈、不悦的聲音。

黛西，晚餐準備好了！

153. 犬羚從用鼻子吹口哨

在非洲東部和南部住著一種**犬羚（倭新小羚）**，牠們在遇到危險時，會用鼻子發出一種哨聲。牠們發出的這種聲音，聽起來有點像「迪科迪科」（dikdik），這便是牠們名字的由來*。如果這樣還不夠可愛……這種小動物只有約 30 ～ 40 公分高，體重介於 3 ～ 6 公斤之間，可能比你家的狗還小。

▲倭新小羚／二名法拉丁學名：*Neotragus pygmaeus*

可想而知，牠們受到許多食肉目動物的喜愛，鬣狗、野狗、獅子、豹和鵰只是其中的幾種。當這些掠食者接近時，犬羚會採鋸齒狀路線奔逃，牠們奔跑的速度可達每小時四十公里。

此外，人類也獵捕犬羚，因為牠們的皮毛非常適合用來製作上好的皮手套。一隻犬羚的皮毛，可以製作「一雙」皮手套。

犬羚用牠們的尿液、糞便和眼淚來標示領地——那些有一小群犬羚共同生活，且不希望被侵入的地方。犬羚的眼睛有一個黑色小球會分泌黏稠的淚液，牠們將頭部在草叢中摩擦，以留下氣味。

犬羚看起來超級可愛，而且非常惹人憐愛，但把牠們當成寵物則不是個好主意！因為牠們非常需要空間奔跑。

* 譯註：倭新小羚是犬羚的一種，犬羚英文為 dikdik，名稱即來自於牠們奇特的示警聲。

154. 海豚每次只有一半的大腦入睡

海豚是最有趣的海洋生物。牠們喜歡跳出水面，展現各種令人印象深刻的跳躍和空翻。在水面下時，流線型的身體讓牠們成為速度超快的泳者。

海豚是非常聰明的動物，會使用工具，還能用獨特的聲音對話。

海豚非常社會化，以數十到數千隻海豚為一群共同生活。此外，他們還常常主動接觸其他動物和人類。例如，他們覺得跟在船邊游泳非常有趣。若有需要，海豚們還會互相幫助（或幫助其他動物）。例如，他們會繞著游泳者一圈一圈的游泳，以保護人類不受鯊魚攻擊。

海豚每次只有一半的腦袋進入睡眠。這是必要的，因為他們必須定時浮上水面呼吸。海豚若陷入沈睡，是有可能會淹死的！

155. 想暢快聊天嗎？去找土撥鼠吧！

土撥鼠住在北美的大草原上，他們看起來有點像少了毛茸茸尾巴的大松鼠。土撥鼠住在地底洞穴，非常社會化，在包含有很多家庭的大群體中共同生活。

自然科學家康·斯洛博奇科夫（Con Slobodchikoff）發現，這種小動物會使用一種十分複雜的語言。他們透過各種不同的叫聲和嗶嗶聲，準確傳達訊息。

康·斯洛博奇科夫和同事們，用特別的錄音設備記錄土撥鼠的語言，並用電腦程式加以分析。在土撥鼠的語言中，「有一隻郊狼來了！」的叫聲與「有一隻狗來了！」的叫聲完全不同。即便郊狼和狗十分相像，土撥鼠也絕對不會弄錯。此外，在土撥鼠語裡，猛禽、其他各種動物和人類，都有相應的叫聲。

土撥鼠不僅能夠辨認出不同的動物，還能夠區分顏色、形狀和大小。他們甚至會告訴同伴自己看到的那個人有沒有攜帶武器。基本上，土

你知道嗎……

▲想知道最勁爆的八卦消息嗎？好好跟著土撥鼠！

撥鼠可以完整傳達自己看到的各項資訊，例如：「有個又高又瘦的人正緩慢經過，他穿著藍色的襯衫，並帶著一把槍。」

斯洛博奇科夫還發現，不同族群的土撥鼠會講各自的「方言」，但當不同族群的土撥鼠碰面時，似乎還是能了解對方在說什麼。真想知道，土撥鼠是不是也能學「外語」呢……

156. 蟬是唱歌和數數冠軍

悶熱的夏夜，當你坐在戶外乘涼時，可能會聽到特別的樂團演奏。有人或許會說：「聽，是蟋蟀！」但可能不是唷……那很可能是**蟬**在唱歌。不過，牠們不是用嘴唱歌，也不像蟋蟀那樣透過摩擦翅膀發聲，蟬是用體內的鼓室發聲。蟬的身體兩側，有繃緊的皮膚如同鼓膜，身體裡的發音肌會快速收縮，拉動鼓膜快速震動發出聲音。蟬的後背是空心的，如同音箱，可以放大聲音，發出的音量可達一百分貝，相當於手提槌鑽。這麼大的聲音會傷害鳥的耳朵，所以鳥兒會對牠們敬而遠之。而蟬自己配備有可以「捏」起耳朵的薄膜，因此不會因為自己發出的超大聲響而變成聾子。

蟬的頭部寬大，有一對凸出的大眼睛以及船型的身體。背上有一對翅膀，翅脈清晰可見。牠們的後腿很強壯，可以幫助牠們快速躍開。

在北美洲住著一種會算數的蟬：週期蟬。數學課上應該學過：只能被 1 和自己本身整除的數，稱為質數，例如 13 和 17 都是質數。週期蟬的生命週期都是質數。牠們的幼蟲在土裡生活，13 或 17 年後數百萬隻同種蟬的幼蟲將破土而出。之後，要再等 13 或 17 年，才會再有新的成蟬長成。為什麼牠們要等這麼久呢？我們還不能確定。當蟬大量出現的那一年，鳥兒們會非常開心，牠們吃撐了肚子還生了很多鳥寶寶。但隔年沒有蟬了，鳥兒沒有足夠的東西吃，便會遷移到其他地方尋找食物。若蟬在很短的週期內就再度出現，那麼聰明的鳥會記住這個週期，並回來尋找可吃的蟬。但 13 或 17 年，對鳥的記憶來說，會因為太長了而無法記得。

還有一種蟬，生命週期為四年。因為每次都在世界杯足球賽舉辦的那一年破土而出，所以被稱為世界盃蟬。

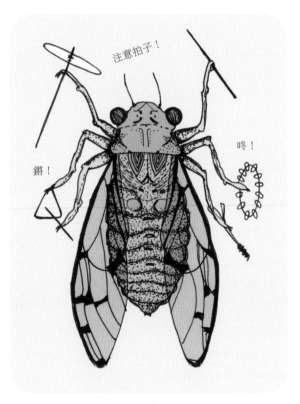

▲鼓手：蟬

Do Re Mi Do Re Do Re Mi

▲普通潛鳥的歌聲中包含有許多不同的音符

157. 會發出如管樂般的鳴聲、會嚎叫，還會唱約德爾調的鳥

去過美國北方或加拿大旅行的人，可能聽說過**普通潛鳥**，或稱北方大潛鳥。這是一種住在大湖周圍，黑白色（有時是棕色）的鳥。

牠們發出的顫音，聽起來像恐怖電影裡壞人的瘋狂笑聲。普通潛鳥發出的這種聲音就被稱為「瘋狂的笑」，而這也是牠們在晚上捍衛自己領土時所發出的警告聲。

普通潛鳥也會發出類似銅管樂器的短音，這是與自己的孩子或父母溝通的聲音，藉此確認自己的家人都在附近，以及是否平安。就如同媽媽從廚房喊你的名字，確定你沒出什麼差錯一樣。

普通潛鳥所發出最刺耳的聲音則是嚎叫聲。那是種長而刺耳的聲音，有點像狼的嚎叫。牠們通常在夜間發出這樣的聲音，藉此與自己的伴侶聯繫或進行社交活動。

最後，牠們還會發出一種約德爾調。這是雄性潛鳥才會發出的一種細長、往上升高的聲音，並且持續重複變換的音符曲調可以延續六秒。雄性潛鳥藉由約德爾歌聲來向其他雄鳥宣示、保衛自己的領土。每隻雄普通潛鳥都有自己獨特的約德爾調。

158. 想聽卡拉 OK、看波浪舞？請待在椋鳥附近

你一定看過**椋鳥**，甚至可能見過一大群。畢竟，這種鳥在繁殖季節後，喜歡整群聚在一起，有時可能一萬隻聚成一群。牠們一起飛翔時更是令人印象深刻，鳥群會以一個「整體」向左或向右迂迴前進，還會以時速七十公里的速度俯衝向下，再快速上升回到空中。每隻椋鳥都會密切觀察著自己隔壁的同伴，因此牠們可以完美同步飛行，如同巨型波浪舞。椋鳥成群行進，可以讓敵人們與牠們保持距離。一隻猛禽會攻擊一隻椋鳥，但面對一大群椋鳥時，牠們會覺得有點頭暈（可能，還會有點害怕）。

椋鳥喜歡卡拉 OK，還會模仿周圍環境中的聲音。例如，模仿雞咯咯叫或學烏鴉的搔刮聲。居住在人類附近的椋鳥，甚至會模仿「人類」的聲音。例如，牠們會模仿火車站附近的火車聲。椋鳥這樣做可能只是因為牠們喜歡，但也可能想藉此讓雌鳥留下深刻的印象。

啾啾！

▲椋鳥波浪舞

想讓椋鳥留在院子裡嗎？掛一個牠們可以築巢的椋鳥壺吧！冬天時，可以放一個腐爛的蘋果或梨子、剩下的起司，或煮熟的馬鈴薯。只要把食物擺在地上就好，因為椋鳥不喜歡餵食平台（桌）。

159. 大山雀會說謊

大山雀有黃色的腹部、黑色的頭和白色的臉頰，是非常有趣的鳥。牠們的叫聲聽起來像「滴－嘟－滴－嘟－滴－嘟」，非常容易辨認，這也是牠們被稱為「消防員」*的原因。

當遭遇危險或受到威脅時——例如北雀鷹靠近，大山雀會發出一種高亢的聲音向同伴示警。北雀鷹喜歡吃大山雀，不過牠們聽不到大山雀發出的示警高音，但山雀家族都聽得見。

因此，牠們可以在攻擊者完全不知道的狀況下，快速安全的撤離。

如果北雀鷹成功的接近大山雀，大山雀會發出另一種聲音，聽起來像是低低的「瑞缺」，是告訴其他大山雀「沒有時間了，快點躲起來！」的意思。不幸的是，北雀鷹聽得到這個低沈的聲音，發出聲音的那隻大山雀，得賠上生命作為示警的代價。

所有的種子都歸我啦！

「瑞缺～」

▲「聰明」的大山雀

除了示警之外，有時候山雀也會用這種聲音作弊。當牠們發現某種很美味的食物，或大家都沒辦法找到足夠的食物時，找到食物的大山雀可能會發出示警聲。這樣一來，其他的山雀便會盡快躲起來，而說謊的山雀則獨享美食。

* 譯註：大山雀的叫聲聽起來像消防車的聲音，故被戲稱為消防員 brandweerman 或 pompiertje。前者是消防員的荷文，後者則來自於法文的消防員。

160. 鸚鵡說話是為了吸引你的注意

如果可以跟自己的寵物交談，不是件很棒的事嗎？小狗會問你在學校過得如何？小貓則會講全天下最好笑的笑話！

鸚鵡似乎能夠做到！至少，牠會在你回家時招呼：「哈囉，親愛的！」不過，牠們知道自己在說些什麼嗎？

其實鸚鵡只是在模仿或模擬聲音。如果你每次進入房間時都對著牠說：「哈囉，親愛的！」一段時間後，鸚鵡就會模仿起來。牠們或許根本不知道這句話的意思，但牠們會連結「你進入房間」和「哈囉，親愛的！」這兩件事。如果你每次開門時，門都會發出嗶嗶聲，那麼一段時間後，鸚鵡也會模仿那個嗶嗶聲。

然而，也有些鸚鵡確實知道自己在說什麼，例如：亞力克斯（Alex），一隻非洲灰鸚鵡。牠

經過特別訓練，能夠叫出五十種東西的名字，可以辨認七種顏色、六種不同形狀，還會從一數到八。

鸚鵡並不是唯一一種會模仿聲音的鳥類，烏鴉、渡鴉、雞尾鸚鵡和虎皮鸚鵡都會。這些都是非常社會化的鳥，生活在每隻鳥都有自己所屬地位的大族群裡。在這樣的環境中，能夠溝通是非常有幫助的。當鸚鵡跟人類一起生活時，牠們將人視為自己的家人，但因人類「通常」無法了解鸚鵡的聲音，所以牠們會藉由模仿主人的聲音來引起注意。

嗨，老弟！

▲亞力克斯

交配時間到了嗎？！

▲羚牛

161. 羚牛藉由聲音、身體語言和尿液交談

羚牛居住在喜馬拉雅山麓，牠們有三種不同的相互溝通方式：聲音、身體語言和尿液。

羚牛通常相當安靜，牠們通常站在一起靜靜的吃草。但如果你等得夠久的話，就有機會聽到一點牠們的呼嚕或呢喃聲。羚牛用牠們的大鼻子發出聲音，這些聲音有時會令人聯想起小號吹出來的音符。牠們偶爾也會大聲咆哮或吽叫，這時候羚牛的舌頭會從嘴裡伸出來，看起來有點滑稽，但此時最好跟牠們保持距離。

當雄羚牛要宣示自己才是老大時，便會發出響亮的「wup」聲；母羚牛呼喚小孩時，發出高音的「rrrrrr」；遭受危險或威脅時，則以咳嗽示警。聽到咳嗽聲的其他羚牛便知道：必須好好躲藏在灌木叢中。

羚牛還會用身體語言來讓自己的表達更加清晰。雄羚牛往另一隻雄羚牛身邊站，表示自己比較高；把自己的下巴高高抬起，表示「別想愚弄我」；而當羚牛將頭壓低並向上看著你時，可不是什麼好消息，這表示牠準備要攻擊了。

羚牛主要透過尿液來表明自己準備好要交配了。羚牛的尿液中含有費洛蒙，這種具有特殊氣味的物質可以清楚傳達自己對異性的吸引力。雄羚牛會在自己的前腿、胸前和頭部下方噴灑尿液，雌羚牛則會確定自己的尾巴有被尿濕。你可能會覺得這實在是很不衛生，但對羚牛來說，這再正常不過了。

- 8 -

危險的動物

162. 世界上最危險的動物是⋯⋯蚊子

你會怕獅子嗎？還是怕老虎或大白鯊？沒錯，牠們的確很可怕，但受到這些動物攻擊致死的機會多大？非常非常小。

▲ 前三名

• 這個星球上最危險的動物非常小，並且晚上會嗡嗡響，讓你無法入睡——就是**蚊子**。

許多蚊子都是致命的，因為牠們傳播瘧疾、登革熱、黃熱病、茲卡病毒和其他各種危險疾病。為此，全世界每年都有數百萬人因蚊子而死。

世界上有超過三千種蚊子，雌蚊會用牠們的口器吸取受害者的血。因為牠們的卵子需要血才能發育成熟。但在吸血同時，會將危險的疾病傳染給被叮咬的人。

其中最危險的，是瘧蚊、埃及斑蚊和白線斑蚊。在蚊子密集的地區，最好要在蚊帳內睡覺，並使用特殊的殺蟲劑滅蚊。有時候，還需要吃藥或打預防針，以避免罹患透過蚊子叮咬傳染的疾病。

• 排名第二的危險動物是蛇，每年約有十萬人死於蛇吻，特別是環蛇與主要生存於亞洲的毒珊瑚蛇都很危險。大多數遭環蛇咬的人，都無法倖免。

• 我們忠實的四條腿朋友，則導致每年四到五萬人死亡。遭狗咬傷可能會被傳染狂犬病，這是一種沒有接種疫苗便可能致死的疾病。

• 大型動物造成的死亡人數也不少。鱷魚、河馬和大象對人類而言是最危險的。那大白鯊呢？當然，沒有人喜歡大白鯊在附近出沒，但被一隻劇毒的箱型水母螫到的機率，都遠高於被鯊魚咬。

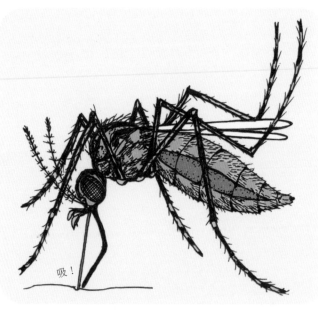

▲ 地球上最危險的動物

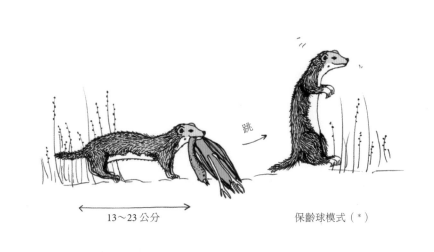

13～23 公分　　　　　　保齡球模式（＊）

163. 天不怕地不怕的伶鼬

伶鼬長得像有澎鬆尾巴的細長老鼠，大約 13 ～ 23 公分長。雄伶鼬平均體重為 100 公克，雌伶鼬則是 65 公克。雖然牠們實在不大，卻能輕易捕獲田鼠、老鼠、大鼠、鼴鼠、鳥、蝸牛、青蛙和各種昆蟲。有時牠們甚至能抓到更大的獵物，像是小兔子或小雞。

伶鼬在尋找食物時，會用後腿站立搜尋附近的區域，我們稱這種姿勢為「保齡球模式」（kegelen）＊，不過牠們當然並不會丟球。

由於雌伶鼬又小又苗條，所以牠們可以輕而易舉的尾隨老鼠進入牠們的洞穴。在那裡，雌伶鼬很快就能把老鼠吃個精光，然後佔據洞穴居住並生育小伶鼬。無論是雄伶鼬或雌伶鼬，都很快就能生育後代、成為父母。一

隻在春天出生的雌伶鼬，通常在夏天就會生寶寶成為母親。

捕食伶鼬的猛禽要特別小心！有一個故事是這樣的：一隻鵟抓住了伶鼬並將牠帶往空中，結果不久後，鵟卻墜地而亡——因為伶鼬在整個飛行過程中，不斷攻擊鵟，最終將鵟咬死了。伶鼬根本不知道什麼叫做「怕」，牠們超級勇敢的！

＊ 譯註：動物以後肢直立，伸長身體監控或搜尋附近環境的行為，在荷文中稱為 kegelen，恰巧與「保齡球」這種運動是同一個字。所以此處開玩笑說，牠們並不會丟球。

164. 最好不要踩到這塊石頭（魚）

玫瑰毒鮋（也稱為石頭魚）是偽裝大師：牠們的皮膚粗糙，佈滿腫塊和疣，能隨著環境改變顏色。此外，毒鮋的身體形狀讓牠們看起來像一塊岩石或石塊。牠們通常安靜的躺在海底，偽裝得很好，以致於幾乎看不到牠們。有時候，毒鮋甚至會將自己埋在沙裡，只露出頭頂。當毫無防備的獵物從身邊游過時，便會被一口吃掉。

事實上，毒鮋不會主動攻擊，除非你對牠們造成威脅。牠們的背上有十三根帶著毒囊的刺，刺上所承受的壓力越大，射出的毒液就越多——例如有人踢牠一腳時，這樣的悲劇就會發生——被毒鮋刺傷非常痛，還可能導致癱瘓或心跳停止，傷口需要好幾個月才能完全癒合。

因此，澳洲原住民教導孩子們毒鮋是致命的！這一點也不奇怪。為此，他們還設計了一種特殊的舞蹈：一個舞者踢到了一隻黏土做的毒鮋，然後就跌倒在地，痛苦的扭曲掙扎。

要避免被毒鮋刺傷，最好穿上厚底泳鞋（涉水鞋），走入水中時也應特別小心，並盡可能遠離所有看起來像岩石或石塊的束西。

最後，毒鮋是可以吃的。在中國和日本，牠們可是餐桌上的珍饈呢。

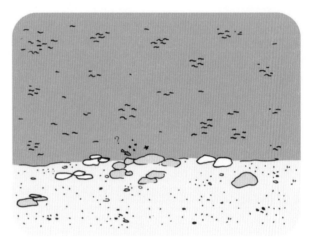

▲海底充滿了各種生命

▲玫瑰毒鮋（石頭魚）／二名法拉丁學名：
Synanceia verrucosa

可愛～

▲絨蛾的毛毛蟲

哎呀，我的毛！

▲櫟列隊蛾的毛毛蟲

165. 絕對不要摸毛毛蟲！

有些毛蟲看起來很漂亮，但最好跟牠們保持距離。毛蟲背上通常有螫毛，會引起許多不快。一般來說，越美麗、特別的毛蟲越危險。

絨蛾全身覆蓋著長毛，看起來就像個迷你玩偶。但在牠們的毛髮間藏著危險的螫毛，會釋出引發劇痛和灼熱感的毒液。被絨蛾刺傷時，皮膚會出現皮疹，通常也會腫起來。在某些狀況下，甚至會出現嚴重的病況。

馬鞍毛毛蟲的背上，有一片酷似馬鞍的色塊，一眼就可以認出來。前後方各有一對長了許多螫毛的小角，若是觸摸牠們，可是會被嚴重螫傷的。

馬鞍

嘻哈！

▲馬鞍毛毛蟲

櫟列隊蛾的毛毛蟲也是全身長滿螫毛，會引起非常癢的皮疹。若不小心吸入牠們的螫毛會引發呼吸道問題。螫毛若進入眼睛，則會因刺激引起嚴重的不適。這種毛毛蟲最大的麻煩是，即便不主動去接觸牠們，風也會把牠們的螫毛吹到你身上。

若你吃了某些毛毛蟲（但你應該不會這樣做……），可能會面臨特別的危險。例如，**帝王斑蝶**的毛毛蟲全身黑，帶有亮白色和黃色的條紋，牠們吃有毒的植物，導致吃掉牠們的動物會感到非常噁心難過。

非洲的薩恩人（布希曼人）會在箭頭沾上被稱為 N'gwa 毛毛蟲或 Kaa 毛毛蟲的內臟。他們用這樣的箭獵捕羚羊，中毒箭的羚羊大都無法倖存。如果這種毒可以殺死羚羊，那麼人應該也無法倖免……

166. 眼鏡王蛇會跳舞，但不是因為有音樂

你可能曾經看過這樣一張照片：弄蛇人吹著笛子，同時，蛇會從擺在他前面的籃子裡爬出來，看起來就像是跟著音樂跳舞一樣。但你知道嗎？蛇其實根本聽不到笛子的聲音！這些蛇——通常是**眼鏡王蛇**——其實是跟著弄蛇人的動作反應的。此外，牠們還被訓練成從籃子裡出來時要把「頸部」張開。這裡的「頸部」是指眼鏡王蛇頭部後方，頸部的肋骨。但你完全不用怕被這些眼鏡蛇咬，因為弄蛇人已經把牠們的毒牙拔掉了，所以牠們無法攻擊。現在，這種弄蛇傳統是違法的，因為這些蛇通常都被惡劣的對待。

眼鏡蛇家族通常都有劇毒，只要一劑蛇毒便可以毒死十到十五個成年男性，或一隻大象。除了用毒牙咬的眼鏡蛇外，還有一種**噴液眼鏡蛇**（亦稱噴毒眼鏡蛇），牠們能精準瞄準，然後噴出毒液，而且牠們通常會瞄準眼睛！

眼鏡王蛇是世界上最大的毒蛇，可以長達 5.5 公尺。當牠們感覺到威脅時，便會高度集中精神，一隻生氣的眼鏡王蛇可以讓自己垂直「站立」，高到可以直視你的眼睛。此外，牠們生氣時會打開頸部，讓自己看起來更加危險。

當眼鏡蛇捕獲獵物時，會先用毒牙咬。毒液會讓獵物癱瘓，並停止呼吸。然後牠們會一口將獵物直接吞進肚裡，接著找一個地方靜靜等待獵物消化，牠們才會再度開始再度尋找新獵物，有時需要經過數週的時間。

跳舞吧！

▲眼鏡王蛇／二名法拉丁學名：*Ophiophagus hannah*

167. 鱷魚一生可能磨損多達八千顆牙

有十四種**鱷魚**分別生活在非洲、亞洲、澳洲和南美洲。透過鱷魚 V 字形口吻的形狀和口吻閉合時是否能看到牙齒露出，可以辨別短吻鱷和長吻鱷。鱷魚終其一生可能磨損、使用多達八千顆牙，一旦牠們損失一顆牙，便會再長出一顆新的。藉由這些牙齒以及強而有力的下顎，鱷魚可以輕易咬掉斷一隻手臂或一條腿。所以，最好確保自己不要被鱷魚抓住！此外，讓鱷魚把嘴好好的閉著當然也是個好辦法，而

且讓牠們把嘴閉著並不難——控制鱷魚閉合下顎的肌肉很強壯，但打開下顎的肌肉則不然，因此，只要用橡皮筋就可以讓鱷魚閉嘴了。

鱷魚是肉食動物，牠們吃鳥類和到水邊喝水的（大型）哺乳類動物。鱷魚可以屏住呼吸安靜等待獵物靠近，長達一個小時。一旦開始攻擊，速度則可以快如閃電。鱷魚在水中能以高達每小時三十公里的速度，快速抓住獵物並將牠們

拖到水裡，接著持續翻滾、直到獵物被淹死。牠們也會藉由滾動的力道來撕下獵物的腿或身體的一部分，以方便自己吞食。

觀看鱷魚獵食，是非常可怕的！但最重要的是，你絕對不會想在那巨大的雙顎間結束生命……

呃……

168. 捕鳥蛛「踢」螫毛時，請務必小心！

會怕**捕鳥蛛**嗎？其實牠們沒什麼好怕的。雖然捕鳥蛛有毒，但毒性對人類來說並不危險。被捕鳥蛛螫大約就像被蜜蜂叮一般，並不致命。不過，某些種類的捕鳥蛛會對敵人「發射」螫毛，這就要特別注意了！牠們會用後腿將腹部的螫毛踢下，並往攻擊者噴灑。這可一點都不好玩，因為螫毛會刺激皮膚，甚至引發嚴重的過敏反應。

大部分的人突然見到巨大的毛蜘蛛時，都會忍不住嚇得後退好幾步。有些捕鳥蛛真的很大！南美洲的巨人捕鳥蛛就像盤子一樣大：足展長度可達三十公分！一旦惹牠們生氣，牠們就會發射螫毛，若是你依然站著不動（真勇敢！），牠們則可能會發出嘶嘶聲並擺出威脅的姿態。此時，最好趕緊抓住機會逃跑，因為接下來牠們可能會跳上來咬你了！

知道嗎？捕鳥蛛不會結網。牠們是在暗處追捕、攻擊獵物的獵人，牠們注入毒液令獵物癱瘓，再藉由消化液分解獵物。一旦到手的獵物逐漸液化，捕鳥蛛便會吸食牠們。小型捕鳥蛛以各種昆蟲為食，大型捕鳥蛛還會獵食青蛙和老鼠。巨人捕鳥蛛通常吃青蛙、蛇、蝙蝠、小型齧齒動物和蚯蚓。偶爾，也吃雛鳥。

最後，你知道嗎，有很多人養捕鳥蛛作為寵物。捕鳥蛛很容易馴服，可以把牠們放在玻璃保溫箱裡飼養。愜意吧！

拔、刺、拔、刺

▲捕鳥蛛

我投降！

▲懶猴一點都不喜歡被搔癢

169. 看到懶猴舔自己的手肘時，要特別注意！

圓滾滾的**懶猴**圓圓的頭上有一對圓圓的大眼睛，看起來非常可愛。有很多人想把這種原猴*當寵物飼養，但這絕對是個壞主意！

首先，懶猴是一種瀕危物種，爪哇懶猴甚至名列世界瀕危物種的前二十五名。

再者，懶猴並不像牠們的外表一般可愛，牠們的牙齒非常尖銳。此外，牠們的肘部擁有會分泌毒液的特殊腺體，懶猴會經常舔舐此處。對貓過敏的人，若被懶猴咬傷，會引發嚴重的病症。

女神卡卡（Lady Gaga）曾經在錄影時被懶猴咬傷。為此，她受到許多動物權利保護組織的批評與指責，因為他們認為，作為一個世界級明星，不應該如此利用瀕危動物。英國的國際動物救援組織（IAR）正竭盡所能的阻止這種違法的懶猴交易：上千隻懶猴被抓捕，並被賣出作為家庭寵物。為了讓懶猴不咬傷人，販售者會先用指甲刀將懶猴的牙齒剪斷，而且通常是在沒有上麻醉藥的狀況下施行。這非常痛，懶猴常會因此受到感染而死亡。

國際動物救援組織（IAR）在 2015 年發起了一項名為「搔癢是酷刑」的運動，這是因為網路上瘋傳的一個影片，影片中被搔癢的懶猴無助的高舉四肢。影片中的懶猴有趣又超級可愛，但實際上，懶猴四肢高舉是因為牠們非常害怕，想要盡速分泌毒液來保護自己。所以，請到動物園裡安心看看懶猴就好，不要把牠們帶回家！

* 譯注：靈長目是哺乳綱下的一個目，原猴、類人猿，以及人類都是靈長目動物。

170. 令人心驚膽戰的電鰻

• 長長的身體、扁平的頭和兇惡的表情，讓**電鰻**看起來一點都不可人。電鰻身長可達 2.4 米，建議你別太靠近牠！電鰻全力放電時，電壓可以高達八百伏特。牠們藉由放電來殺死獵物。電鰻的獵物主要是其他魚類，但也能電暈馬或牛。當然，電暈人也沒問題。

• 電鰻身體的絕大部分都包含有微小的「電池」，牠們有三個外觀扁平、被稱為放電體的放電器官。在細胞外層（細胞膜中）的幫浦將帶負電的離子送出細胞，並將帶正電的離子送入細胞中。藉由交換帶電離子，便可讓細胞內外產生約 0.15 伏特的電位差。成年電鰻的體內約有六千個放電體，這意味著，牠們可以發出很高的電力！

• 電鰻的攻擊速度快如閃電！在放電後數毫秒（一毫秒＝千分之一秒）內，便會將獵物吞噬殆盡。

• 電鰻也會用牠們特殊的放電能力來偵側躲在黑暗中的獵物：藉由放電偵測受到電擊的魚所反射的電流，而找到牠們。此外，電鰻可以偵測到電場，這也算是牠們的一種超能力吧！

獵物遭電擊而死亡

2.4 公尺

啊哈，我的食物在那兒！

電壓：100 伏特

167

171. 來自亞馬遜的「圓球獵捕者」

食人魚和**巨脂鯉**是遠房表親，屬於同一家族，都生活在南美洲的亞馬遜河中。但兩者間，仍然有明顯的差異。

首先，觀察一下牠們的嘴（當然，前提是你敢的話）。如果你看到細小、如剃刀般鋒利的三角形牙齒，那麼，你抓在手裡的便是一隻食人魚。反之，如果看到的是比較鈍一點、比較接近人類牙齒的牙，那便是一隻巨脂鯉！

食人魚以水生植物為食，偶爾也吃肉。當牠們真的很餓時，才會變成「食人」魚。巨脂鯉卻是素食者，牠們吃植物、水藻、堅果和水果，牙齒強壯到足以磨碎堅果與種子。此外，巨脂鯉也沒有食人魚典型的凸出下顎。

兩者的體型大小也有很大的差異。食人魚體長最長約 40 公分，巨脂鯉則可長到 80 公分大。如果你手上有一隻長得很像食人魚，但牙齒像人類牙齒的大魚，那應該是巨脂鯉。

如此說來，巨脂鯉完全沒有威脅性囉？唔……巴布亞新幾內亞人稱巨脂鯉為「圓球獵捕者」也不是沒有原因的。試想，一隻強壯得足以嚼碎堅果的魚，當然也能輕而易舉咬碎「另一種堅果」……總之，如果你是男生，有機會在亞馬遜河中游泳時，最好要記得穿上泳褲！

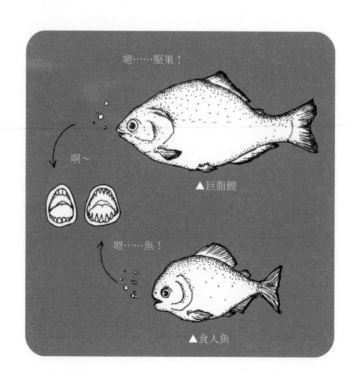

嗯……堅果！

啊～

▲巨脂鯉

嗯……魚！

▲食人魚

在美國，食人魚和巨脂鯉都常被作為觀賞魚飼養。但當牠們長得太大時，飼主卻常隨意在湖泊或河流裡「放生」牠們。在寒冷的月份裡，食人魚通常無法存活，但巨脂鯉可以！而這成了生態問題：因為牠們會吃掉原來生活在湖泊和河流中的魚群的食物，對魚群的生存造成威脅。更別提牠們對喜歡在湖裡、河裡游泳的男人們……的威脅了！

172. 多麼甜蜜可人的瓢蟲？！

是不是曾經讓小可愛——帶黑點的紅色或黃色**瓢蟲**在你手指上爬呢？但，瓢蟲真的如你所見那般可愛嗎？

可愛的小蟲？

▲橡樹蚜蟲／二名法拉丁學名：*lachnus roboris*

對戰！

▲七星瓢蟲／二名法拉丁學名：*Coccinella septempunctata*

如果你問**蚜蟲**的話，答案一定是否定的！這種「可愛的」小甲蟲，會吃掉大量的蚜蟲和牠們的幼蟲。一隻成年的甲蟲，一天可以吃掉八十隻蚜蟲，也就是一個月吃兩千四百隻；而瓢蟲幼蟲一天則可以吃掉約一百二十隻蚜蟲。這是農民和植物培育者喜歡瓢蟲的原因，因為蚜蟲會損害作物，因此農民們會利用瓢蟲當作天然除蟲法。

雌瓢蟲會將卵產在蚜蟲族群的附近。這些卵最少會由三隻不同的雄瓢蟲授精，因此，瓢蟲並非忠誠的一夫一妻制生物。

瓢蟲必須確保自己的卵不會太靠近其他瓢蟲的巢！剛孵化的瓢蟲幼蟲是真正的同類相食者：牠們可以毫不費力的併吞鄰近的家族，即便是同一巢中未能快速孵化出來的幼蟲，也會毫不留情的被較早孵化的同胎兄姐吞食。這些「額外的」食物，可以讓幼蟲們更快發育為成蟲。

此外，你知道瓢蟲會散發出討厭的臭味嗎？這樣可以讓其他動物不會靠近牠們！或許，瓢蟲並不像外表一般甜蜜可人喔！

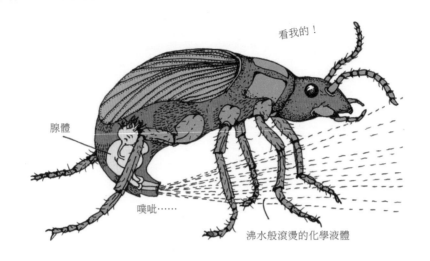

看我的！

腺體

噗呲……

沸水般滾燙的化學液體

▲投彈手甲蟲／二名法拉丁學名：*Brachinus crepitans*

173. 昆蟲界的恐怖份子

● **投彈手甲蟲**，一種不到 1 公分大的小甲蟲。這種甲蟲看起來完全無害，但千萬別掉以輕心，牠們絕對是化學戰中的完美化學武器。投彈手甲蟲的腹部有兩個腺體，分別有裝著化學物質的小袋子。平時兩種物質必須隔離，不能互相混合，因為一旦混合便會產生如同炸彈的爆炸效果。投彈手甲蟲受到威脅時使用這種「炸彈」——牠會在腹部尾端混合兩種化學物質，然後站穩就戰鬥位置，接著將溫度高達 100 ℃ 的化學混合液對準威脅者。投彈手甲蟲可以精準瞄準敵人，並從自己的身體下方噴出毒液攻擊。甲蟲噴射化學炸彈時並不會炸傷自己，因為牠們並不會一口氣製造一個大爆炸，

而是以每秒高達五百次的速度向外噴灑如沸水般滾燙的化學液體。於是，蜥蜴、青蛙、齧齒動物和其他將投彈手甲蟲視為珍饈的掠食者，就只能帶著被灼傷的疼痛嘴巴逃之夭夭了。

● **桑氏平頭蟻**（亦稱為爆炸螞蟻）的工蟻穿戴著圍繞身體的「彈藥帶」——在身體兩側各有一個大毒液袋。當蟻群受到威脅時，爆炸螞蟻會劇烈收縮腹肌，繃裂毒液袋，噴出毒液。爆炸螞蟻的毒液實際上是一種具強烈刺激性，並會導致灼傷的黏膠。被毒液攻擊的攻擊者非死即傷，但自爆的爆炸螞蟻也無法存活。

174. 一定是瘋了！才會讓森蚺把自己吞下肚

你會瘋狂到讓一隻巨大的蚺把自己吃掉嗎？自然主義者保羅・羅沙利（Paul Rosolie）就有那麼瘋狂！他在電視節目 Eaten Alive 中，試圖讓一隻**森蚺**將自己活生生吞下去。他預期蛇會把自己吐出來，如果沒有的話，工作人員就得把那隻森蚺開膛破肚才能把他救出來。

保羅・羅沙利穿上一套塗滿豬血的鋼製西裝，然後站在一隻森蚺面前，準備讓森蚺吃掉他。但蛇很害怕，並且試圖逃離。於是羅沙利開始挑釁森蚺，直到森蚺終於開始扼殺他。羅沙利很快就感到害怕，並且要求工作人員把自己救出來。

這樣的噱頭自然受到了許多批評。森蚺並不吃人！牠們可以，但不吃。牠們其實是寧可遠離人類的害羞動物。

綠色的森蚺是地球上最大、最重的蚺。牠們生活在熱帶雨林，以及南美洲的河流、湖泊及沼澤地。成年森蚺長度可達 9 公尺，體重重達 200 公斤。森蚺一生中的大多數時間都在水中度過：牠們只露出眼睛和鼻孔，在水中巡游尋找獵物。牠們的獵物可能是魚或烏龜，也可能是凱門鱷、豬，甚至鹿或美洲豹。森蚺一旦捕獲獵物，便會用巨大的身體纏住牠們，阻斷牠們的血液循環。只要血液無法流到腦部，獵物便會死亡。

此外，森蚺也常會將獵物拖入水中淹死。最後，森蚺一口吞下獵物，再躺著靜待腹中的獵物消化。

嗯……

哈囉？

▲森蚺／二名法拉丁學名：*Eunectes murinus*

175. 鯊魚是最完美的掠食者

鯊魚已經在海洋中狩獵超過四億年了。牠們有非常充裕的時間，讓自己發展成地球上最完美的掠食者。

• 鯊魚有高度流線型的身體，因而可以快速、敏捷的游泳。鯊魚的肚子兩側有胸鰭，可以控制方向。背上的兩片背鰭，用以保持平衡，讓牠們得以直立游泳。尾鰭則用來加速。

• 鯊魚有一張令人印象深刻的嘴，嘴中有數排牙齒。大白鯊的嘴裡有超過三千顆牙，在鯊魚一生中可不斷更新替換，確保其始終鋒利。

• 鯊魚可探測到 4 公里外發出的聲波，還能準確無誤游向聲波來源地。

• 即便是稀釋了一百萬倍之後的氣味，鯊魚也可以透過犀利的鼻子嗅到。也就是說，在一個巨大的游泳池中，只需一滴魚類萃取液，就足夠了！

• 鯊魚的鼻子上有個特別的「點」，可以感應到其他魚類或獵物。藉此，即便在混濁、黑暗的水中，也可以輕而易舉的找到獵物。

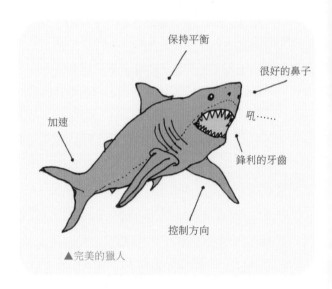

▲ 完美的獵人

保持平衡
很好的鼻子
加速
吼……
鋒利的牙齒
控制方向

176. 看到「葡萄牙戰艦」時，請務必小心！

有沒有見到前方的大船——有著巨大風帆，和從船側伸出的兩排加農砲？對，這可能是艘葡萄牙戰艦，但不是我們要討論的東西。我們要談的「葡萄牙戰艦」長得像水母，但實際上是由數百個水螅體聚集的群落。

僧帽水母棲息在溫暖的海中，得名於十六世紀的探險家。當時，葡萄牙擁有世界上最強大的海軍，這種特殊生物可造成的恐懼，正如同當時的葡萄牙戰艦。我們接下來會說明，為什麼你將寧可不要碰見僧帽水母。

僧帽水母中的每個水螅體都有各自的任務。上方的浮囊體，是充滿氣體的鰾。浮囊體伸出水面，確保僧帽水母可以漂浮在水面上，也用來移動和轉向。當僧帽水母受到威脅時，則會放出鰾中的氣體，讓自己沉入海中躲避。

牠們的觸手稱為 dactylozoïden，可長達 15 ～ 50 米。僧帽水母用觸手捕捉獵物，並對獵物注射毒液使其癱瘓。

營養體稱為 gastrozoïden，負責消化。生殖體則稱為 gonzoïden，負責繁衍。

僧帽水母對人類是危險的嗎？當然是！牠們的毒液對人類而言並不致命，但會造成劇痛。被僧帽水母螫到如同受到鞭打，被觸手碰到的地方會留下粗粗的紅色鞭痕，在某些狀況下，鞭痕可能永遠不會消失，並且會引發高燒和呼吸困難。此外，還有可能造成癱瘓、導致溺水。

僧帽水母的觸手可能因為斷裂而飄離。泳者很難看到這些觸手，可能因而被螫傷。即便是死去的觸手，也能造成劇痛及引發過敏反應。

所以，即使沒有配備加農砲，你最好還是離這些「戰艦」遠一點……

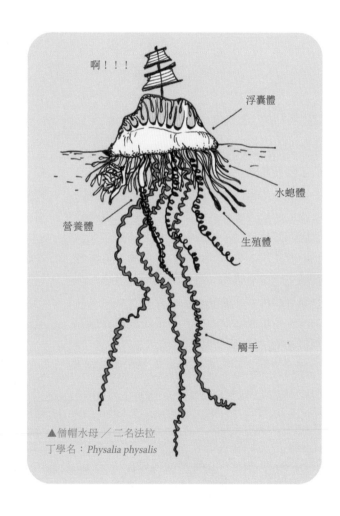

啊！！！

浮囊體

水螅體

生殖體

營養體

觸手

▲僧帽水母／二名法拉丁學名：*Physalia physalis*

▲狐獴間的殺嬰行為

177. 狐獴是最大的殺手

你一定認得獅子王裡的可愛**狐獴**丁滿。牠總是樂意幫助牠最好的朋友——疣豬澎澎和獅子辛巴。

但狐獴其實並不真的那麼可愛！有五分之一的狐獴是被……狐獴殺害的。

曾經有西班牙科學家研究過約一千種哺乳類動物：當然，哺乳類動物在飢餓時會以其他動物為食，但會殺死自己同類的物種，則非常少見。

狐獴主要是會殺死自己的後代，這樣的行為有個困難的名詞，稱為「殺嬰」。在狐獴族群中，只有佔主導地位的雄性和雌性有權繁殖，如果族群中有其他雌狐獴誕下幼獸，則掌權的雌狐獴會立刻殺死幼獸。牠們透過這樣的方式來確保自己的領導地位。

那麼人類呢？雖然人類會發動戰爭，有時也會自相殘殺，但人類還是沒辦法進入同類相殘排行榜的前十名。某些猴子、海獅、旱獺、獅、狼和地松鼠的排名都遠高於人類。

但即便如此，人類仍然是一種會同類相殘的哺乳動物，平均來說，身為一個人有 1.3% 的機會被其他人蓄意殺害。在曾經做過調查的 1024 種哺乳類動物中，這個機率仍然是平均值 0.3% 的 6 倍！

箭毒蛙　←　有毒的甲蟲　←　有毒的植物

178. 那些你絕對不想親吻的青蛙：第一部

箭毒蛙（樹棘蛙，叢蛙）

亮橘色、綠色、黃色、紅色，甚至藍色的外表，讓箭毒蛙看起來極富吸引力。但別太驚訝，箭毒蛙對脊椎動物而言是含有劇毒的！有些箭毒蛙含有足以毒死二十個人的毒素。

目前為止，已經發現了大約一百八十五種不同的箭毒蛙，主要生活在中美及南美洲的熱帶地區。牠們通常很小：最小不到 1 公分，大的也還不到 6 公分大。雌蛙比雄蛙大。

箭毒蛙的毒性來自於牠們食用的有毒昆蟲。作用原理是這樣的：某些植物會製造毒素以保護自己，有些昆蟲以這些植物為食，卻不會被毒死，反而會將毒素儲存在體內。箭毒蛙食用這些有毒的昆蟲，卻對毒素免疫，並可將毒素儲存在自己的皮膚中。

其他的動物知道箭毒蛙有劇毒，自然對牠們敬而遠之！因此箭毒蛙不像其他的蛙類一樣害羞，總是大大方方的在樹上、地上跳來跳去。

壯髮蛙（壯節蛙、骨折蛙）

雄性壯髮蛙的後腿前面，有許多凸出的毛髮，但這並不是最奇怪的部分。當壯髮蛙被攻擊時會自斷腿骨，尖銳的骨爪便會穿出皮膚，被壯髮蛙用以抵擋攻擊者，有點像金鋼狼！不過，科學家們還不知道牠們如何將骨爪縮回去。

嘓～

▲壯髮蛙

179. 那些你絕對不想親吻的青蛙：第二部

美國牛蛙

美國牛蛙對人類無害，只是牠真的很大，有時可達 20 公分大。牠們的叫聲非常響亮，如同較輕柔的牛鳴。

人類毋須懼怕美國牛蛙，但其他兩棲類動物則會。過去，美國牛蛙只生活在北美，但現在四大洲都有牠們的蹤跡，並對其他原生的青蛙族群造成威脅。牠們不僅搶走了其他青蛙的食物，還會吃掉其他青蛙的幼蛙。此外，美國牛蛙還受到真菌感染，受感染的牛蛙不會死亡，卻會導致其他青蛙死亡。

臭蛙

臭蛙無毒、沒有毛髮也不巨大，但會發出噁心的腐魚味。這種噁心的味道，來自於臭蛙分泌的一種可保護牠們免受細菌和真菌感染的物質。因此，這種青蛙可能會在人類開發抗生素時扮演重要的角色。但如果你必須親吻青蛙來確定有沒有王子藏在青蛙裡時，你應該不會想親吻臭蛙吧？

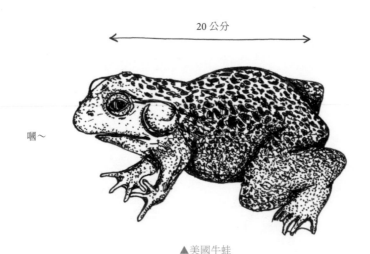

20 公分

嘓～

▲美國牛蛙

- 9 -

動物和牠們的領袖

180. 螞蟻世界中，每個成員都清楚知道自己的位置

螞蟻比你所想像的，更像人。我們幾乎可以在地球上的所有地方找到牠們，牠們在一個有著明確規範、組織嚴密的社會中共同生活著。每個蟻群都只有一個老闆——蟻后，其餘的螞蟻則分別有各自的任務。

當蟻群中的某個公主要離開父母的巢穴時，會張開翅膀並爬到制高點。同時，數百隻雄蟻亦會跟隨公主展翅離去，我們稱此為「婚飛」。婚飛時，伴隨公主飛得最高的雄蟻，可與公主交配。交配完成後，新蟻后落地並咬掉翅膀，在沙地上挖出一間蟻室，在其中產下上千顆卵。很快的，數量眾多的雌性工蟻孵化，並開始接手各項工作：在室內工作的工蟻負責照顧卵和幼蟲，強壯的大型工蟻則負責出外尋找食物。

蟻群中甚至有一個醫護室，受傷的螞蟻在那裡會受到「同僚」的照顧。例如當非洲的馬塔貝勒蟻攻擊白蟻巢時——當然，白蟻中的兵蟻會反擊、造成很多傷害。但受傷的馬塔貝勒蟻並沒有被留在戰場上，反而會被同伴們拖回蟻巢中。受傷的螞蟻接受治療後，會再度返回戰場、參加戰鬥。

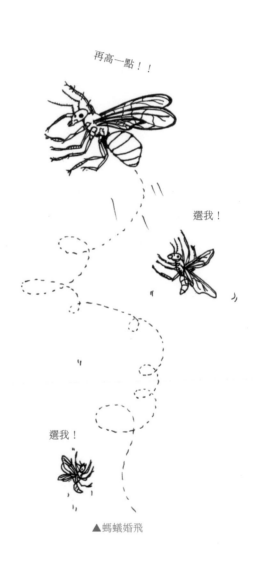

再高一點！！

選我！

選我！

▲螞蟻婚飛

▲梟面長尾猴要保有權力，得花費不少心力

181. 有藍色陰囊的，就是老大

如果你的陰囊是藍色的，那可能是因為摔了很多次……但對雄性**梟面長尾猴**而言，藍色陰囊顯示著自己的重要性：陰囊的顏色越藍，在族群中的地位就越高！群中的猴子藉此判斷「該服從誰」。雌猴也特別青睞有著明亮藍色陰囊的雄猴，更願意與其交配。

藍色陰囊怎麼說都有點奇怪。這是因為，藍色並非哺乳類動物的「天然色」——哺乳類動物無法自行合成藍色色素。梟面長尾猴的藍色來自於「廷得耳效應」，牠們的陰囊在紅色的背景下其實是棕色的，但由於光線折射的緣故，

看起來像是藍色。長尾猴可以自行決定要讓屁股看起來多藍：陰囊越乾燥看起來越藍，地位也越高。梟面長尾猴從青春期開始顯現出藍色的陰囊，從那時起，年輕的雄猴可以開始嘗試提升自己在族群中的地位。

除了可以透過藍色的陰囊辨識梟面長尾猴外，還可看牠們鼻子上的白色垂直條紋，當牠們激動時會上下點頭。順帶一提，頭上有水平條紋的長尾猴，在激動時則會左右搖頭。

咱!

摁……

▲雄駝鹿全力戰鬥以爭奪配偶

182. 駝鹿對戰，至死方休

如果你喜歡拳擊的話，可能聽過「對練」這個詞。所謂對練，是指兩個拳擊手對打競爭，但不以獲勝為目標。他們練習攻擊對手，但不真的傷害或擊倒對方。

雄**駝鹿**也會進行對練：年輕的低階雄駝鹿用角互相推擠，打上一架。有時候可能因此打掉一小片鹿角，或受點小傷，並非真正的打鬥。年輕的雄鹿們藉此訓練自己未來需要的戰鬥技巧，這時的對練都還是很「文明」的。

數年後，當雄駝鹿性成熟時就不是這麼一回事了。當繁殖季來臨，佔有領導地位的雄鹿會變身為真正的戰士，名副其實的全力投入戰鬥！雄鹿的頸部肌肉在繁殖季會增長為平時的兩倍，當其他雄鹿接近時，佔有領導地位的雄鹿

便會用腳在地上磨蹭，表示自己已準備要戰鬥了！牠們會向對手展示自己的鹿角和身體，如同拳擊手在拳擊場中於戰鬥開始前所做的一樣。

一旦戰鬥開始，就至死方休。兩頭雄鹿用鹿角互相推擠，並嘗試將對方摔倒。若有一方倒地，對手便會嘗試用鹿角的尖銳部分刺傷牠，盡其所能去傷害對手。

失敗者會被故意落下或驅離，有時甚至會戰死，勝利者則獲得父配權。駝鹿爭鬥令人印象深刻，卻也是相當可怕的場面。

183. 雄性大猩猩會在用餐時輕聲哼唱

掌權的雄性**大猩猩**要用餐時，會輕柔哼唱著：「諾姆諾姆諾姆」，當這樣的哼唱聲在叢林中響起時，便是雄性大猩猩的用餐時間。根據德國科學家在剛果對低地大猩猩的研究，這是牠們表達自己喜歡食物的方式，同時也藉此告知族群裡的雌猩猩和小猩猩：晚餐時間到了。雌性大猩猩和小猩猩們在進食時，並不會發出任何聲音，甚至可能更加安靜，避免因發出聲音而引來狩獵者。

大猩猩在用餐時，會編製很小一段「大猩猩小進餐曲」。在動物園裡，每隻大猩猩都有自己獨特的聲音，只需一段時間，你就能分辨出是誰在唱歌。牠們吃到越是喜歡的食物，唱得就越大聲。

在野生的大猩猩族群中，大都是掌權的雄猩猩唱歌。這大約是表示：「好啦，大夥兒，現在是吃飯時間，暫時停止前進，好好享受食物吧！」

▲大猩猩

184. 擊倒對手，獲勝！

世界上有各種不同種類和體型的**袋鼠**，其中最小的是鼠袋鼠——只有 50 公分大，不超過 3 公斤重。牠們的大兄弟，就說……巨大的兄弟好了，包括紅大袋鼠和東部灰大袋鼠，雄性大袋鼠輕輕鬆鬆就可長到 80 公斤重。

大袋鼠是戰士。在一個袋鼠群中（英文稱之為 mob，「幫」）只有唯一一個老大，並且只有老大可以與幫中的雌袋鼠交配。

掌權的雄袋鼠可在位數年，但一段時間後，自然會有其他雄性來挑戰，嘗試接手權利。此時，便會進行一場真正的自由風拳賽。

兩隻袋鼠會用前腳重擊對方，還會用強壯的尾巴支撐保持平衡，飛起後腿踢倒對手。袋鼠的後腿有著尖利的爪子，這樣的攻擊有時會將對手開膛破肚。戰鬥的勝利者成為新的領導者，並贏得幫中的雌袋鼠。

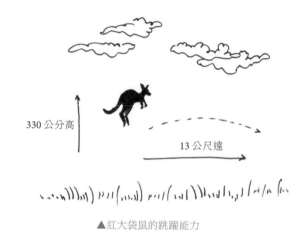

330 公分高

13 公尺遠

▲紅大袋鼠的跳躍能力

由於袋鼠如此善於打拳，有些人便組織舉辦袋鼠與人類的拳擊賽。但這種拳賽對袋鼠而言一點都不有趣，牠們常常被迫處於惡劣的條件下，並且變得非常緊張。許多動物保護組織正盡其所能的推動法令，禁止這樣的拳賽。

擊打

擊打

▲友誼拳擊賽

哈哈哈

▲斑鬣狗／二名法拉丁學名：*Crocuta crocuta*

185. 身為一隻雄性鬣狗，不一定是件好事

斑鬣狗族群中的掌權者是女性，雌性遠比雄性斑鬣狗強壯，且更具侵略性。這是因為牠們的血液中含有許多睪固酮——影響典型男性性徵的賀爾蒙。有些雌性斑鬣狗甚至因而擁有看起來像陰莖的性器官，稱之為「類陰莖」，實際上是非常大的陰蒂。

雌性斑鬣狗並不是特別慈愛的母親。斑鬣狗寶寶經常在出生時，便因為各種併發症而死亡。存活下來的小斑鬣狗，則必須互相競爭才能獲得食物。因為斑鬣狗媽媽只有兩個乳頭，一次只能餵養兩隻小斑鬣狗。所以，最

虛弱的小斑鬣狗通常會因為無法獲得足夠的食物而死。

雄性斑獵狗兩歲以後，便會被逐出原生族群，必須自行尋找新的族群加入，但這不是件容易的事。因為牠們必須經歷各種戰鬥，獲得雌性領袖同意後才能加入。畢竟身為族長，要先確定新加入的成員足夠強壯才行。

186. 公雞是雞舍的老大？

雞的學名是 *Gallus gallus domesticus*，聽起來比「公雞」好多了，一聽就知道是雞舍的老闆*！公雞美麗的尾巴上長滿了長長的彩色羽毛，頭上頂著紅色大冠，喙下還有顯眼的肉髯，一副雄赳赳、氣昂昂的模樣！

當公雞張嘴啼叫時，響亮的喔喔聲迴響在庭院中。公雞自黎明時分便會開始啼叫，藉此農人們知道該起床了。但公雞不只在破曉時啼叫，事實上牠們整天都會叫，所有的事都可以引得牠們大聲啼叫：一輛經過的汽車、一隻太過靠近雞舍的貓，或一隻不知在哪裡吠叫的狗。牠們甚至會相互較勁，看誰能啼得最大聲。

喔喔喔～～

公雞有時候也會發出其他的聲音。例如：當另一隻公雞太靠近牠的母雞時，牠們會咆哮。但大多數時候，牠們都只是咯咯叫。

公雞會從地上撿起食物，再扔回地上，同時發出咯咯聲，以引起母雞的注意。做越多次的公雞，母雞越是喜歡，也更願意與之交配。

若有一隻地位較低的公雞嘗試跟母雞交配，母雞可以自行決定是否要生下那隻公雞的小雞。如果母雞最後仍決定自己不喜歡那隻公雞，則可以自行把精子推出體外。公雞可能覺得自己統領雞舍、是雞舍老大，但如果仔細的一點點推敲，母雞可以自行決定？那麼……

啼叫時間表

```
03:00
04:15
05:27
06:10
07:45
休息時間
08:00
11:02
...
```

▲公雞／二名法拉丁學名：*Gallus gallus domesticus*

* 譯註：
如文中所述，雞的拉丁學名為 *Gallus gallus domesticus*，其中最後一個字 domesticus 是房舍的意思，前面兩個字 gallus 發音與公雞咯咯叫的聲音相似（也是原雞的學名）。荷蘭文中公雞則稱為 haan，發音近似「ㄏㄤˋ」。兩者相較，拉丁學名聽起來有氣概多了，故此處說「拉丁學名聽起來比『公雞』好多了，一聽就知道是雞舍的老闆！」

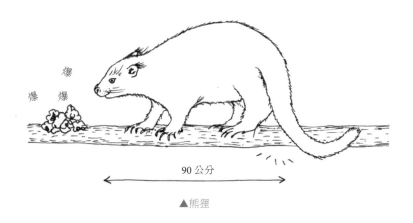

爆
爆 爆

90 公分

▲ 熊狸

187. 熊狸聞起來很香，像爆米花

正穿越叢林或熱帶雨林時，突然聞到爆米花的味道？這實在太奇怪了，尤其是你很確定，附近並沒有電影院……

此時，你可能正在**熊狸**的領土上。熊狸生活在東南亞叢林和熱帶雨林中高高的樹梢上，牠們的尾巴下方有一個會分泌油性液體的腺體，聞起來像裹著奶油的新鮮爆米花。熊狸會在四處留下這種味道，讓其他熊狸知道這是牠的領地，或者用以向雌熊狸表明，想要與之交配。

不過即便聞到味道，也不會很快看到熊狸。牠們生活在高高的樹梢，在那兒搜尋水果、小型哺乳動物，或嚙齒動物、爬蟲類和昆蟲。

熊狸可以長到 90 公分長（不包含尾巴）、14 公斤重，尾巴也可以長達 90 公分。但因為太重了，所以牠們無法在樹木間跳躍。不過，熊狸是出色的攀爬者，藉由尖銳的爪子和可以如同第五隻手般工作的尾巴，牠們能在樹幹上下飛奔。當牠們的頭朝下、往樹下奔馳時，甚至可以將腳踝完全轉向後方，以便更牢固的抓著樹幹。

熊狸的頭看起來有點像貓，有白色、剛硬的鬍鬚。但牠們行走時腳掌會平貼地面，看起來像熊，也因此走路時會左右搖擺。在第 143 則中，你可以讀到更多關於這種特別動物的特別事。

188. 保護女王的盲戰士

白蟻看起來像是白螞蟻，但其實是蟑螂家族的一員。白蟻會與其他數百萬隻白蟻一起組成群體，共同生活。白蟻群以蟻王和蟻后為首，兩者終其一生都會在一起。蟻后特別巨大，有時甚至比其他白蟻大一百倍。這是因為牠不斷產卵，一天可產出多達三萬個卵。

保護蟻巢的是兵蟻，牠們使用非常特殊的武器，讓攻擊者遠離牠們親愛的女王。

兵蟻是全盲的！牠們完全信賴自己的感覺，以及接收到的化學信號。隨著白蟻的種類不同，其兵蟻的戰鬥方法也不相同。

有些種類的兵蟻有尖銳的牙齒或爪子，會抓住入侵者並把牠們丟出蟻巢。雖然有時也會錯把自家人丟出門，但牠們視其為理所當然。

有些種類的兵蟻使用化學戰：從嘴裡噴出一種黏稠的物質，敵人一旦接觸到，就不能移動了。

另一些種類的兵蟻更加強悍，會緊咬敵人不放，同時將一種名為「萘」的物質注入敵人體內。這種物質是一種殺蟲劑，可殺死攻擊者。白蟻士兵致命的一咬會消耗大量能量，讓牠們再也無法將大顎打開，也會犧牲生命。

白蟻軍團的強大之處在於數量：數以百萬計的兵蟻共同保衛蟻巢，抵抗入侵者。兵蟻本身並不那麼強大，但牠們的數量龐大，並且都願意犧牲生命。怪不得，牠們能在地球上生活超過兩億年！

入侵者在哪？

嘿嘿

▲ 白蟻王國的「觸摸」戰

擠！

噗

用力！

▲環尾狐猴／二名法拉丁學名：*lemur catta*

189. 狐猴的臭彈戰

環尾狐猴是一種美麗的動物。這種猴子有柔軟的身體、可愛的頭，但最特別的，還是那黑白條紋的長尾巴。牠們在行走時會讓尾巴保持直立，一群環尾狐猴走來走去的樣子非常有趣，那些直立的長尾巴就好像空中的天線。

在狐猴的尾巴下方，有一個會分泌氣味的腺體。這種氣味的其中一種作用是：標示領地。此外，雄性狐猴還使用這種氣味進行臭氣戰。首先，兩隻雄狐猴面對面站定，並盡可能兇狠的盯著對方。接著，牠們會將尾巴浸泡、沾染上腺體所分泌的氣味，再用力揮向對方。牠們

名副其實揮舞著巨大的「臭氣彈」，直到其中一方倒下為止。

研究人員發現，環尾狐猴也會用同樣的方式向雌猴展示自己有多麼勇敢：雄狐猴會靠近某個狐猴群，然後朝著雌狐猴煽動自己的臭尾巴。這種臭味調情是非常瘋狂的，因為這樣的行為對其他狐猴來說是一種挑釁，通常會招致攻擊。狐猴打架十分殘酷，因為牠們會用尖銳的牙齒和爪子撕咬。有時候，被挑逗的雌猴也會給來調情的雄猴一拳。因此，雄性狐猴得真有點本事才行……

190. 象群裡，祖母說了算！

象群由全體中最年長的女性領導，稱之為「女性族長」。族群中的成員包含牠的女兒、姪甥女、孫女和孫子。

公象和小公象在十歲前，可以待在族群中。當牠們夠大了，就必須離開、自行謀生。離開象群的公象可能獨自生活，或與其他公象待在一起。成年公象只有在交配時可以進入象群裡。

但為什麼是祖母居於象群的領導地位呢？因為牠會是群體中最聰明的！**大象**的記憶力非常好，可以記住很多事情，例如：誰是朋友，誰不是。此外，大象奶奶記得在乾旱季節裡，可以找到食物與水源的最佳地點，並藉由豐富的經驗判斷是一隻獅子，還是一群獅子在咆哮？事實上，牠們甚至會分辨母獅和公獅的咆哮聲，因為牠們知道公獅比母獅更加危險。象群裡的祖母年紀越大，象群就生活得越好！

象奶奶也不需要餵養小象，因為這樣，牠才有時間照顧象群的其他需要。

▲奶奶族長，象群的領導者

往那裡走！

- 10 -

動物家族

191. 至死不渝的兄弟之愛

• 你有一個或多個兄弟嗎？有的話，你們必定是相愛的，但是你們一定從來沒想過要終生相伴。

• **火雞**兄弟就會！在冬天，當牠們成年之前，火雞兄弟會打一架，看看誰比較強，獲勝的一方成為領袖。贏家的兄弟則必須透過炫耀自己美麗的羽毛，來引誘雌火雞幫自己的兄弟求偶，但自己不能交配。此外，牠們還必須為牠們的兄弟阻擋敵人。

• 雄火雞比雌火雞更多彩美麗，牠們腿上有「距」，胸前有一簇粗毛。越能展現雄性特色——美麗多彩的羽毛、肉髯和冠的雄火雞，越容易成為領袖。

• 由於火雞肉相當美味，如今火雞已被馴養成為家禽。但在美國和加拿大，仍然可以見到野生火雞。野生火雞不容易捕抓，奔跑速度不低於時速 45 公里，飛翔的速度甚至是奔跑時的兩倍。

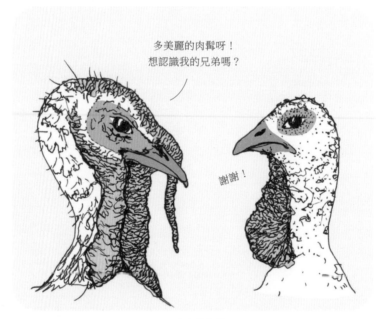

多美麗的肉髯呀！
想認識我的兄弟嗎？

謝謝！

▲火雞之愛

▲非洲野犬

192. 非洲野犬會彼此照顧，非常周到

非洲野犬是真正的「遊牧民族」，他們喜歡四處旅行尋找食物。約以八隻成犬和二十隻幼犬為一群共同生活。目前仍能在非洲坦尚尼亞、南非、波扎那或尚比亞廣大開闊的平原上看到非洲野犬，但已經不多了。當地人獵殺非洲野犬，因為害怕他們殺死自己畜養的牛。此外，還有一些嚴重的疾病讓野犬大量死亡。

一群非洲野犬可以輕易的追捕牛羚、斑馬或羚羊。他們會追蹤獵物長達 30 分鐘，之後一湧而上、一起殺死獵物，然後吃掉獵物的臟腑和肌肉，將皮膚、骨頭和其他部分留給其他動物。

非洲野犬群中，年輕和生病的野犬也都能獲得很好的食物，這點是很特別的。通常在動物群體中，體型最大、最強壯的動物會先進食，年輕的幼獸只能撿食剩餘的部分。野犬卻對自己的親人照顧有加，互相照料且從不打架爭鬥。

每隻非洲野犬都有獨特的色斑，非常容易辨認。他們的圓耳直立，並飾有黑色羽毛。

在野生動物園中見不到野犬，因為野犬群的食量非常大，並可能對園內其他動物造成威脅。目前仍約有 6600 隻非洲獵犬在野外生存，但數量持續下降中。

193. 用水豚取代你的除草機吧！

世界上最大的齧齒動物是**水豚**，生活在南美洲。成年水豚約 50 ～ 60 公分高，長約 106 ～ 134 公分，體重介於 35 ～ 66 公斤之間。

你可能會說：「我真的不喜歡一隻跟狗一樣大的老鼠！」不必擔心，水豚長得超級可愛！牠們會被稱為「水豚」，其來有自。水豚的身體圓圓的，配上短短的腿，和長得像河狸或豚鼠的頭，後面還有一根非常小的尾巴。

水豚喜歡待在水邊，因為牠們是非常優秀的泳者。牠們的趾間有蹼，可以在水中快速移動。當牠們游泳時，會將耳朵平貼在頭上避免進水；潛入水中時，可以屏住呼吸長達 5 分鐘。有些水豚甚至在水中睡覺，只把鼻子留在水面上。

水豚是草食動物，只吃植物。牠們每天需要吃 3 公斤的綠色植物。這樣的食性有些特殊之處：被水豚吃掉並消化掉的植物中，有一部分會變成堅硬的、深色的糞便排出，永遠離水豚而去；另一部分被排出時，則是柔軟的、綠色的糞便，仍然含有豐富的營養。這種綠色的糞便會再度被水豚吃掉，我們稱這種行為為「食糞」。這在動物界十分常見，兔子也會這樣做。

此外，水豚是很快樂的生物。牠們通常 10 到 12 隻為一群共同生活，但有時會有上百隻水豚群聚在一起聊天。牠們會高興的噠噠彈舌、轉圈和吹口哨。有危險時，則會像狗一樣的吠叫。事實上，水豚會是很棒的寵物，牠們可以讓院子裡的草皮保持短短的，這樣你就不用除草了！

噗噗轟……

▲水豚／二名法拉丁學名：*Hydrochoerus hydrochaeris*

媽媽～～～

▲掙扎著匍匐前進的海豹寶寶

194. 海豹寶寶會為了媽媽哭得撕心裂肺

• **海豹**寶寶又大又圓的眼睛，讓牠們看起來超級可愛！當母親離開牠們時，海豹寶寶們會撕心裂肺的大哭。所以，牠們有個「愛哭鬼」的綽號。

• 海豹媽媽只會在海豹寶寶出生後的前幾週照顧牠們。牠會定時上岸、哺餵寶寶。大約三週後，海豹媽媽認為自己的責任已了，便會讓孩子們自己面對生活。此時，海豹寶寶必須了解到：要下海捕魚餵飽自己！

• 還好，海豹只要一下水就會游泳！事實上比起在陸地上移動，游泳對牠們來說根本輕而易舉。在水中，海豹移動的速度可達每小時 35 公里，牠們用前方鰭足控制方向，後肢加速。在陸地上，海豹只能用前面的鰭足拖著自己，以每小時不到 2 公里的速度笨手笨腳的匍匐前進。

• 海豹能屏住呼吸很久。牠們深潛的時候，當然會閉氣，睡覺的時候也會。所以見到沒有呼吸的海豹漂浮在水面上，十分正常。

• 你可能曾見過海豹將頭和後足舉向空中，把自己變得像根香蕉一樣。這是因為海豹體內有一層厚達 5 公分的脂肪，可以幫助牠們漂浮、作為食物短缺時的補給，還有最主要的功能──保暖。但牠們的鰭足和頭部沒有脂肪層，所以海豹必須在太陽下「加熱」這兩個部分，以保持溫暖。

195. 袋鼠寶寶比你的指尖還小

袋鼠是有袋類動物，雌性個體的胃部前面有個育幼袋，用來隨身攜帶寶寶。

剛出生的袋鼠寶寶，還不及我們的指尖大，看起來就像一個小胎兒：一隻粉紅色、光溜溜、帶著腿的小蟲。袋鼠寶寶用牠們的迷你腳緊緊抓住媽媽的毛皮，一步步爬進育兒袋中。進入育兒袋後，便立刻吸吮乳頭不再鬆開、靜靜長大。剛進育兒袋的袋鼠寶寶只有大約 31 天大，還有許多生長工作等著牠。袋鼠寶寶在育兒袋中待到 9 個月大時，才會偶爾爬出袋子，但大多時候仍然留在袋子裡喝奶。

寶寶爬進育兒袋後，袋鼠媽媽便會再度交配。卵受精幾天後會暫停生長。直到袋中的小袋鼠長大，離開育兒袋後，受精卵才會繼續生長。

在袋鼠的小育兒袋中，有些特殊的事：育兒袋

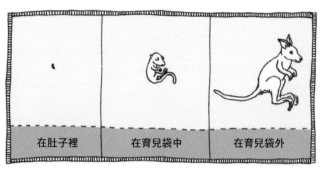

▲不同成長階段的袋鼠

在肚子裡　　在育兒袋中　　在育兒袋外

中有四個分泌乳汁的乳頭，但給新生幼兒的乳汁和給較大寶寶的乳汁，成分是不同的。袋鼠寶寶們都清楚知道：何時該吸吮哪個乳頭！

袋鼠媽媽通常同時照顧三個幼兒：一隻在肚子裡，一隻住在育兒袋中，還有一隻快樂的到處跳（但還是會回到袋中喝奶）。

196. 布穀，我不是你的小孩……

大杜鵑媽媽要產卵，但並不想自己餵養小鳥。所以，牠將蛋產在其他鳥的鳥巢裡，讓別人幫忙孵蛋，並幫牠把小鳥養大。有時候，大杜鵑媽媽會等到其他鳥離巢時，再將蛋產在其他鳥蛋中間；但有時候，牠們沒有耐心等待……大杜鵑長得有點像其他鳥兒會怕的猛禽北雀鷹，於是大杜鵑媽媽便利用這種「偽裝」來追逐其他鳥，迫使牠們離巢，自己再悠哉的在巢中產

下自己的卵。生物學家曾經發現，有些大杜鵑甚至會無視於還坐在自家巢裡孵蛋的鳥，逕自將自己的卵產在巢中其他鳥蛋的旁邊。

雌性大杜鵑會確保自己的蛋與巢中其他的蛋儘可能相似，所以牠會仔細觀察研究，讓不同的鳥來幫自己養孩子，因此有各種由不同鳥餵養長大的大杜鵑，例如：鵯鴝大杜鵑、葦鶯大杜

你長得這麼大？！

▲ 大杜鵑／二名法拉丁學名：*Cuculus canorus*

鵑、岩鷚大杜鵑等。大杜鵑媽媽在產下自己的蛋之前，常會先吃掉巢裡幾個蛋。這樣能有更大的空間下蛋，其他鳥也不會發現巢中多了額外的蛋。

大杜鵑雛鳥跟牠們的媽媽一樣無禮。一孵出來，就會試著用背將巢中其他雛鳥推出巢去。如此一來，（養）父母便只會專注在自己身上，牠也因此可以獲得最肥美的蟲子。大杜鵑真是有辦法，只是實在不善良。

197. 貘寶寶看起來像長了腳的西瓜

貘是一種奇特的動物，有三種住在拉丁美洲的熱帶雨林，一種生活在亞洲。

貘（tapir）在巴西語言裡的意思是「厚」，便是指這種奇特動物的厚皮。在泰國，貘被稱為「P'somsett」，意指「混合好的東西」，那兒的人們相信，貘是由許多動物的不同部分組合而成的。

在 1750 年發現「貘」這種動物的人認為：牠們有大象的長鼻子、顏色像牛，還有跟馬一樣的蹄。但貘當然不是這樣拼出來的，與牠們最有淵源的是馬與河馬。貘喜歡住在靠近水的地方，因為牠們每天洗澡。牠們的長鼻子在游泳時是良好的通氣管，也可以用

來在水裡搜尋各種植物。此外，貘也會用長鼻子把樹上的葉子拉下來。

貘寶寶出生時，皮膚上有白色的斑點，讓牠們看起來有點像長了腿的西瓜。這些白色斑點對各種會獵捕貘的動物，是非常好的偽裝。出生幾個月後，這些斑點會逐漸消失，最後變為一般貘的顏色——可能是全身棕色，也可能是黑色，但背上都會像披著一條白色「毯子」般，呈現深淺雙色。

媽媽，弟弟跟不上啦……

呼嚕

▲ 貘

噗

▲口孵魚

198. 用斑紋溝通

• 馬拉威湖是在坦尚尼亞和莫三比克之間的一個巨大湖泊，長 560 公里，寬 75 公里，有些部分超過 700 公尺深。在湖裡，住著 70 ～ 100 種慈鯛。**慈鯛**的顏色如彩虹般多姿多彩，身上有條紋、斑點或各種圖案。通常雄魚的顏色比雌魚鮮艷。

• 慈鯛透過改變頭上和身上條紋或斑點的顏色互相溝通。例如位居主導地位的雄魚，顏色最鮮豔。當牠接近其他雄魚時，其他雄魚便會自動削弱身上的顏色。

•大多數慈鯛是「口孵」魚種。一旦卵子受精，魚媽媽和（或）魚爸爸便會將受精卵含在口中，直到孵化。因此，你可以見到含著卵，或有幼魚圍繞著逐漸變大的喉部游來游去的慈鯛。只有當小魚們都夠大、可以獨立生活時，父母才會離開。

• 慈鯛比其他的魚類有更好的環境適應能力。當牠們被放生（或被某個厭倦牠們的水族飼養者丟棄）到某個地方時，會非常迅速且輕易的繁殖。這樣很不好！因為牠們會驅趕或殺死當地的原生物種，成為真正的「瘟疫」。

199. 溫度決定短吻鱷的性別

短吻鱷生活在美國和中國,與一般鱷魚相較,牠們的口吻短而寬。你可以透過 U 形口吻,和上顎落在下顎上這兩個特徵認出牠們。

短吻鱷通常比其他鱷魚大得多。成年的雄性短吻鱷可長達 6 米,重達 360 公斤。與其他大小近似的動物相比,大腦非常小,大約只有 8～9 公克。因此,短吻鱷主要依其直覺行動,這讓牠們成為超級危險的掠食者。

短吻鱷的性別取決於卵孵化時的溫度:當溫度高於 34 ℃,從蛋裡孵出來的會是雄性;溫度低於 30 ℃,則必定是雌性。若溫度介於 30 ℃～34 ℃ 間,則雌性或雄性皆有可能。

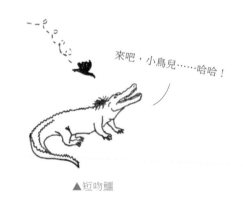

來吧,小鳥兒……哈哈!

▲短吻鱷

交配季節來臨時,雄短吻鱷會大聲喊叫來吸引雌短吻鱷,巨大的噪音可引致周圍的水在

▲ > 34 ℃→雄性小短吻鱷
　　< 30 ℃→雌性小短吻鱷

牠身旁波動。此外,牠還會用頭擊打水、吹大泡泡。為此感到印象深刻的雌短吻鱷便會跟牠交配。

交配後,短吻鱷媽媽會在池塘邊用樹枝、樹葉和泥巴築巢,並在巢中產卵。一段時間後,樹葉開始腐爛,這可以讓巢保持溫暖。當孵化時間到時,短吻鱷寶寶會在卵中高聲大叫,短吻鱷媽媽便會將牠們挖出來,並在一旁等待孵化。短吻鱷會將寶寶放在嘴裡、帶入水中,並且照顧牠們一年。

親愛的，他們在看耶……

所以呢？

▲長頸羚／二名法拉丁學名：*Litocranius walleri*

200. 跟長頸鹿一樣，擁有長脖子的瞪羚

在坦尚尼亞、肯亞、索馬利亞、衣索比亞和厄利垂亞的乾燥平原上，住著一種美麗的瞪羚。牠們有著又長又細的腿，和細長的長脖子，因此被稱為「**長頸羚**」。當地人稱牠們為「gerenoek」，意指長著長頸鹿脖子的羚羊。

長頸羚的毛皮是淺棕色的，只有肚子是白色，眼睛周圍也有一圈白色，讓眼睛看起來更大，牠們的耳朵大且寬，尾巴尾端有一簇黑色的毛髮。即便是時尚設計師，也沒辦法設計出這樣一種美麗的動物。

長頸羚吃植物和花，不吃草，但會從樹上採樹葉吃。牠們鮮少喝水，因為已經從食物中獲得足夠的水分了。

長頸羚非常社會化，總是互相幫忙。在當地人的故事中，長頸羚總是被描述成「謙遜的皇后」——對這種美麗的動物來說，這是多麼好的形容呀！

201. 一隻九帶犰狳總是擁有三個兄弟，或三個姊妹

九帶犰狳看起來像是直接從科幻電影裡走出來的動物。牠們的背上披著堅硬的鱗甲，包含有 9～11 條鱗甲帶。前方的肩甲用於保護身體前半部，中間的鱗甲呈帶狀，可以伸縮，還有一個骨盆鱗甲可保護身體後半部，最後有一條閃亮的尾巴，看起來像是由小塊小塊的鱗甲組合而成。犰狳的鱗甲上有細小的毛，但在冬天不足以禦寒。犰狳不喜歡寒冷，所以當溫度下降太多時，會躲在巢穴裡。

犰狳的頭部亦有鱗片覆蓋，還有一對相當大的耳朵，像一對小角，讓牠們看起來非常可愛。

科學家們發現這種動物的有趣之處，不僅僅在於特殊的外表，還因為牠們總是每胎生四隻，而且同胎出生的小犰狳性別相同，並擁有完全相同的遺傳基因。

犰狳在十一或十二月時交配，卵子授精，接著經過一小段時間後，受精卵分裂成四個胚胎，每個胚胎都在 120 天後發育成小犰狳出生：永遠都是四兄弟，或四姐妹。

9～11 條鱗甲帶

骨盆鱗甲　　　　肩甲

尾巴

哈囉！

哈囉！

哈囉！

哈囉！

▲四隻相同的九帶犰狳

202. 老鼠喜歡大家族

人和**老鼠**並不是朋友。相反的，大多數人因為老鼠會傳播各種疾病，所以覺得牠們很髒。但這不完全正確！十四世紀時感染上百萬人的鼠疫，其實由是黑鼠身上的跳蚤傳播的。

現今常見的老鼠是褐鼠。牠們真的非常喜歡人類，尤其是人類的垃圾。

每當夜晚來臨，「先鋒老鼠」會先從洞裡出來，牠們是斥候，必須在幾分鐘之內確定周圍是否安全，這稱為「安全防護」。確認後，其他老鼠才會跟著出來。

老鼠對環境中的新物件很多疑，所以很難使用陷阱抓住牠們。因為牠們會立刻發現有新東西出現，並遠離它。

抓住一隻老鼠，然後把牠放到院子外面去，是毫無意義的事。老鼠會在走過的每個地方都留下氣味，以便找到路回家，如果想要放生抓到的老鼠，至少要將牠放在離你家 100 米以外的地方。

你可以將老鼠作為寵物飼養，牠們很聰明，可以學

會很多東西。不過，如果要把公老鼠跟母老鼠放在一起養，可得特別小心！因為在你意識到之前，就會有一大家子老鼠要養。老鼠一整年都可以生寶寶，平均一胎可生 7 到 12 隻小老鼠，而且老鼠媽媽一年內可以輕輕鬆鬆生產 5 次……所以，算算看，每年每隻老鼠媽媽可以帶幾隻小老鼠到世界上呢？

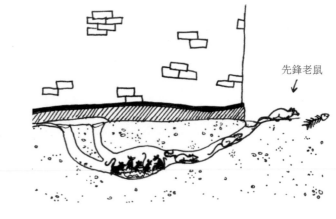

先鋒老鼠

周圍一切安全！

或……阿豹

▲美洲獅、山獅、紫豹、紅虎或……

203. 有很多名字的貓

美洲獅、山獅、紫豹*、**紅虎、銀獅***……這些都是同一種「大貓」的名字。你可以在中美洲、南美洲和北美西部找到牠們,目前生活在美國的美洲獅大約還有三萬隻,這個數目是估計值,因為美洲獅很害羞,很少在人們面前出現。

美洲獅的學名是 *Puma concolor*,意指「單一顏色的貓」。美洲獅剛出生時身上仍有斑點,但斑點會在九個月大時消失,當牠們十六個月大時,眼睛的顏色也會從藍色變為黃色。

美洲獅吃小動物,例如老鼠、松鼠、豪豬、兔子和河狸,有時也敢捕抓鹿。對於大型獵物,牠們不會一口氣吃完,要花上 3 ～ 5 天才會全部吃光。牠們通常會將沒吃完的獵物藏在灌木叢或樹叢中。

美洲獅是非常安靜的動物,不會像牠們的朋友——老虎或獅子那樣大吼。只有當雌美洲獅要尋找雄性交配時,才會大聲喊叫。

不幸的是,人們喜歡獵補美洲獅作為戰利品。這實在非常糟糕!正因為如此,在美洲許多地方,美洲獅已幾近滅絕了。

* 譯註:原文 panter 是「豹」,為與真正的「豹」區別,此處採用美洲獅的別名之一,譯為「紫豹」。

* 譯註:原文 hertentijger 直譯為鹿虎,但美洲獅並無此中文別名,故此處採用美洲獅的另一別名,譯為「銀獅」。

204. 今晚能握住我的手嗎？

水獺是很愛玩的動物。牠們會像長矛一樣在水中飛翔穿梭、嬉笑打鬧。下雪時，牠們甚至會用雪搭建溜滑梯，一路滑到水中玩耍。

水獺睡覺的時候，也是可愛得不得了！牠們會漂浮在水面上睡覺，但當然不想漂著漂著漂到海裡去，所以得用水草將自己綁住。此外，水獺媽媽也不希望孩子在自己睡著時，就這麼漂不見了。因此，水獺媽媽會握著孩子的手，母子一起漂浮在水上睡覺。

水獺的趾間有蹼，是游泳健將，在水中泳速可達每小時 12 公里。但實際上，牠們在陸地上可以跑得更快——至少每小時 25 公里。

水獺需要乾淨的水道、可以挖洞的河岸，還有足夠的魚。有水獺居住的河流和小溪河道一定乾淨，因為牠們無法忍受被污染的水。世界自然基金會（WWF）和其他組織，正致力於為水獺爭取更多的生存空間。這很有效，但我們還有許多工作需要努力，才能讓這些有趣的動物無論在何處都可以放鬆生活。

好好睡吧！

▲水獺手牽著手睡覺

205. 猞猁擁有適合在雪地裡奔跑的特殊的腿

猞猁是一種美麗的貓科動物，可以從耳朵尖端的黑色簇毛，和垂在胸前的白色領毛認出牠們。體型最大的猞猁是歐亞猞猁，產於俄羅斯和中亞地區，目前 90% 都住在西伯利亞。牠們是歐洲排名第三的狩獵者，僅次於棕熊和狼。

猞猁有特別適應雪地的配備。夏天時，牠們毛皮上有棕色或玫瑰色斑點。但到了冬季，全身的毛皮都會變成美麗的銀灰色，而這讓牠們在白色的雪地裡變得較不顯眼。猞猁有著短而有力的腿，腳下有一層特別的絕緣層，還特別寬，所以牠們可以在雪地裡跑得很好！

猞猁是非常安靜的動物。當牠躡手躡腳的靠近獵物時，幾乎不會發出任何聲音。此外，牠們本身也很少發出聲音，這也是猞猁可能在某些

簇毛

喵

領毛

地區生活多年，卻都沒有被發現的原因。

猞猁大都吃鹿，但也喜歡野兔、狐狸或穴兔。偶爾也會捕鳥，為此牠們可以一躍高達兩米。

在歐洲，歐亞猞猁曾經幾乎絕跡，由於各項保護措施，數量終於再度增加。

206. 有些動物的孕期長達 3 年

大約 2 年（即 95 週或 640 天）──這是**大象**的孕期。象媽媽是所有哺乳類動物中，要等待最久才能生下寶寶的。這其實並不奇怪，對於高智商的動物而言，懷孕期長是很正常的。大象的大腦是動物世界裡最大的，所以要留在媽媽的肚子裡更久，讓大腦可以好好發展。一般而言，大象媽媽終其一生最多生下 4 隻象寶寶。

然而，還有其他動物需要等待更久的時間，寶寶才會出生。**黑真螈**是來自阿爾卑斯山的兩棲類動物。隨著這種蠑螈生活的海拔高度不同，孕期可為 2 年至 3 年不等。

蠑螈每胎生兩隻，小蠑螈出生時已經幾乎完全長成，只需再成長一點點即可達到成年階段。

此外，**鯊魚**也花費相當長的時間讓小鯊魚可以準備就緒。隨著物種不同，鯊魚的孕期從 1 年到 3 年不等。母鯊一次可生下數隻小鯊魚，小鯊魚出生時便已發育完成。所以，人類母親懷胎 9 個月的成果，其實相當不錯了！

還有幾個月……

擁抱因子 10／10

▲熊貓／二名法拉丁學名：*Ailuropoda melanoleuca*

207. 養隻熊貓當寵物？絕對不是個好主意

如果問一百個孩子他們想要哪種寵物，一定有很多人會說：「**熊貓！**」這答案一點都不奇怪。畢竟，熊貓無疑是地球上最可愛的動物之一。黑白兩色的皮毛、圓滾滾的身體看起來超級舒服，還有那帶著黑眼圈的可愛的圓頭，熊貓有著超級高的擁抱因子！

儘管如此，我們還是要建議你，在想養熊貓作為寵物前，務必好好的考慮兩次……呃，可能考慮三次好了！

首先，熊貓的食量很大，非常大！牠們每天約花費 12 個小時來吃東西，要吃掉 20 ～ 50 公斤的竹子。

好吧，假設你有足夠的竹子可以餵牠們。別忘了，牠們還會排出很多糞便——通常每天超過 20 公斤。

即便如此，你也還是想養隻熊貓當寵物嗎？記住，所有的熊貓都歸中國政府所有，而他們只是租借給動物園一段時間——通常是 10 年。租借期間，如果有小熊貓出生，則小熊貓滿兩歲時也必須歸還中國。所以要養熊貓的話，你得好好挖挖你的錢箱。「租借」一對熊貓的花費，大約是一年 90 ～ 100 萬歐元。

或許，考慮養隻狗、貓或豚鼠，如何？！

208. 絕對不要讓大羊駝超載

長久以來，人們都認為**大羊駝**（lama）的名字來自於西班牙人。西班牙征服者們第一次在印加帝國看到這種動物時問：牠叫什麼名字？（Cómo se llama?）印加人當然不會講西班牙語，結果，他們誤以為這種動物的西班牙文名稱是 llama。

你叫什麼名字？

吥～

現在，我們知道得更多了。其實大羊駝的名字來自於奇楚瓦語——這是安地斯山脈住民的原始語言。

大羊駝是可愛、害羞，但好奇心也很重的動物。牠們學得很快，並且喜歡跟其他大羊駝們待在一起。當大羊駝間發生爭執時，會互相吐舌頭。爭吵嚴重時，則會互相吐口水。此外，當牠們覺得自己被虐待時，也會朝人吐口水。

在安地斯山脈地區，大羊駝被馴服作為馱獸。牠們的背可以負重達 34 公斤，並可以一口氣走 32 公里遠。牠們特殊的腳掌（沒有蹄）非常適應當地的地形。不過，不要讓大羊駝超載，否則牠會拒絕提供服務——躺在地上賴著不走，直到身上過多的重量被移除為止。如果你試著在超載的狀況下強迫牠們起身，牠們會發出嘶嘶聲並向你吐口水，甚至可能會踢你一腳！

大羊駝的毛非常美麗，被用於製作地毯或紡織品，或編織毛衣。牠們的皮膚也可被製成皮革，糞便更是一種非常好的燃料或肥料。

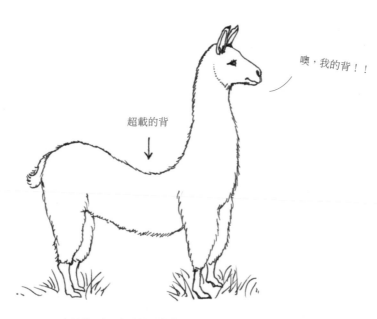

噢，我的背！！

超載的背
↓

▲大羊駝／二名法拉丁學名：*Lama glama*

呼！

▲野氂牛／二名法拉丁學名：*Bos mutus*

209. 氂牛不喜歡溫暖的氣候

在世界的屋脊——喜馬拉雅山上，來自四方的凜冽寒風呼嘯，很冷，冷得侵肌透骨。此外，氧氣稀薄，令人呼吸困難。但有些動物卻以這樣的高山為家，例如：**氂牛**。牠們已經完全適應寒冷的高海拔氣壓和寒冷的氣候，若讓牠們待在低於海拔 3000 公尺的地方，會引起很多不適。如果氣溫高於 15 ℃，氂牛便會非常難受，甚至可能因為熱衰竭而死。

氂牛身披長毛，可以幫助牠們抵禦寒冷。此外，牠們的體溫高於人類：人類體溫約為 36 ℃，氂牛約為 38.35 ℃。藉由保暖的長毛和高體溫，氂牛甚至可以在冰冷的水中游泳，不會受凍。

90% 的氂牛生活在青藏高原上的喜馬拉雅山區。其中，野氂牛（學名 *Bos mutus*）是體型最大的氂牛。牠們的肩高（從地面到肩部的高度）約為 2 公尺，重量可達 1000 公斤。馴服的氂牛（*Bos grunniens*）則是一種安靜的群居動物，人們為了氂牛的毛、皮、乳脂高的奶、肉和糞便而馴養牠們。牠們的糞便是很好的燃料，而牠們的尾巴甚至還被用來製作京劇老生使用的髯口。

氂牛喜歡高地，牠們可以輕易爬上海拔 6100 米的高峰。這不僅僅是因為牠們有保暖的皮毛，更因為牠們的心肺功能非常強大，可以取得身體所需的氧氣。

在西藏和哈拉和林的傳統節慶上，人們會舉行賽氂牛活動。在蒙古，人們還會騎在氂牛背上打馬球。

210.「森林裡的人」有很長的手臂

馬來語中，orang 是「人」，而 oetang 則是指「森林」。所以對汶萊、馬來西亞和印尼等使用馬來語的居民來說，**猩猩**（orangoetan）是「森林裡的人」。他們稱「猩猩」為「人」其實並不奇怪，因為猩猩實際上有 97% 的遺傳因子與人類相同。

猩猩是非常大的猿類，但牠們仍然住在樹梢上。藉由強壯的長手臂、配有如鉤子般手指的大手，牠們可以在樹枝間盪來盪去，尋找水果和樹葉。由於水果消化很快，且提供的熱量相對較少，所以猩猩幾乎整天都在找食物。

小猩猩在四歲前，幾乎整天掛在媽媽身上，四歲之後也還有一段很長的時間要跟著媽媽。大約到牠們六歲大時，才會離開媽媽。雌猩猩要到大約十二至十五歲時，才會生下第一個孩子。而小猩猩出生後要跟著牠很長一段時間，這段時間內，牠都不會再生寶寶。在所有的哺乳類動物中，猩猩在生育兩胎間，所需要的間隔時間是最長的。所以，猩猩的出生率並不高。

猩猩是極度瀕危的物種，現在還能在婆羅洲和蘇門答臘島上找到牠們。科學家們估計，目前婆羅洲還約有十萬四千七百隻猩猩，蘇門答臘島上則住著約一萬四千隻。2017 年 11 月，發現了第三種猩猩——塔巴努里猩猩。牠們也住在蘇門答臘島上，但僅剩下八百隻。

▲猩猩

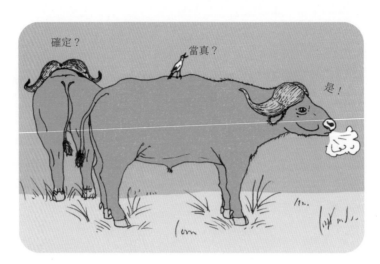

▲非洲水牛／二名法拉丁學名：*Syncerus caffer*

211. 非洲水牛會投票

非洲五霸*中，最危險的動物並不是獅子或大象，而是非洲水牛。有著巨大彎角的雄性非洲水牛看起來很危險，在牠或牠的族群遭受威脅時，牠們也的確會毫不猶豫進行攻擊。當掠食者靠近非洲水牛群時，雄性非洲水牛會成群繞著雌牛和小牛，圍成一圈沒有任何人可以通過的銅牆鐵壁。

非洲水牛群中並沒有特定的領導者，牠們決定事情的方式非常民主！每天要決定牛群吃草的地方時，牠們會舉行投票——只有成年的雌性有權投票。參與投票的水牛將頭朝著喜歡的方向站著，並且凝視遠方，然後躺下來，最多水牛指定的方向獲勝。如果有兩個方向獲得一樣的票數，則當天分成兩群，在兩個不同的地方吃草。

*譯註：「非洲五霸」是指五種非洲動物：水牛、獅子、豹、犀牛和大象。

- 11 -

喜歡黑暗的動物

212. 青蛙和蟾蜍配備有夜視攝影機

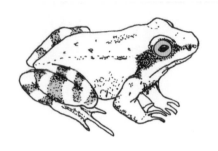

• 幾乎所有脊椎動物（也包含人類）的眼睛中，都有兩種感光細胞。其中一種看起來像棒子，另一種則為錐形。

深深凝視我的眼睛！

錐形的視錐細胞負責辨識顏色，但需要一定的光照亮度。棒狀的視桿細胞則較敏感，確保我們在黑暗中也能視物，但卻不適於看到顏色。所以大多數的夜行性動物在夜幕降臨後，會切換為黑白視物。在夜晚活動的動物，比在白天活動的動物有更多棒狀的視桿細胞。

• 大多數**青蛙**和**蟾蜍**都是夜行性動物。夜晚寒冷潮濕的空氣不會像白天火熱的陽光那樣，令牠們的皮膚變乾。在對我們來說漆黑一片的環境中，牠們仍然可以看得很清楚。而且，牠們甚至可以在最黑暗的夜晚分辨顏色。科學家們想知道到底為什麼？結果，他們發現青蛙和蟾蜍有兩種棒狀的視桿細胞：一種讓牠們得以在黑暗中視物，另一種則能讓牠們看到顏色。這些額外的視桿細胞讓牠們的視力比其他夜行性動物更加敏銳。

• 這些特別的視桿細胞幫助牠們看清路徑、識別同伴，和追蹤食物。

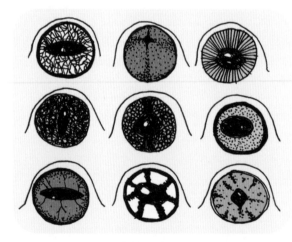

▲各種不同的眼睛

▲鼴鼠／二名法拉丁學名：*Talpa europaea*

213. 鼴鼠不需要眼鏡

• 你覺得**鼴鼠**根本看不到嗎？並不是的！鼴鼠的眼睛非常小，幾乎只有針頭大。或許配副眼鏡能牠們看得清楚一點⋯⋯但在地底下根本就不需要。鼴鼠住在地底下，用頭上和鼻子上敏銳的感覺毛去「看」。

• 鼴鼠也有耳朵，只是我們看不到，因為牠們沒有耳殼，耳朵是「內耳」。鼴鼠藉由牠們可愛的粉紅色鼻子，幾乎可以「聞」到周遭的所有動靜。

• 鼴鼠的前腿有五個腳趾，分別有尖銳、扁平的指甲，另外還有第六個腳趾——一隻沒有多大作用的小拇指。鼴鼠用腳趾挖掘長長的地道、起居室和狩獵通道。牠們單獨住在地道裡，直到交配季節開始。每年二月到四月間，雄鼴鼠便會開始四處尋找合適的雌鼴鼠，但這可不是件容易的事，因為牠們通常得挖很久，才能找到。交配季節過後，雌鼴鼠撫養小鼴鼠，鼴鼠先生則再度回到自己的地洞獨自生活。

• 當鼴鼠挖掘地道時，會將土推出地面。在你美麗的草坪上突然出現的鼴鼠丘，就是牠們的地道所在地。鼴鼠偶爾會從鼴鼠丘爬出地道，尋找樹葉、蘚苔和其他柔軟的東西來裝飾洞穴。有時候，當牠們非常飢餓但在地底下找不到昆蟲或老鼠寶寶時，也會從地洞中出來。

• 鼴鼠在地底下沒有天敵，但在地面上，則必須小心那些喜歡鮮嫩鼴鼠的掠食者。

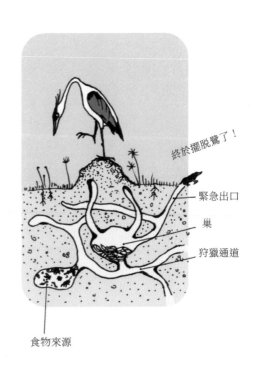

終於擺脫驚了！

緊急出口

巢

狩獵通道

食物來源

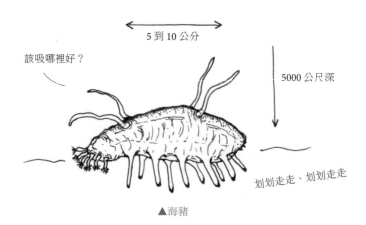

5 到 10 公分

該吸哪裡好？

5000 公尺深

划划走走、划划走走

▲海豬

214. 海豬有步行足和螺旋槳

海豬正式的名稱是 *Scotoplanes*，但我們覺得「海豬」這個名字更有趣。牠們有圓滾滾、粉紅色的身體，配上粗粗的腿，看起來就像隻小豬。但牠們其實是海參的近親，生活在海底，在那裡尋找食物。

海豬長 5～10 公分，身上有 5～7 對特別的腳，腳底有吸盤。牠們在海底的泥地裡，尋找死去的植物和動物殘骸。海豬的嘴部周圍有一圈觸手，用以篩選泥漿中的食物。

牠們的身體上面還有四隻長長的「觸手」，看起來像觸鬚，但其實也是腳，海豬用這種腳作為加速用的螺旋槳，也用來偵測水中的物質。

你通常不會遇到海豬，因為牠們大都住在非常深的海底，深達海平面下 5000 米處。當有很多食物可以吃時（例如沉在海床上的死鯨），便會有成千上萬隻海豬聚集。

牠們會掛在死鯨身上，並且全都面朝同一個方向，這種景象看起來有點令人毛骨悚然，但其實是正常的。因為朝著海流的方向，可以更容易獲取水中各項物質的味道，這樣一來，牠們便能輕鬆知道接下來應該去哪裡找食物。

215. 這種動物真的存在：背上有盔甲的粉紅色鼴鼠

倭犰狳是犰狳家族中最小的一種，約 10 公分大，不超過 200 公克重，看起來很可愛。倭犰狳是粉紅色，背上有盔甲，下面則是毛茸茸的皮毛和四條帶著利爪的腿。牠們能用爪子快速挖掘，當安全受到威脅時，可以在幾秒鐘內就挖到沙地之下。所以，有人形容牠們在沙中挖掘的樣子，就如同魚在水中游泳一樣，這也表示牠們可以非常輕鬆的在地底來去穿梭。

倭犰狳生活在阿根廷中部的草原和沙漠中，以螞蟻、蠕蟲、蛞蝓和植物為食，常在大型白蟻穴或蟻穴附近築巢。牠們跟鼴鼠一樣，視力不好，但有非常好的鼻子。

不幸的是，倭犰狳的棲地越來越小，還常常被徘徊的野狗給吃掉。在英文裡，牠們也被稱為粉紅犰狳仙子，這真的是個非常適合牠們的名字！

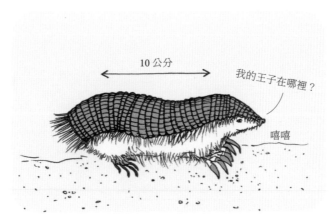

10 公分

我的王子在哪裡？

嘻嘻

▲粉紅犰狳仙子

216. 來自深海的神話怪獸

牠的眼睛跟足球一樣大，長 12～14 公尺，重達 500 公斤，比大王烏賊更大更強壯！

不過，從來沒有人見過這種生物活著的樣子——牠是生活在南冰洋 2000 米深處的**大王酸漿魷**。

那麼，我們如何知道牠們真的存在呢？因為漁民的漁網中曾撈到牠們的殘骸，還曾經找到過被沖上岸的大王酸漿魷屍體。

一直以來，這種「深海怪獸」的神話故事廣為流傳。在古老的傳說中，牠們被稱為挪威海怪（Kraken）：會用長長的觸手抓住最大的船，再拉入海底令其沉沒。1830 年時，桂冠詩人阿佛烈·丁尼生（Alfred Tennyson）甚至為牠寫了著名的詩篇《挪威海怪》；此外，朱爾·凡爾納（Jules Verne）也在他的名作《海底兩萬里》中，描寫過大王酸漿魷。或許，你曾在電影《神鬼奇航》中聽過挪威海怪，電影裡深海閻王戴維·瓊斯就召喚挪威海怪打敗了傑克船長。

但這個神話並沒有描述太多真實的情況。大王酸漿魷可能是一種行動緩慢的動物，主要捕抓無意間從身旁經過的獵物，觸手上有鋒利的鉤爪，用來捕捉獵物，牠們會用尖銳的喙將獵物切成小塊，再吞進去。大王酸漿魷只需要少量的食物——每天大約只需要 5 公斤的魚，因為牠們幾乎沒有消耗能量。

大王酸漿魷需要特別注意能潛入深海中、等著咬牠們一大口的抹香鯨。據科學家們説，由於大王酸漿魷有著如此巨大的眼睛，所以牠們可以在黑暗的深海中，看到正在接近牠們的敵人。

天氣真好！

▲深海巨魷弄沉了每一艘船

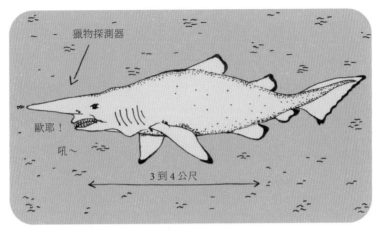

獵物探測器

歐耶！

吼～

3 到 4 公尺

▲哥布林鯊／二名法拉丁學名：*Mitsukurina owstoni*

217. 海裡最醜陋的鯊魚

這樣說可能不大好，但**哥布林鯊**此名的確名實相符！哥布林在民間傳說中，通常是地精或邪惡的矮人。哥布林鯊呢？是的，牠們長得像是最恐怖的噩夢，令人毛骨悚然……

這種魚大約 3 ～ 4 米長，有一個奇怪的吻，看起來如同刀鋒。其上滿佈電感受器（即「勞倫斯壺腹」），可以偵測到其他生物周圍的電場，是一個優秀的獵物探測器。長吻的下方則是長滿恐怖尖牙的大嘴。當獵物靠得夠近，哥布林鯊會突然向前伸出巨大的下顎，抓住獵物。

在牠們令人印象深刻的醜陋頭部後方，是各種深深淺淺粉紅色的身體。這是因為哥布林鯊的微血管非常靠近皮膚，而牠們的皮膚是半透明的，所以靜脈中的紅色血液清晰可見。

這樣的皮膚在乾燥的環境下，看起來會很可怕，但在深海裡，紅色卻是很好的保護色（因為看起來是黑色的）。

幸運的是，你不用擔心會遇到哥布林鯊。牠們生活在 1300 ～ 1700 米深的深海裡，那裡非常暗，但哥布林鯊感到悠游自得。牠們在那裡靜悄悄的捕食魚、螃蟹和貝類。其實，哥布林鯊是糟糕的泳者，牠們在水中游泳的樣子顯得很孱弱。有時候，甚至會被其他鯊魚吃掉。

研究人員對哥布林鯊的了解還是很少，但他們很想知道：為什麼哥布林鯊跟其他鯊魚這麼不同。過去，被捕獲的哥布林鯊被安置在水族館中，但可憐的哥布林鯊一點都沒有長大，每次都很快就死了。或許，還是把這些可憐的鯊魚安靜的留在深海裡比較好！

好舒服的溫泉呀！

▲雪人蟹／二名法拉丁學名：*Kiwa hirsuta*

218. 一個來自海洋的毛茸茸金髮女郎

在我們這個藍色的星球上，一直都有新的動物被發現，而且有些動物真的非常酷！

例如，**基瓦多毛怪**是 2005 年在復活節島南方被發現的。他們生活在大約 2200 米深的深海裡，因為這種小螯蝦全身佈滿金色的毛髮，所以很快就被暱稱為「雪人蟹」（yetikrab）*，但他們身上的毛髮和一般動物的皮毛不同，被稱為「剛毛」。

雪人蟹只有 15 公分大，全身雪白。在他們生活的深海裡，顏色是不必要的。雪人蟹有一對很小的眼睛，但他們可能根本看不見；居住在冰冷海洋中熱泉區附近的他們得很小心，以免被煮熟或凍僵。

研究人員還不知道，為什麼基瓦多毛怪會毛茸茸的。可能的原因是：這些細小的剛毛對他們很有幫助，因為有許多微生物以基多瓦毛怪的剛毛為家，而基多瓦毛怪剛好可以以他們為食。真想知道，是不是還有個基瓦多毛怪可以去拜訪的深海理髮師呢？

* 譯註：此處稱基多瓦毛怪被暱稱為 yetikrab，因 yeti 是傳說中的雪人（大腳野人），故此處直譯為「雪人蟹」。但中文裡的「雪人蟹」其實另有其人，是繼基多瓦毛怪後，在 2006 年於南極發現的新物種，學名為 Kiwa puravida。這兩者都被歸類於劣柱蝦總科，基瓦科基瓦屬中。

219. 對某些魚來說，海床便是牠們的伸展台

太平洋中的加拉帕戈斯群島，是生物學家心目中的夢幻之地。因為在那裡，可以找到最特別的動物。

試著在那兒潛水到海底一次！誰知道呢？你可能會遇見一隻**達氏蝙蝠魚**（又名**紅唇蝙蝠魚**）。光看名字就可以猜到：這一定是一種特別的動物。

這種魚本身是淺棕色到灰色的，看起來有點像蝙蝠，牠們大約 20 公分大。以身為一隻魚來說，這點有些奇怪──牠們其實不大會游泳，所以總是待在海底徘徊「走動」──沒錯，牠們可以「走動」，因為牠們的胸鰭已經發展成為牠們的「腿」了。

很奇怪吧！但還有更奇怪的。這種魚的嘴唇如烈焰般鮮紅，幾乎是螢光色的，看起來有點像被人用口紅攻擊。科學家們還不知道，到底為什麼會這樣？

但科學家們猜測，這可能是一種讓牠們從海床中脫穎而出的方法，藉此讓自己可與海底的砂石有所區別。或者，牠們只是用以吸引同伴？又或許，牠們將海床視為一個大伸展台，正在台上盡情展示自己……

不，還沒完！成年的達氏蝙蝠魚的背鰭會發展為一種棘狀凸起，並藉由棘狀凸起和頭部周圍發出的朦朧光線來吸引獵物，牠們喜歡的小螯蝦、蝦和螃蟹會被吸引過來，屆時便可大快朵頤了。

還有什麼？你是不是該趕緊存錢，才能去加拉帕戈斯群島度假呀？

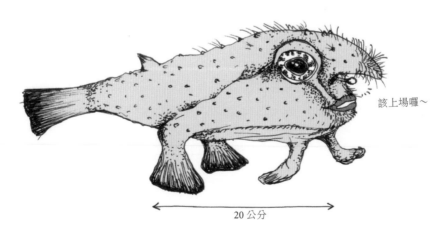

該上場囉～

20公分

▲達氏蝙蝠魚／二名法拉丁學名：*Ogcocephalus darwini*

220. 長著尖尖豬鼻子的蛙

有聽過這樣的說法嗎：要找到王子，得先吻過夠多的青蛙！我們不大確定，你會不會願意吻這樣一隻蛙：牠們看起來……禮貌的說法是，有點奇怪。

不久前才在印度山區被發現的**布布提氏紫蛙**（亦稱為印度紫蛙），有亮紫色的皮膚，圍繞在眼睛周圍的是淡藍色圓環，和一個尖尖的豬鼻子。在牠們厚實、渾圓、有光澤的身體上長著短短的四肢。布布提氏紫蛙用牠們的短腿，能夠很好的挖掘地洞。

布布提氏紫蛙的一生，大都在地底下度過，甚至不會到地面上覓食。牠們會在白蟻或螞蟻穴的附近挖洞躲藏，然後用牠們的長舌頭，將白蟻或螞蟻從巢穴裡舔出來吃。

親一個？

▲布布提氏紫蛙

根據科學家們的說法，這些新物種的發現，顯示我們對蛙類的認識是多麼有限。目前，在已知的青蛙物種中，幾乎有一半已瀕臨滅絕，但每年都還有數百種新的青蛙物種被發現。

但是，因為時間不夠，科學家們無法好好研究、描述牠們。我們真想知道，是不是有一種青蛙在你親吻牠後，真的會變成王子？

- 12 -

動物的家

入口

▲河狸城堡

221. 河狸城堡的前門位於水面下

科學家們估計，曾經有數億隻**河狸**居住在北美和加拿大，大約每平方公里有 40 隻河狸，而歐洲也住有河狸。或許在遠古時代，我們的祖先都穿著河狸皮大衣呢！

隨著歐洲殖民者抵達美洲，河狸的數量迅速減少。人們不只為了河狸的皮毛而獵捕牠們，還為了取得河狸分泌的「海狸香」。這是一種具有醫療效用，也被運用於香水製造，可提供特殊香味的物質。

同時，我們也知道河狸對生態系統非常重要。河狸水壩會徹底改變景觀，但也是許多動物的家園，如青蛙、齧齒動物、昆蟲、鳥和魚。水壩會過濾水，使河流更乾淨，而腐爛的樹葉和樹枝，更是保持土壤肥沃的絕佳營養來源。

河狸水壩和河狸城堡都是建築的瑰寶！河狸城堡是河狸全家一起生活的地方，牠們當然不希望掠食者來拜訪牠們，所以將城堡的前門蓋在水面之下。為此，河流的水位必須保持在一定的高度，而這正是水壩的功用。河狸藉由牠們尖銳的牙，可以很快的「砍」下樹木，用樹幹、樹枝和枝椏來築水壩。牠們用自己扁平的尾巴作為鏝刀，將泥漿塗抹在水壩上，讓水壩可以防水。看看這些河狸，是多麼棒的木匠、泥水匠和管道工哪！

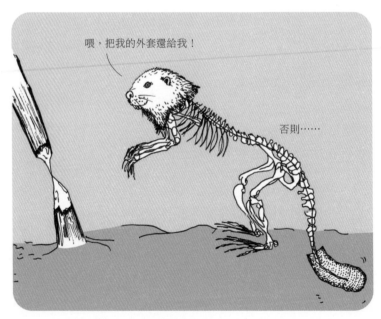

喂，把我的外套還給我！

否則……

▲殭屍河狸

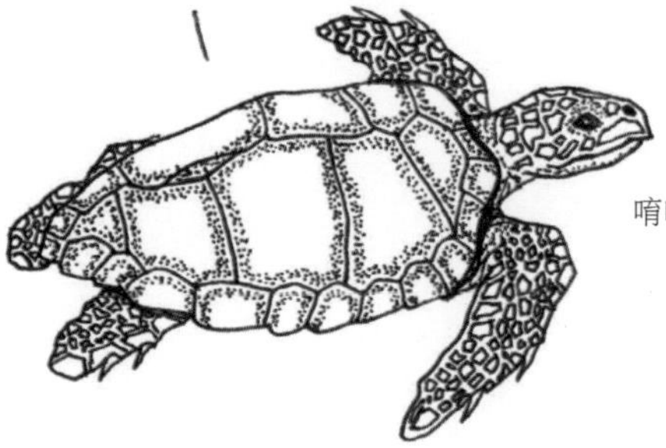

由角蛋白構成的盾片

唷喝！

▲ 可追溯到 2 億年前的烏龜

222. 龜殼永遠不會太小

烏龜是地球上最古老的爬蟲類動物之一。牠們的祖先最早可以追溯到兩億年前，那時恐龍還存在地球上。

烏龜的殼是由大約 60 片骨頭組合而成的骨架，上半部稱為背甲，腹部下方的殼稱為腹甲，殼的外部覆蓋有盾片。盾片由角蛋白構成，角蛋白也是構成指甲的物質。烏龜的甲殼附著在牠們的身體上，所以牠們並不能「爬出」龜殼。龜殼對牠們而言也永遠不會太小，因為龜殼會隨著身體長大。

世界各地都能找到烏龜，無論在陸上或水中。除了南極洲外，各大洲都有牠們的足跡。

生活在水裡的烏龜有流線型的身體，和船槳形、適合游泳的腳。海龜只有要在沙地上產卵時才會從水裡出來；生活在湖泊或池塘裡的淡水龜則常爬出水面，在岸上做日光浴。

陸龜有圓而粗壯的腿，用來走路。當天氣太熱時，牠們會在地上挖洞，讓自己躲起來。

烏龜真像許多故事中描述的那樣動作緩慢嗎？通常是的。當攻擊者靠近時，牠們可以縮進龜甲裡躲藏。不過倘若真有必要，有些烏龜也是能短跑衝刺的！

這實在太擠了！

▲布蘭肯洞穴裡的墨西哥游離尾蝠群落

223. 一千五百萬隻蝙蝠住在同一個洞裡

世界上最大的蝙蝠群落棲居在德州的布蘭肯洞穴中。**墨西哥游離尾蝠**的巨大群落特別來到這個洞穴生育，但只有懷孕的雌蝙蝠進入洞穴內部，數百萬隻蝙蝠攀附在岩壁上。六月時，每隻蝙蝠都會生下一隻小蝙蝠，因此，蝙蝠數量在幾天內便會增加一倍，變成大約一千五百萬隻蝙蝠攀附在岩壁上。小蝙蝠出生後，蝙蝠媽媽會花一個小時讓自己和小蝙蝠認識彼此——熟悉彼此的聲音和氣味。接著，小蝙蝠就被送到日托中心。在那兒，光溜溜的小蝙蝠擠在一起，大約每十分之一平方米擠五百隻蝙蝠寶寶。

黃昏降臨時，數百萬隻蝙蝠飛離洞穴尋找昆蟲。蝙蝠媽媽吃飽回到洞穴後，會立刻在巨大的日托中心中找到牠的寶寶。牠們每天會餵蝙蝠寶寶吃兩次奶。

四週後，小蝙蝠會第一次嘗試飛行。牠們先鬆開自己，飛行幾米後，再完美的翻個跟斗並降落在原來的地方。通常狀況良好，但也不是絕對成功。若兩隻小蝙蝠撞在一起，是有可能致命的。緊急降落在地面上也會，地面上有上千隻飢餓的甲蟲，會立刻將可憐的小蝙蝠吃到屍骨無存。因此，有半數的蝙蝠寶寶，無法活過第一年。

七月時，小蝙蝠們第一次跟著媽媽出門抓昆蟲。牠們會如小型魚雷般在空中穿梭飛行，進行雜技表演。

224. 橫跨河流的巨大蛛網

你是不是也覺得撞到蜘蛛網很恐怖？畢竟那個東西黏黏的（當然也怕蜘蛛掉到你身上）……

在馬達加斯加雨林中，發現了一種蜘蛛，編織了橫跨整條河的大網。網的長度不小於 25 公尺，直徑可達 3 公尺。這是多麼大的一張網！直覺上會認為，一定是一隻巨大的蜘蛛才能織出那麼大的網。但事實並非如此，這個網是**達爾文樹皮蛛**的傑作，這種蜘蛛腳至腳間的距離僅有 1.5 公分，雌蛛重約 0.5 公克，雄蛛甚至不到雌蛛重量的十分之一。

奇怪的是，這種蜘蛛一直到 2010 年才被一隊國際生物學家發現。那時，他們才首次發現那穆魯納河上張著這麼大的一張蜘蛛網。蜘蛛網是這樣造成的：首先雌蜘蛛吐出一條長絲線，然後藉由風力盪到對岸，再將絲線固定住；接著，牠們便踩著那根絲線爬到河中央，開始編織巨大的網。牠們分泌的蜘蛛絲比其他蜘蛛的更加堅硬，藉此牠們能捕捉到飛過水面的大型昆蟲（例如蜻蜓）。沒有其他蜘蛛可以跟達爾文樹皮蛛一樣，因此牠們總是有豐盛食物可以吃。

大型昆蟲飛進網裡後，雌蛛往往需要些時間來修復牠的網。那雄蛛呢？牠們藏在植物的枝葉間，靜靜觀看雌蛛們完成牠們的傑作……

225. 白蟻建造的摩天大樓（還帶空調）

白蟻看起來有點像螞蟻，但牠們是白色或幾乎無色，並且比螞蟻大得多。白蟻平均 2 公分大，蟻后甚至長達 10 公分。

牠們生活在由數百萬隻白蟻組成的群落中，白蟻穴則有各種不同形狀、尺寸和類型。有時候牠們用沙子、排泄物和唾液，建造出結構特殊、令人歎為觀止的巢穴。試想一下，白蟻可能建出這樣的蟻穴：像城堡一樣巨大，裡頭有國王和女王的臥室、白蟻卵和幼蟲的照護室，甚至還有能容納一個成年男人的大廳、黴菌培養室，與很多很多大大小小的房間。

白蟻生活在夜晚很冷、白天極熱的地區，例如沙漠。牠們聰明的在地底築巢，因為那兒的溫度波動較小。但在沙地深處，氧氣含量較少，而有數百萬隻生物聚集時，氧氣的需求量會很大。所以，白蟻們會確保巢內擁有非常有效的空調系統——牠們在巢穴上方建造一個巨大的塔，讓新鮮空氣可以在塔中流動。巢穴的天花板上則有許多小孔，空氣便可經由這些小孔穿過天花板、流到地下巢穴中。

不僅如此，白蟻們還在牠們巨大的巢穴中培養真菌。太熱時，真菌會變乾、萎縮，這會讓塔的下方形成一個巨大的地下室，這個真菌地下室有走道連接到地底深處的地下水源，白蟻在那兒收集新鮮的泥漿，並將泥漿一片片糊在真菌上方，如此一來，真菌便能保持潮濕。此外，藉由泥漿上的水分蒸發，也能達到降溫的作用。

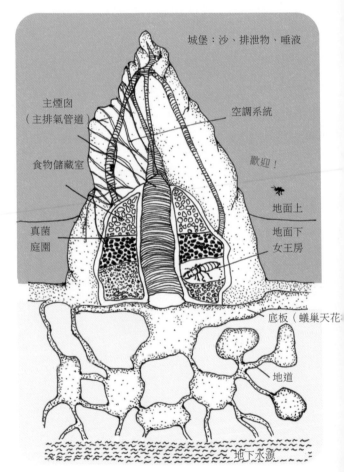

城堡：沙、排泄物、唾液

主煙囪（主排氣管道）

空調系統

食物儲藏室

歡迎！

地面上

真菌庭園

地面下

女王房

底板（蟻巢天花

地道

地下水源

▲白蟻巢

226. 啄木鳥戴著頭盔築巢

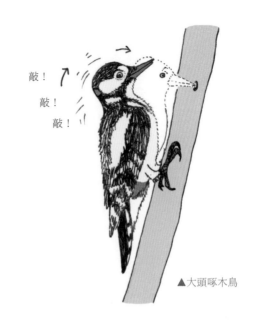

啄木鳥就是你有時會看到的、坐在樹幹上以閃電般的速度——高達每秒 20 次，用喙敲樹的那種鳥。我們如果像啄木鳥這樣敲樹的話，肯定得立刻送醫急救，但啄木鳥似乎有特別的配備，可以吸收這種震動造成的衝擊力。牠們有非常強壯的頸部肌肉和靈活的脊椎，顱骨中的腦脊液很少，因此這樣的快速震動不會對大腦造成損傷。此外，在牠們的喙和前額中間，還有一種海綿狀的骨頭，可以吸收嚴重震動造成的衝擊力。

啄木鳥啄樹是為了在樹幹中築巢，這得花費牠們二到三週的時間，雌鳥和雄鳥都會啄樹築巢，鑿好的巢可以使用數年，但牠們並不會將巢佈置得特別舒適，而是將卵直接放進挖好的空樹洞中。

啄木鳥不會唱歌，頂多發出一些嘰嘰喳喳的聲音。當牠們想向同伴傳達一些訊息，便會敲打各種東西發出聲音，可能啄樹幹、也可能啄木棒、煙囪、水管或垃圾桶。此外，牠們也可能發出很大的噪音。

啄木鳥會用牠們的喙破壞鳥屋或燕巢，也會敲擊樹幹，把住在樹幹中的昆蟲趕出來。啄木鳥有非常長的舌頭，平時捲縮在頭顱裡，一旦發現躲藏在樹上或樹幹中的昆蟲，便會伸出長長的舌頭捕捉牠們。獵物會被啄木鳥舌頭上的倒鉤勾住，就這樣被捲進鳥嘴裡吃掉！

▲大頭啄木鳥

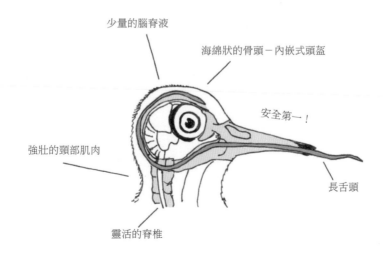

少量的腦脊液

海綿狀的骨頭－內嵌式頭盔

安全第一！

強壯的頸部肌肉

長舌頭

靈活的脊椎

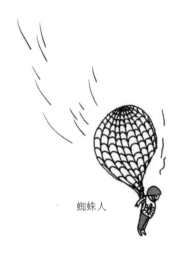

蜘蛛人

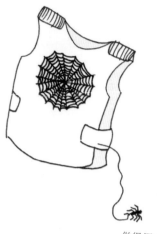

做得好！

227. 精緻但十分強壯的蜘蛛網

長久以來，科學家們都對蜘蛛網非常著迷。蜘蛛網的構成物質有著令人難以置信的彈性，卻又非常輕盈且強壯；如鋼鐵般強壯，同時又比橡皮筋更有彈性，簡直是製作防彈背心（舉例來說）的最佳材質。

此外，蜘蛛網的結構方式也額外增加了它的強度。即便蜘蛛網中的某一條或多條絲線斷裂了，蜘蛛網的結構仍能保持完好，幾乎不會影響蛛網的形狀。飛進蜘蛛網的昆蟲可能會造成部分損壞，但稍後蜘蛛便能將損壞的部分修補好。

蜘蛛用兩種不同的蛛絲結網：具黏性的絲用來捕捉獵物，這種絲非常有彈性，用於蛛網的中間部分；不黏的絲則用來提供強度，讓

網堅固。當蜘蛛網損壞到無法修復的地步時，蜘蛛便會將殘餘的絲吃掉回收，用作下一個新網的材料。

科學家一直在尋找一種與蜘蛛絲相似的材料，卻沒有比天然蜘蛛絲更好的了。但我們不可能從蜘蛛身上抽取到足夠的絲去製作各式各樣的東西，所以科學家一直在持續研究。他們將蜘蛛身上負責生成蜘蛛絲的基因植入到山羊體內，接著他們便可以從山羊奶中，提煉出能用來製作各種物品所需的物質。如此一來，未來便有可能使用這些萃取蛛絲來製作像是防彈背心、安全氣囊或頭盔等物品。此外，外科醫生也將可以使用這種物質來製造例如人造肌腱或十字韌帶。你看看，我們可以從一隻小蜘蛛身上學到這麼多哪！

228. 歡迎來到獾的城堡

• **獾**是一種你幾乎不會遇到的夜行性動物。白天時，牠們舒服的待在自己的城堡裡。獾的城堡真的像宮殿一樣，有很多層樓，房間之間由長長的走道相連。城堡周圍座落著給孩子們的遊戲區、廁所和貓抓樹。秋天時，獾會為城堡大掃除，並更換睡覺用的草和蕨類植物。跟人類貴族一樣，獾的城堡會在家族裡流傳好幾代。獾不介意老鼠、兔子、歐洲鼬、石貂或狐狸分享牠們的城堡。有時候，小狐狸還會跟幼獾一起玩耍。

• 獾的頭有黑白相間的條紋，背部則是灰色的，這樣的外觀讓牠們看起來特別可愛。牠們會吃掉出現在眼前的、所有可以吃的蚯蚓、毛蟲、甲蟲、各種昆蟲在化蛹或成體前的幼體，還有水果、各種穀物，甚至鳥蛋或幼鼠。這對獾來說是必要的，不然牠們可能會餓死！因為獾在偵測搜尋時會發出很大的噪音，而大多數動物都知道這件事，所以早在獾發現牠們之前就逃之夭夭了。

• 一個獾家族被稱為「一族」，包含有成年獾、當年出生的幼獾，和前一年出生的小獾。同族的獾會將牠們的屁股擠在一起交換氣味、相互認證，這樣子每個家族都有本族獨特的氣味，獾就能分辨誰是家族裡的一員，誰又是入侵者！

▲ 獾城堡

大家都跟上來了嗎？

▲旅行中的大猩猩

229. 大猩猩們每晚都睡新的床

當科學家們想知道某個地區有多少**大猩猩**時，他們會去計算有多少大猩猩的巢。因為找大猩猩巢，比找大猩猩來得容易多了！

大猩猩會在地上或樹上用樹枝、枝椏和許多葉子來築巢，並且會試著讓自己的床盡可能的柔軟。每隻大猩猩都有自己的床，只有孩子們會跟媽媽一起睡，直到大約三歲為止。

每天早上，大猩猩們都會破壞營地離開，去其他地方尋找食物。牠們是真正的遊牧民族，幾乎不會在同一個地方過夜。

科學家透過大猩猩的巢，獲知很多關於這種動物的資料。研究人員不但可以藉此計算大猩猩群的數量，還可以得知牠們的健康狀況——他們檢查在大猩猩巢中找到的毛髮，和在巢穴周圍的排泄物。

大猩猩們大約以 10 隻為一群：一隻領頭的雄猩猩，數隻配偶雌猩猩，牠們的孩子及其他年輕雄猩猩。群體裡，沒有任何猩猩會陷入恐慌；偶爾，為首的大猩猩會藉由走向年輕雄猩猩來威嚇牠們，或是敲擊自己的胸部宣示主權，但牠們大多時候都很冷靜。你可以從背上的灰白毛髮認出大猩猩頭頭，牠會調解群體內的爭端，讓大家得以和平共處。

不過，現在大猩猩的數量已經不多了，據估計，全球總計約幾十萬隻而已。

230. 住在水裡的水蛛

你或許認為，**水蛛**住在水裡很合理呀！但其實蜘蛛需要氧氣才能存活，而且大多數的蜘蛛都不喜歡水。

只有水蛛，終其一生都住在水裡。這是我們所知、唯一一種這樣生活的蜘蛛。這種蜘蛛會編一種特別的蜘蛛網，並為牠們的蜘蛛網增加額外的絲線，將網固定在水生植物上。此外，牠們也使用這種特別的蜘蛛絲讓自己升到水面上——牠們沿著這條細細的絲線往上爬，到達水面後將自己的腹部緊貼水面，然後收集上升到水面上的氧氣氣泡。牠們會很小心的把氧氣泡收集在後腿間，再帶到網裡。在網裡，很多的小氣泡集合成一個大氣泡，如此一來，蜘蛛便可以在其中生活——牠們為自己建造了一個潛水鐘！

這種網也很特別，可以像鰓一樣收集溶解在水裡的氧氣。透過這樣的氧氣供應，只要水蛛不要消耗太多能量，便可以整天待在水裡。

水蛛生活在歐洲和亞洲的水池、池塘和流動緩慢的水中。牠們一生都在水中度過：無論是交配、產卵或捕食都依賴那特別的潛水鐘。

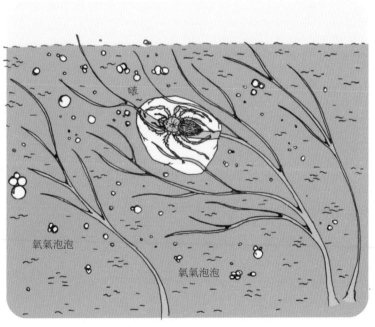

▲水蛛／二名法拉丁學名：*Argyroneta aquatica*

231. 疣豬會佔用土豚的房子

疣豬大概永遠都不可能贏得選美比賽。正如其名，疣豬是一種豬，頭部有斑點，讓人聯想到疣。但實際上，那是厚厚的皮膚，讓雄疣豬們在交配季節彼此爭鬥時，頭部得以受到保護。

疣豬身上幾乎沒有毛髮，除了背上一道像龐克頭一樣的鬃毛，還有尾巴末端一簇像刷子般的毛。你可以在非洲的許多地方找到牠們，牠們住在土豚的洞穴裡——事實上，疣豬是擅自佔用的。牠們並不會跟土豚爭奪地洞，而是等到地洞不再被使用後才自行佔用。

疣豬吃根莖類植物、漿果、樹皮、塊莖、草和各種植物。只有在食物極端短缺時，才會吃肉。但牠們並不自己狩獵，而是啃食其他動物留下來的死亡動物，或自己試著捕抓蠕蟲。

疣豬可以在沒有水的狀況下存活數個月。在有水的時候，牠們會立刻潛到水裡降溫。此外，牠們還會在泥巴裡打滾以驅趕討厭的昆蟲，讓自己煥然一新。

有時候，牠們也會受到騎在牠們背上的啄牛鳥或其他鳥兒的幫助，因為鳥兒們會吃掉那些煩人的昆蟲。還有，當然疣豬也時不時唱著「哈庫那馬他他」（Hakuna Matata）。

離開我的房子！

啊，什麼？

▲疣豬／二名法拉丁學名：*Phacochoerus africanus*

- 13 -

從超級小到超級大

232. 從冷凍庫到微波爐

你可能從來沒見過**水熊蟲**！這並不奇怪，因為水熊蟲，也稱為緩步動物，並不比針尖大（大約 0.1～1.5 公釐），但你其實可以在任何地方找到牠們。從海拔超過六千公尺的山巔，到深達四千公尺的海洋；在寒冷極地的冰層中，甚至沸騰的熱泉裡。水熊蟲可以承受 - 272 ℃～150 ℃ 的溫度。

2007 年時曾經進行過一項實驗：水熊蟲被裝在某種「籠子」裡，被發射到太空中。結果，牠們在寒冷、宇宙射線和無氧的狀態下存活了下來。牠們可能是唯一可以在太空中生存的動物。

由此可知，水熊蟲非常強大。根據科學家的說法，牠們可以抵擋巨型小行星撞擊、超新星爆炸和伽瑪射線暴的影響。只有太陽死亡時，才會是這種動物的末日。即便地球上所有的生命都消亡了，水熊蟲可能還會活很久很久！

牠們怎麼做到的？當生存條件變得非常惡劣時，水熊蟲會進入一種「隱生」狀態：

牠們將自己蜷縮成一個小袋子，腳似乎憑空消失，直到終於落下一滴雨時，水熊蟲便能再度恢復生機，而牠們的腳也會重新出現。

▲「大」水熊蟲

232

233. 一個非常小的水底獨眼巨人

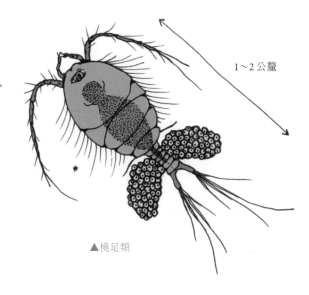

1～2 公釐

▲橈足類

• 希臘神話中，只有一隻眼睛的凶惡巨人，被稱為「獨眼巨人」。**橈足類動物**絕對不巨大，牠們只有 1～2 公釐大，但牠們跟「獨眼巨人」一樣只有一隻眼睛，位於頭部正中央。所以，牠們也被稱為獨眼小螯蝦*。

• 這種小節肢動物，生活在世界各地的鹹水或淡水中，以在水中找到的動物或植物為食。有時候，牠們也寄生在魚類、多毛綱生物或軟體動物體內。

• 當這些甲殼動物因為數量過多、發生過於擁擠的威脅時，牠們便會吃掉一些自己的卵，如此一來，便可避免太多同類出生。畢竟在那樣的狀況下，新生橈足類也不會有足夠的食物。

• 橈足類也是一種浮游動物。這種動物大都漂浮在水中，或是藉由水流漂移。因此，牠們成為各種魚類，甚至大型海洋哺乳類動物的食物。例如：鬚鯨和藍鯨便以浮游動物為食——肉眼幾乎看不到的細小生物，餵養的竟然是地球上最大的動物！

• 橈足類是真正的超級跳遠好手。藉由不斷擺動的腿，牠們可以在水中一口氣跳超過身長五百倍的距離。也就是說，如果你 150 公分高的話，便可以跳到超過 750 公尺遠。對於一個只有 1 公釐大的小傢伙來說，很厲害吧！

* 譯註：橈足類只有一個中文名字，但在荷文中被稱為 roeipootkreeftjes 或 eenoogkreeftjes，後者直譯便是「獨眼小螯蝦」。

可以送我一程嗎？

234. 你的床其實「生意盎然」……

你的床上，住著數十萬到數百萬隻**塵蟎**，牠們不到 0.25 公釐大，肉眼是看不到的，這種八隻腳的小蜘蛛以你脫落的皮屑為食。在一個枕頭裡，可能就有一個四萬隻塵蟎居住的城市，而你卻一直沒有意識到。

幸運的是，這些小東西不會咬人，但有些人對牠們的排泄物過敏。如果是這樣的話，則必須要常常清潔並保持通風。

塵蟎們不僅僅在你的床上用餐，也在那兒交配。交配後，雌塵蟎會生下大約 25～30 個卵，牠們非常樂意擴大自己的族群。一隻塵蟎在牠短暫的生命中可以產下約 100 個卵。塵蟎死亡後，屍體當然也繼續留在你的床上。

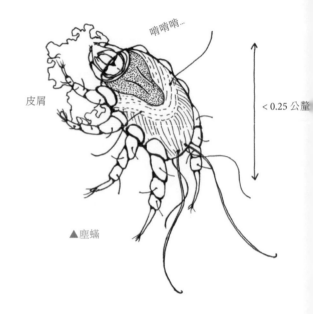

唷唷唷...

皮屑

< 0.25 公釐

▲塵蟎

不喜歡床上的這些不速之客嗎？不幸的，你永遠沒辦法完全清除牠們，但可以將數量控制在一定的範圍內。

每天早上把被子掀開，確保通風。塵蟎不喜歡新鮮空氣，尤其不喜歡光。別讓寵物進入房間，並且定時吸塵。還有，記得打開房間的窗戶，這樣房間裡才會有新鮮的空氣流通。

此外，你就只能接受這個事實：你的床永不會只屬於你！

嘎嘰嘎嘰……

多達 30 隻

拍！拍！

5公分

235. 一隻只有小指大的鳥

在加勒比海地區的古巴，住著一種不比一根小指頭大的鳥。牠們大約只有 5 公分大，3 公克重，所生的蛋甚至不及一顆咖啡豆大。

吸蜜蜂鳥是全世界最小的鳥類，但可別因此而小看牠們！牠們可用閃電般的速度拍動翅膀：速度高達每秒 200 次，是難以想像的高速。蜂鳥的英文名為 hummingbirds，便來自於牠們拍動翅膀所發出的聲音，有點像蜜蜂的嗡嗡聲。

吸蜜蜂鳥用那特別的翅膀往前飛時，速度可以高達每秒 15 公尺（相當於每小時 54 公里）。此外，牠們也可以停留在空中固定的位置，甚至還能倒著向後飛。

拍動翅膀會消耗大量能量，所以吸蜜蜂鳥必須吃很多。牠們將長而細的喙伸進花裡，然後用長長的舌頭將所有的花蜜舐乾淨。吸蜜蜂鳥每天要拜訪數百朵鮮花，並吃掉超過牠們體重的花蜜。同時，牠們還會獵捕蚊子。

不難想像，這樣高速的拍動翅膀會讓吸蜜蜂鳥極端疲憊。為了節省體力，牠們會睡覺，不過不是一般的睡覺，而是「休眠」，一種非常深沈的睡眠。休眠時的鳥兒幾乎不會消耗能量，看起來像死掉了一樣。此外，當雨下得很大，以及無花可採時，吸蜜蜂鳥也會進入休眠。

討厭的蒼蠅！

Zzz

▲ 會休眠的蜂鳥

236. 鹽水蝦，並不會小到抓不到

鹽水蝦得名於牠們能在鹽分非常高的水中游泳，可以在鹽水湖和鹽田裡的小水坑中發現牠們。沒有任何魚類可以在這樣高濃度的鹽水中存活，這對鹽水蝦來説是件好事，因為這表示牠們幾乎沒有天敵。

當水中的含鹽量降低時，便會有越來越多魚進入該地區，牠們會吃掉鹽水蝦。有時候，也會發生鹽分濃度太高的狀況，高到連鹽水蝦都幾乎無法忍受，但大自然幫牠們準備了一個解方。一般狀況下，鹽水蝦會直接誕下小蝦，但當水太鹹（或結凍）時，則會改為產卵，但卵不會立即孵化。這些卵比平時的卵更小，並有較厚的卵膜，藉以得到更好的保護。直到環境狀況變好了，這些卵會在幾小時內孵化。這種「休眠卵」可以用休眠形式存活數十年。

你可以在水族店中買到冰凍或乾燥的鹽水蝦卵，回家後將卵放進裝了鹽水的大容器中。幾天後，容器裡就會住滿生機蓬勃的鹽水蝦了。

* 譯註：此則原文為 pekelkreeftjes，應該是指無甲目，鹽水蝦是無甲目下鹵蟲屬的物種。但文中描述的生活習性應為鹽水蝦，故此處以鹽水蝦譯之。鹽水蝦的學名應為Artemia。Anostraca 則是無甲目的學名。

跳舞！

卵

▲鹽水蝦／學名：Anostraca *

237. 全世界最小的脊椎動物

這是種來自巴布亞新幾內亞，主要在早晨活動的深棕色青蛙。雄蛙會聚集在一起持續高聲尖叫達數分鐘，以通知雌蛙牠們所在的位置。這種「尖叫」的頻率非常高，人耳無法聽見。

這種青蛙是**童蛙**屬的物種，目前該屬已發現七個介於 7 ～ 10.9 公釐大的物種。其中最小的是阿馬烏童蛙。

這種小型兩棲類動物居住在雨林地面的潮濕落葉堆中。這是因為牠們的小腳趾不利於攀爬，另一方面則是住在雨林底層可以得到比較好的保護，不會被陽光烤乾。

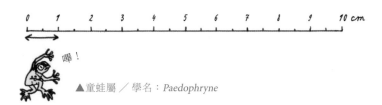

嘿！

▲童蛙屬／學名：*Paedophryne*

238. 跳蚤可以跳過自己身長的 200 倍高

如果你可以跳過自己身高的 200 倍高，那麼你將可以輕易跳過巴黎鐵塔。跳蚤便可以跳過自己身長的 200 倍高，這得力於牠們後腿上方球狀的節肢彈性蛋白。節肢彈性蛋白是一種彈性非常好的物質，如果你讓節肢彈性蛋白球從 100 公尺高的地方掉落，它將會回彈 97 公尺。

人們甚至將這種「跳蚤蛋白」複製成彈性非常好的橡膠。跳蚤不僅跳得高，還可以持續跳很久——牠們可以不停上下跳三萬次。請別人幫你算算看，你可以不間斷跳躍幾次呢？

彈

彈

彈

彈

x 30000次

關於跳蚤的有趣事實：

你知道嗎？人們抱在膝頭上的小狗，其實是用來分散跳蚤的注意力的。因為如此一來，跳蚤便會去咬膝頭上的那隻小狗，不會咬人啦。

▲跳蚤／學名：*Siphonaptera*

▲很癢的膝頭小小狗

239. 大象也有 30 公分大的（遙遠的）親戚

• （黑）**象鼩**只有 30 公分長、15 公
分高，有長尾巴和圓耳朵，看起來
像隻大老鼠。牠們的皮毛十分美麗：
背部前半是橙紅色，後半是深藍色。
但最可愛的部分，是牠們用來在樹
葉間尋找食物的長鼻子，牠們最喜
歡甲蟲、螞蟻、蚯蚓和各種昆蟲。
象鼩只生活在非洲。

• 科學家們有時稱象鼩為「象鼻鼩
鼱」，因為牠們同時有兩者的特徵。
根據他們的說法，象鼩是大象的親
戚——當然是很遠房的表親，不過最
後仍被歸為象鼩目。

• 不幸的是，象鼩的數量越來越少。
這是因為人們開墾越來越多的土地
來種植作物，象鼩可以生活的森林
也就越來越少了。

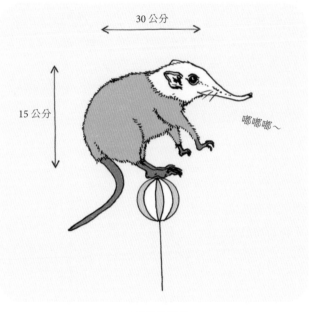

▲象鼩的馬戲

240. 跟你的胳膊一樣大的等足蟲（土鱉）

說到土鱉（pissebed，亦名潮蟲、團子蟲），
你可能會想到常在花盆底下出現的那種小小、
灰色、扁平的昆蟲。但我們這邊要說的是另一
種：**大王具足蟲**（reuzenpissebed，亦稱巨型等
足蟲），牠們的體長平均為 46 公分，但有的
可以長到 70 公分。這種等足蟲就太大了些，
應該沒辦法藏在一般的花盆底下。

大王具足蟲不是昆蟲，而是住在大西洋冰冷海
水中的甲殼類動物。1879 年時，法國動物學家
阿爾封斯・米勒・愛德華茲（Alphonse Milne
Edwards）第一次捕獲這種動物。這在當時是非
常驚人的事，因為那時的科學家們仍然相信，
在那又深、又冷的水域裡，沒有生物能夠存活。

大王具足蟲住在海底，可能是各種深深淺淺的棕色，或是淡紫色。他們將自己埋在海底的泥巴裡，隱藏自己，並以死掉的海洋動物屍體為食。不過如果有海綿緩慢游過，飢餓的大王具足蟲也可能會獵捕並吃掉海綿。

大王具足蟲有時候會被捕獲，而出現在一些亞洲的餐廳裡，他們的味道有點像螃蟹或龍蝦。但其實漁夫們並不樂於在魚網中見到大王具足蟲，因為他們一旦生氣起來，會瘋狂掙扎打鬥、試圖脫逃。

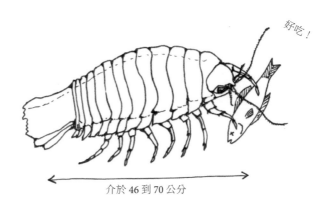

好吃！

介於 46 到 70 公分

▲ 大王具足蟲／二名法拉丁學名：*Bathynomus giganteus*

241. 媽媽，我想要一匹馬當寵物！

「而且，不是草地上那種，要可以在家裡走來走去的！」如果養一匹**法拉貝拉馬**的話，這的確是有可能的。法拉貝拉是一種肩高（從地面到肩膀的高度）只有 86 公分的馬。

86公分

法拉貝拉搖搖馬　　　搖搖狗

這種微型馬看起來有點像是神話裡的動物，不過他們的名字並非來自於神話故事，而是來自阿根廷的法拉貝拉家族。十九世紀中葉，一個飼育員見到一群極小的馬在半野馬群周圍活動，便帶了一些迷你馬回去繁殖。

後來，這個飼育員的女婿繼承了這些培育出來的馬群，他的姓氏是法拉貝拉，所以這種馬便以此為名。法拉貝拉家族成功培育出許多可以作為寵物飼養的微型馬。

法拉貝拉馬擁有所有大型馬的特徵，完全是大型馬的微縮版。外型美麗，有著氣質高貴的頭、長而細的頸子、纖細的身體和修長的腿。他們看起來完全不像一般的矮種馬。此外，這種微型馬也非常聰明，學得很快。這也是你可能會在馬戲團中看到他們的原因。

想養一匹法拉貝拉瑪當寵物嗎？父母皆為法拉貝拉馬的純種馬，大約要價四千到一萬歐元。所以，可能先檢查一下你的存錢筒裡有沒有足夠的錢吧！

242. 北極熊不耐熱（怕熱）

說得明白點：氣候暖化令牠們受苦！這種世界上最大的食肉動物，冬天在北極的海冰上獵捕海豹，但現在，海冰以驚人的速度融化，而海豹需要海冰才能生存。於是，**北極熊**狩獵區中的海豹數量大幅減少，這表示北極熊無法找到足夠的食物，生育數量也會下降。

海冰中不再有足夠的食物，北極熊在夏天時留在陸地上的時間越來越長，因為在陸地上比較有機會找到食物。不過在陸地上，牠們會遇到寧可敬而遠之的人類，環境污染和石油開採也嚴重威脅北極熊的棲地。科學家們估計，如果這種狀況持續下去，北極熊將在百年內滅絕。

在生活環境發生變化時，北極熊大都可以適應良好。研究顯示牠們是棕熊的後裔，當初定居在北極的熊，演化成地球上最大、最重也最強壯的熊。白色皮毛讓牠們在雪地裡不大顯眼，腳底的長毛則讓牠們容易在冰上行走。

在寒冷的北極，北極熊演化成強大的獵人。牠們高度發達的嗅覺，可以從很遠的地方聞到海豹的氣味。北極熊會坐在冰洞裡，等待海豹浮上來，一旦發現海豹，牠們便會立刻發動無情的攻擊，並將獵物連皮帶肉吃乾抹淨。牠們也喜歡擱淺死亡的白鯨、鯨魚或海象。當北極熊非常非常飢餓的時候，甚至敢吃麝牛、馴鹿或嚙齒動物。每年四月到六月間，牠們幾乎找不到食物，住在大陸上依賴體內儲存的脂肪維生。在那段時期，雄北極熊仍然保持活躍，雌北極熊則處於冬眠狀態。

來了，來了，我可愛的大海！

噢　　噢　　噢

午餐時間！

▲虎鯨／二名法拉丁學名：*Orcinus orca*

243. 虎鯨不是鯨，而是海豚

虎鯨也被稱為殺人鯨或逆戟鯨，但這些名字都有誤導性，因為虎鯨其實並不是鯨，而是最大的海豚。一隻成年的虎鯨可達 9 公尺長，5500 公斤重，虎鯨寶寶出生時，也已經有 2.4 公尺長，重達 181 公斤。

虎鯨是肉食動物，獵捕烏賊、螃蟹、螯蝦、鯊魚和魟魚，還有海豹、海獅、各種海鳥、企鵝、海龜，甚至鯨魚寶寶。有些科學家指出，虎鯨甚至會吃馴鹿或北極熊。

當虎鯨要獵捕鯊魚或魟魚時，會先確保自己不會被咬傷或刺傷。所以虎鯨會將獵物牢牢固定在自己強壯的上下顎間，如此一來被獵者便無法再移動，並會窒息而死。

不過，虎鯨會用另一種方法獵捕海獅、企鵝或海豹。當牠們見到這幾種獵物坐在浮冰上時，會上前將浮冰撞開並引發巨大的波浪，如此便能抓住這些可憐的獵物。虎鯨甚至可以躍出水面，將自己摔在陸地上以捕抓鳥類或其他動物。

有些虎鯨四處遷移，有些則會在某個地方定居。定居型的虎鯨喜歡吃魚，過境型的則偏好海洋哺乳類動物。

244. 有蜜蜂的地方，大象就不會去

你認為**大象**怕老鼠嗎？這只不過是個故事罷了。有時候，大象的確可能被老鼠嚇一跳，但只是因為老鼠或其他小動物走在牠們巨大的腿前面，而象鼻又擋住了視線，導致大象沒能立刻看到而已。

大象真正怕的是蜜蜂。牠們的腹部、眼睛、耳朵和長鼻子內側，都可能遭到蜂螫。

當生物學家發現大象會自動遠離蜜蜂時，便想到一個超級聰明的主意。象群可以在很短的時間內，破壞或吃掉農地裡的作物，牠們對於在農田裡工作的人們來說，也是一大威脅。因此，拯救大象基金會自2008 年起，在旱田和牧場周圍設置圍欄，再將蜂巢建置在圍欄上。目前已在 12 個有大象居住的國家進行這項工作。龐然巨獸們不喜歡這種嗡嗡作響的圍欄，會自動保持距離。如此一來，農人可以安心在農地上工作，莊稼們能安全生長。

這個方法還有一個額外的優點：農人們可以收成蜂箱裡的蜂蜜，賺一些額外的錢。

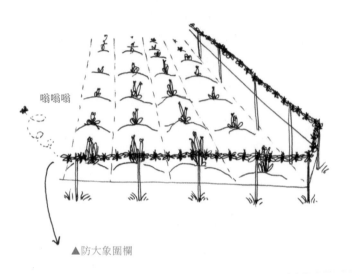

嗡嗡嗡

▲防大象圍欄

245. 一種神奇鳥的神奇事

• 鴕鳥可以高達 2.7 公尺，145 公斤重，是地球上最大的鳥。牠們有巨大的雙腿，前踢攻擊時，可以重擊人類，甚至獅子。

• 鴕鳥的腿是設計用來快速奔跑用的。牠們的腿上都只有兩根腳趾，不同於一般鳥類通常有3 到 4 根。其中最大、位於內側的腳趾有指甲，看起來有點像蹄。鴕鳥奔跑時，時速可達每小時 70 公里，是所有鳥類中奔跑速度最快的，也是所有只有兩隻腳的動物中最快的。只需「一步」，牠們便可跨出超過 5 公尺的距離。

• 在所有的陸生動物中，鴕鳥的眼睛是最大的，直徑 5 公分。藉此，牠們在非洲平原上從遙遠的地方就能發現攻擊者。

• 鴕鳥經常隨身攜帶大約 1 公斤的石頭。牠們吃植物的根、種子和葉子，也吃蜥蜴、蛇和小

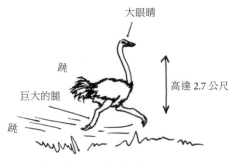

大眼睛

跳

巨大的腿

跳

高達 2.7 公尺

▲ 奔跑中的鴕鳥：時速可達每小時 70 公里

型齧齒動物，是雜食性動物。用餐時會將食物連同沙石一起吞下肚，以確保食物可以被碾碎。鴕鳥通常從食物中攝取水分，但當牠們遇到水池或湖泊時，也會喝水。

246. 赫克力士是一隻巨型甲蟲

赫克力士是神話中的大力士，但你知道這也是一種巨型甲蟲的名字嗎？**赫克力士長戟大兜蟲**可以長達 15 公分，大約跟成年男子的手掌一樣大。牠們頭上巨大的角

喝！

（或者說鉗子）便佔據了體長的三分之一。而且，這種蟲如其名，赫克力士長戟大兜蟲可以舉起自己體重 850 倍的東西，如果你也有這樣的力氣，應該可以舉起一台小車！

你可以在中南美洲的熱帶雨林中找到這種甲蟲，牠們藏在腐爛的木頭裡。

只有雄性長戟大兜蟲有巨大的鉗子，在交配季節時用以跟其他雄性爭鬥。牠們用大鉗子抓住對方，並嘗試將對方摔到地上。通常鉗子越大的甲蟲越容易獲勝，而獲勝的甲蟲可以跟雌甲蟲交配。

雌長戟大兜蟲會在地上產下約 100 個卵。卵會先孵化成幼蟲，然後化蛹，最後羽化為成年甲蟲，幼蟲期約 1 年。幼蟲會在地底挖掘隧道，尋找腐爛的木頭作為食物。幼蟲階段的長戟大兜蟲是臭鼬和浣熊最喜歡的食物。牠們從卵到成蟲約需 11 ～ 16 個月，成年後的長戟大兜蟲生命便不久長了。偏偏，牠們在那段成蟲前的漫長歲月中並不強壯，真是太可惜了……

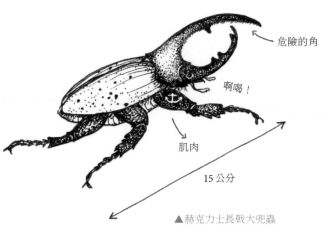

危險的角

啊喝！

肌肉

15公分

▲ 赫克力士長戟大兜蟲

▲座頭鯨

247. 鯨魚中的旅者

座頭鯨是真正的旅者。牠們每年都會遷徙兩萬五千公里以尋找食物。春天、夏天和秋天時，可以在極地地區看到牠們；冬天時，牠們則會游向赤道，因為那裡的水比較溫暖，也有比較多的食物，這對生育寶寶有好處。

座頭鯨通常以十隻為一群活動，但數小時後，牠們便會互相厭倦，重組鯨群。唯有母鯨和牠們的寶寶會一直待在一起。

座頭鯨吃磷蝦、浮游生物、貝類和魚。有時候牠們游經魚群，以鯨鬚濾食；有時候牠們則會深潛到獵物下方，繞著獵物游動，同時用噴氣孔向上噴氣形成巨大的氣泡——藉此在獵物周圍製造一圈氣泡雲，將獵物圍在中間，最後再突然游進氣泡圈，一口氣吞下一大群獵物。

科學家們推測，目前大約還有六千隻這樣的巨大動物生活在海洋裡。近年來，座頭鯨的數量在增加中，但因為牠們每二到四年才生育一次，數量要增長需要更長的時間。

248. 猛瑪象是亞洲象的老祖先（還有更多關於猛瑪象的奇聞趣事）

• **猛瑪象**，這名字聽起來可能讓人覺得牠們是龐然巨物。當然，牠們的確是很大的動物，但其實並不比現在我們所見的大象大。猛瑪象大約 4 公尺高，5.4 公噸重，與牠們血緣最接近的是亞洲象。

• 猛瑪象的象牙也與大象的很不一樣。牠們的象牙巨大、彎曲且向外凸出，很顯然是用來戰鬥的。此外，也可能被用來刮開冰雪，以獲取食物。

• 猛瑪象的嘴裡有四顆牙：上顎兩顆，下顎兩顆。牠們在一生中會換六次牙，當牠們無法再用最後的牙咀嚼時便會餓死。猛瑪象可活到 60 ～ 80 歲。

• 猛瑪象最大敵人是劍齒虎和人類。我們的祖先為了猛瑪象的肉、皮膚和骨頭而獵殺猛瑪象，他們可能也為這種美麗動物的滅絕「出了力」……

▲把毛剃光後的猛瑪象，看起來最像亞洲象

249. 不斷翱翔的信天翁

漂泊信天翁是一種巨大的鳥，翼展——翅膀尖端到另一個翅膀尖端的距離——可達 3.5 公尺。藉由巨大的翅膀，牠們可以在海面上飄移數月無需上陸。在平靜無風的時候，牠們可以浮在水上，等到起風時再度升空。由於信天翁利用氣流飛行，所以牠們滑翔時需要耗費的能量非常少。

信天翁只有長大到可以交配時才會上岸，戀愛中的信天翁會尋找一生中每兩年回歸一次的地點，並在那裡產下一顆蛋，然後由雄鳥和雌鳥輪流孵蛋。雛鳥會在大約 75 ～ 83 天後孵化，父母會照顧雛鳥七到九個月。雛鳥十分需要父母，若父母之一不幸在雛鳥的成長過程中死亡，則雛鳥也將因為得不到足夠的食物而無法存活。

信天翁夫妻終生相伴，有時可能長達 50 年。若其中一方死亡，另一方通常也不會尋找新的配偶。

3.5 公尺

哈哈哈！

▲漂泊信天翁／二名法拉丁學名：*Diomedea exulans*

蹦蹦蹦

踩　踏　跳　踩

▲河馬／二名法拉丁學名：*Hippopotamus amphibius*

250. 一個皮膚嬌嫩的巨人

• 雄**河馬**體重可達 3000 公斤，雌河馬則約 1500 公斤。然而，這些巨人的皮膚卻非常脆弱，所以牠們一天中大多數的時間都待在水裡，以避免過熱。河馬的皮膚下有一種特殊的腺體，會分泌一種類似血液、但實際上是防曬霜兼乳液雙效合一的液體。牠們很喜歡讓啄牛鳥和牛背鷺這兩種鳥待在背上，幫牠們把螞蝗啄走。

• 晚上，河馬會從水中出來吃草。基本上，河馬以草為主食，每晚可吃大約 50 公斤草。但有時候，牠們也吃死掉動物的屍體。在河馬巨大的嘴裡有幾顆堅硬的犬齒，長達 70 公分，3 公斤重，主要是在交配季節時，用以與其他雄河馬爭鬥。

• 成年河馬並不善於游泳，牠們會從淺水區半走半跳、踩著河底前進。牠們是閉氣冠軍，潛水時會關閉耳朵和鼻孔，最少可在水中停留 5 分鐘。

• 科學家們還不清楚，為何河馬在陸地上排泄時要甩動尾巴。這些臭氣沖天的糞便會四處飛散。牠們這樣做是為了標示領土嗎？還是吸引異性？或者這是一條便便小徑，讓牠們夜晚在長草中用餐完畢後得以順著回到水邊？也可能是藉由噴灑糞便來驅趕昆蟲？畢竟河馬擁有如此嬌嫩的皮膚，萬一被叮咬可能會受傷⋯⋯

▲黑犀牛／二名法拉丁學名：*Diceros bicornis*

251. 犀牛不喜歡跟朋友在一起

犀牛是地球上最大的陸地動物之一，白犀牛可高達 1.8 公尺，2500 公斤重——這可是 30 個成年男子的重量。

地球上有五種不同的犀牛：白犀牛、黑犀牛、蘇門答臘犀牛、爪哇犀牛和印度犀牛。其中，爪哇犀牛和印度犀牛只有一根角，其他的犀牛則有兩根。

犀牛角是由角蛋白組成的，與我們的頭髮和指甲的組成成分相同。此外，犀牛角還含鈣，可讓角更加堅硬，還有黑色素以保護犀牛角免受日照傷害。黑犀牛的前角可長達 1.3 公尺，後角也可長達 0.5 公尺。犀牛角若是斷了，是可以長回來的。

犀牛不喜歡同伴，牠們寧可獨自吃草。雄犀牛會用成堆的臭糞便來標示自己的領土，讓入侵者遠離牠們。牠們唯一樂於見到的動物是啄牛鳥——牠們會停在犀牛背上，將討人厭的昆蟲從犀牛的皮膚啄出來。此外，當有危險或威脅時，啄牛鳥們還會高聲尖叫警告犀牛。當天氣太過炎熱，或昆蟲過於惱人時，犀牛便會到泥漿裡打滾，這可以幫助牠們冷卻降溫，也可以讓昆蟲跟牠們保持距離。

犀牛龐大且體型笨重，卻十分容易受驚。一旦犀牛們受到驚嚇，便會瘋狂衝向那個令牠們害怕的傢伙。所以如果你嚇到犀牛的話，最好趕緊閃遠一點……

252. 住在海底的友善巨人

在印度洋和太平洋的珊瑚間，可以發現一種寬達 1.5 公尺、重達 200 公斤的巨大海貝——**大硨磲**。過去，牠們在教堂中被拿來當作裝洗禮水的容器，並因此得名*。

據聞，大硨磲會緊緊抓住潛水者的手臂或大腿不放……別擔心，這只是傳說。這種軟體動物對人類完全無害。牠們將殼半張，以浮游生物或其他經過的漂浮物質為食。大硨磲的外套膜上覆滿藻類，白天時會盡可能擴展外套膜，讓上面的藻類能夠受到光照，這樣藻類才能在貝類中生長、繁殖，而大硨磲則可以吃掉一部分的海藻。

大硨磲身上佈滿許多微小的眼睛，可以看見陰影。一旦牠們發現周遭環境有變化，便會立刻把殼關起來。

科學家們發現，大硨磲對牠們身處的珊瑚礁至關重要。大硨磲會過濾水，並為其他小生物（例如螃蟹和螯蝦）提供庇護。此外，牠們還是珊瑚的食物工廠，有些魚類則會在其中產卵，這樣牠們可以免受掠食者侵害。有時候，這些海貝甚至被作為新生小魚的托兒所。

大硨磲已經在海洋中生存 6500 萬年了，但現在，牠們的生存卻受到威脅。一來，氣候暖化對這種動物並不好。再者，牠們還常被潛水者從海底採集上岸，此舉不但讓珊瑚失去重要的食物來源——用力拉扯以鬆動貝殼的採集行為，常讓珊瑚遭受不可恢復的傷害。這是非常糟糕的事，因為一旦大硨磲消失殆盡，珊瑚礁、甚至整個海洋都將處於危險之中。

* 譯註：
大硨磲的荷文是 doopvontschelpen，其中 doopvont 是洗禮台，schelpen 則是貝類，直譯便是洗禮台貝，所以說牠們因為被當作裝洗禮水的容器而得名。

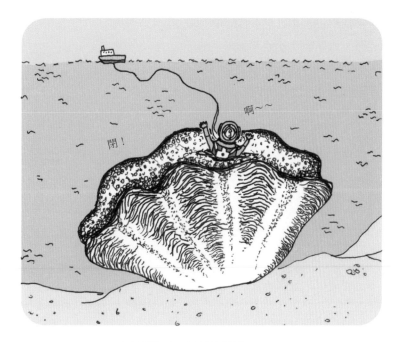

▲大硨磲／二名法拉丁學名：*Tridacna gigas*

253. 所有哺乳類動物中，睡眠最淺的是大象

一個 12 歲的小孩在忙碌的一天後，大約需要
10 小時的睡眠時間好好休息。睡覺的時候，
你的大腦會被重置，以騰出空間來裝新的事
物。睡覺時身體會去除有毒的物質，並且更
新記憶。如果不睡覺，人是會死的！

然而，有些動物只需要很少的睡眠時間，例
如：**大象**。科學家們在大象體內植入一種特
殊的「活動錶」，來測量大象的活動狀態。
他們發現，成年大象每晚只需要睡 2 個小時。
而且，信不信由你，大象並不是一次睡足 2
小時，而是分成很多段小睡而成。遇到有危
險降臨的夜晚，例如獅子或偷獵者太過接近
時，大象便會徹夜不眠。大象在睡覺時大多
保持站立，並且睡眠很淺，最輕微的聲音都
能把牠們吵醒。

另一方面，當然也有需要長時間睡眠的動物，
此類冠軍是**避光鼠耳蝠**，牠們大概每天輕鬆
的花上 20 個小時流連夢鄉。

呵欠中

▲需要睡 2 小時

醒了！

▲需要睡 10 小時

?

▲需要睡 10 小時

嘩！

▲需要睡 20 小時

▲麝牛／二名法拉丁學名：*Ovibos moschatus*

254. 麝牛身穿兩件外套

有時，在加拿大北部、格陵蘭和阿拉斯加的凍原中會看到一些巨人，他們穿著長長的毛皮大衣，還有很結實的肩膀。或許，這就是傳說中的「雪人」？不，我們要講的不是這個。那些「巨人」其實是**麝牛**，牠們高達 1.5 公尺，重達 400 公斤，身披神奇的毛皮大衣，可以保護牠們抵禦零度以下的低溫。麝牛毛皮外套的外層是由可長達一米，下垂及地的長毛組成，長毛下方則是第二件外套，由特殊的絕緣毛組成，提供更好的保護。春天時，麝牛們會抖落下層的第二件外套，只留下外層的長毛外套。

麝牛是典型的群居動物，每二十到三十頭麝牛為一群，由一頭雌麝牛帶領。夏天時，想要交配的公牛會散發強烈的麝香香氣吸引雌牛——牠們就是得名於這種濃郁的氣味。公牛在這段期間非常具侵略性，互相挑釁、打鬥、衝撞對方，非常用力的用頭互抵。雄麝牛打鬥是很恐怖的景象，尤其是牠們會像獅子那樣咆哮。失敗的雄麝牛將會被趕出牛群，只能孤獨的在凍原中徘徊。

255. 座頭鯨排行榜的第一名金曲，總是不斷變換更新

座頭鯨會唱美妙的歌，牠們的歌聲如此美麗，人們甚至特別錄音當作舒眠音樂。但你知道嗎，座頭鯨的歌總是跟著流行走！

1960 年代，研究人員第一次為座頭鯨錄音。他們發現，同一群裡的座頭鯨都唱著同一首歌，牠們自行在曲子裡加上一些不同的音符，但仍然可以聽得出來是同一首曲子。

例如：有一群澳洲座頭鯨，總是唱著一首科學家們稱之為「粉紅歌」的曲子。某天，另一群座頭鯨與「粉紅歌」座頭鯨群相遇，這群座頭鯨唱著另一首曲子，我們稱為「黑曲」。一段時間後，「粉紅歌」座頭鯨群裡，大家都改唱「黑曲」，不再唱原來的「粉紅歌」了。

科學家們還不知道座頭鯨為什麼一直在改變牠們的歌。或許，牠們總覺得排行榜的第一名該換一換了？

▲座頭鯨／二名法拉丁學名：*Megaptera novaeangliae*

256. 可以做出 120 個煎餅的蛋

比碗豆還小，只有 6 公釐大，世界上最小的蛋就這麼大（或者該說「小」）！這是古巴吸蜜蜂鳥的蛋。這種鳥只有 5 ～ 6 公分大，重量僅僅 1.6 ～ 2.6 公克，雌鳥較重。

最大的蛋是象鳥的蛋。不幸的是，這種鳥在很久以前便已經滅絕了，但還能找到牠們的蛋，有些蛋裡甚至還有胚胎[＊]。象鳥的蛋有 34 公分長，周長可達 24 公分，比足球還大！用一顆象鳥蛋可以做出一百個歐姆蛋。

目前，贏得最大蛋第一名寶座的是**北非鴕鳥**。牠們的蛋長可達 20 公分，直徑 15 公分，大約相當於 24 ～ 28 顆雞蛋大。要煮熟一顆北非鴕鳥蛋需花 1 小時，且這樣一顆蛋可用來做 120 片煎餅或 6 個蛋糕。

有趣的是，如果把蛋和生下那顆蛋的鳥擺在一起比較，依比例來看，鴕鳥蛋其實很小。若參考鳥的身高和體重來為蛋的大小排名，鴕鳥蛋會是「最小」的蛋，來自紐西蘭的奇異鳥蛋則

是最大的（關於奇異鳥，請參考第 98 則的介紹）。奇異鳥體型大約跟一般的雞一樣大，但大奇異鳥的蛋卻幾乎跟鴕鳥蛋一樣大，重達 0.5 公斤。科學家們認為：以前的奇異鳥可能比現在大上許多，數百年來為了適應環境而變得比較小，但蛋卻維持原來的大小沒有改變。你一定無法想像，奇異鳥媽媽得耗費多大的力氣才能生下一顆蛋……

＊註：胚胎是動物或植物發育的第一階段。

▲有顆大蛋的奇異鳥

257. 一隻幾乎跟你家客廳一樣大的螃蟹

你害怕蜘蛛或螃蟹嗎？那麼對你而言，**甘式巨螯蟹**根本就是從噩夢中爬出來的生物。這種蜘蛛蟹從螯到螯間的距離可達 5.5 公尺，身體是圓角三角形，截面直徑平均 30 公分。身體上八隻巨大的、如同蜘蛛般的腳，讓這種螃蟹看起來就像一隻靜靜坐在海底，等待獵物的巨型蜘蛛。

不過甘式巨螯蟹對人類來說一點都不危險，你可以在日本沿岸或台灣各地找到牠們。甘式巨螯蟹是人們餐桌上的佳餚，也被當作室內裝潢擺設。牠們的日文拼音為 takaashigani，意即「長腿蟹」。

這種螃蟹是橘色的，腿上有白色斑紋，身體上有棘刺和結節。牠們的行動緩慢，主要以魚類或貝類的屍體為食，壽命可達 100 年。

最令人毛骨悚然的畫面是，這種蜘蛛蟹常常成群堆疊——牠們層層堆疊，可達數十到上千層。由於牠們在剛換殼後會十分脆弱，所以常會這樣堆疊在一起保護自己。想想看，你在這樣一堆巨型蜘蛛蟹上方游泳經過的光景……

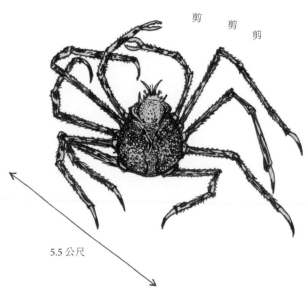

剪　剪
　　剪

5.5 公尺

▲甘式巨螯蟹／二名法拉丁學名：*Macrocheira kaempferi*

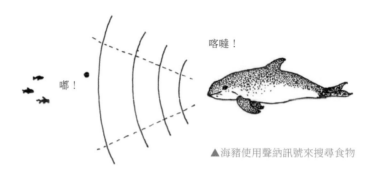

喀噠！

嘟！

▲海豬使用聲納訊號來搜尋食物

258. 鼠海豚既不是棕色的，也不是魚*

鼠海豚是一種海洋哺乳類動物，像鯨魚一樣。不過我們的祖先並不知道，所以還是稱牠們為「魚」。再者，他們將所有顏色較暗淡的東西，都稱為棕色，即便鼠海豚其實是灰色的。中世紀時，鼠海豚常被稱為「海豬」，做為餐桌上的一道菜。但牠們跟豬也一點關係都沒有。

鼠海豚不會像鯨魚或海豚那樣跳出水面，牠們安靜得多。你只會在牠們浮上水面呼吸時，看到牠們的背鰭和一點點背部露出水面。

鼠海豚喜歡寒冷的沿岸海域，例如北海。牠們曾經因為水污染的緣故，幾乎完全滅絕，後來才又再度恢復，現在數量甚至在增加中。目前在北海中，大約有 25 萬隻鼠海豚。

鼠海豚吃生活在海底的小魚，有時也會獵捕幼小的鯡魚或小比目魚。牠們使用一種聲納系統協助捕獵，聲納訊號被發送用以追蹤魚群。

鼠海豚媽媽一次只懷一胎，孕期約 11 個月。鼠海豚寶寶在出生後的前幾個月喝母奶為食，但牠們的媽媽很快就會教牠們打獵。鼠海豚媽媽會將一條活魚帶到牠們面前，牠們則必須想辦法自己抓到這條小魚。

* 譯註：鼠海豚的荷文 Bruinvis 意思是棕色的（Bruin）魚（vis），但完全名不符實，故說牠們既不是棕色的，也不是魚。

- 14 -

動物如何自我防禦
（偽裝、躲藏或扔大便）

259. 雛鳥們的扮裝

• 想像你是住在南美洲熱帶雨林裡**栗翅斑傘鳥**的新生雛鳥，父母的外表是平淡的灰黑色，但你卻是明亮的橘色，羽毛的尾端還帶白色的班點。這樣一來，你看起來就像極了生活在同一片雨林裡，美絨蛾的有毒幼蟲──貓毛蟲。

這當然是很聰明的法子！透過偽裝成有毒的毛毛蟲，可以保護雛鳥們免受掠食者攻擊。此外，雛鳥們甚至還有隱藏的特殊技！當牠們受到威脅時，會一前一後的伸縮脖子，如此一來，看起來就完全像是一隻緩慢爬過樹枝的毒毛蟲了。

這是典型的「貝氏擬態」：不具危險性的、可食的動物將自己模擬成有毒的、不能吃的物種，以避免掠食者攻擊。

▲攻擊擬態

我是毛毛蟲！

▲貝氏擬態

•「攻擊擬態」則是：掠食者模仿牠們的獵物，以便更容易捕獲獵物。例如：**棘茄魚**會掛著一根發亮的釣竿吸引小魚，一旦小魚靠近了，便一口吞掉牠們！

• 有些不可食用的動物會使用「穆氏擬態」來保護自己：牠們將自己變得比較像其他不可食用的、有毒的或危險的物種，藉此讓沒有經驗的獵食者不會因為搞不清楚而吃了牠們。

260. 有史以來最好的模仿者

章魚是非常聰明的動物，而且有很好的記憶力。科學家們每次都為牠們能做到的事驚嘆不已。

例如擬態章魚，這是一種住在東南溫暖海域中，大約 60 公分大的小章魚。牠們是完美的模仿者。這種章魚可以模擬鰻鱺、水母、比目魚、海星或海蛇的外型。更厲害的是，牠們不僅能模擬外型、顏色，還能表現出這些動物的行為。這樣做是為了誤導喜歡吃章魚的攻擊者——這個攻擊者不喜歡海蛇嗎？擬態章魚就把自己身體的一部分埋起來，然後用兩隻觸手擺動模仿海蛇。那個敵人不喜歡比目魚？擬態章魚便把觸手們併攏排列，學著比目魚的樣子游泳。牠們甚至記得該特別留意哪些狩獵者，並隨時調整自己的偽裝。

這種動物一直到 1998 年才被發現。你看，這種章魚偽裝得多好！

擬態章魚也會挖洞和地道，當牠們仍被敵人追趕時，便可以潛入地底逃跑。

這種章魚吃蠕蟲、螃蟹和小魚，有時也吃自己的同類，是同類相食者。奇怪的是，牠們並不會為了食物短缺而吃掉自己的同類，顯然的，這種行為可能是為了爭奪領土。或者……是因為牠們實在太善於偽裝，以致於根本沒發現吃掉的是自己的同類？

模仿海蛇

模仿比目魚

模仿海星

▲擬態章魚

261. 螞蟻！啊，不是嗎？

在接下來的連續篇幅中，你將會讀到許多昆蟲的模仿絕技：牠們把自己偽裝成鳥糞，或扮演某種鳥的幼雛。

但**角蟬**的做法特別不同：這隻角蟬直接在背上背了一隻螞蟻。不過那當然不是真的螞蟻，而是一些上面長了毛和刺的空心球體，但整體看起來就像一隻巨大的螞蟻。如果你看得仔細一點，會發現角蟬的眼睛剛好在擬態螞蟻的底部。這是非常聰明的作法！因為當螞蟻在戰鬥時，牠們是倒退著走的。所以你看到了一隻正在走動的螞蟻，但其實在螞蟻下方的是另一隻完全不相干

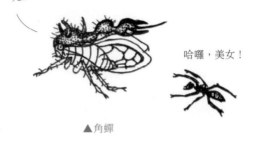

先生，這是我的帽子！

哈囉，美女！

▲角蟬

的昆蟲。透過這樣的方式，角蟬得以與想吃牠們的動物保持距離。

除了螞蟻，有的角蟬還會把自己偽裝成樹葉或荊棘。想聽聽我的意見嗎？超棒的偽裝！

262. 用嘔吐物驅趕敵人

• 動物們為了保護自己、抵禦敵人真的做了很多努力！例如自由放養的**小雞**們，會把自己吐得一塌糊塗。如此一來，攻擊者便會因為牠們聞起來實在太噁心了，而放過牠們。

•**暴雪鸌**的雛鳥也嘔吐，但不是吐在自己身上，而是對著入侵者噴射。牠們的嘔吐物味道像腐爛的魚，非常噁心，並且一旦沾上了，無論是衣服或羽毛，這味道都洗不掉。此外，這些嘔吐物還非常黏。羽毛沾上暴雪鸌雛鳥嘔吐物的鳥，就再也飛不起來了。還好，暴雪鸌雛鳥的父母對自家小孩的嘔吐物免疫！

•**禿鷲**的作法相同，當攻擊者接近時牠便會開始吐。牠們喜歡直接用嘔吐物攻擊敵人：吐出來的胃酸會燒灼對方的眼睛，令敵人落荒而逃。

噗啦

▲發射嘔吐彈的暴雪鸌雛鳥

263. 八、九、十！誰還沒躲好？被看見囉！

喜歡玩捉迷藏嗎？**鴕鳥**也喜歡！你可能看過這樣的圖畫：鴕鳥將頭埋在沙地裡，便以為沒有人看得見牠了……這真的只是個「寓言故事」。

有敵人靠近時，鴕鳥會躲得很好，只是躲藏的方法不大一樣。如果危險到來時，鴕鳥正坐在巢上孵蛋，那麼牠們會把頭和頸子都平貼在地上不動，遠遠看就像荒漠裡的一塊大石頭。若敵人仍然持續接近，偽裝成石頭的鴕鳥便會突然跳起，奮力一踢給敵人一記重擊。大部分的掠食者都對鴕鳥強壯的腿心懷忌憚，但偶爾還是會有特別勇於嘗試的攻擊者。此時，鴕鳥便會飛奔逃跑。鴕鳥衝刺時速度可達每小時 70 公里，是地球上速度最快的兩足動物。即便是「正常」行走，鴕鳥的時速亦可高達 50 公里，步幅超過 3 米。

我不在這裡！

▲坐在巢上的鴕鳥

鴕鳥不會飛，因為高達 125 公斤的體重，對飛行來説太重了。

有些人會「賽鴕鳥」：在鴕鳥身上裝上特製的鞍和轡頭，跟賽馬一樣，但賽鴕鳥比賽相對較短，因為騎師們常因無法好好抓緊而被這些大鳥從身上拋下來。因此，這類比賽大多是一些可笑的場面。

呃……抓好？

咻！

咻！

▲賽鴕鳥

259

264. 沒人喜歡在糞池裡游泳

小抹香鯨很懂得充分利用牠們的排泄物。小抹香鯨「只有」3公尺長，所以有時會受到虎鯨或海豚的威脅。當受到威脅時，小抹香鯨便會從肛門排出一些臭呼呼的濃稠體，接著準備進入這團「便便雲」裡游泳，而攻擊者當然不會想靠近這一團穢物。如果遇到不死心而一再嘗試的敵人，小抹香鯨會加碼放出更多的糞便。

海參則更近一步，牠們會收縮身體，然後向攻擊者噴射腸子和其他內臟。噴出的臟器會纏住攻擊者，有時這些臟器甚至有毒，會導致攻擊者死亡。

▲小抹香鯨／二名法拉丁學名：*Kogia breviceps*

265. 把蠍子從你的鞋裡甩出來

怕**蠍子**嗎？其實不用怕！在 1750 種蠍子裡，「只有」30 ～ 40 種蠍子的毒性對人類而言是致命的。而且蠍子一點也不想攻擊人，牠們寧可躲在沒人打擾的岩縫中。蠍子只在飢餓時，才出外狩獵。首先牠們會用鉗足（觸肢）——末端成剪刀狀的腿固定獵物，然後弓起尾巴至身體上方，將毒刺刺進獵物體內。大多數蠍子都有針對牠們最喜歡獵物的「客製化」特殊毒液，被螫的獵物死亡或癱瘓後，蠍子便會吃掉牠們。蠍子吃東西的方式跟我們不一樣，牠們不咀嚼食物，蠍子會先吐在獵物身上，獵物便會開始被消化，蠍子再將半消化的東西吸進去。只需吃一餐，便足夠讓蠍子存活六至十二個月。不過，如果沒有足夠的食物，母蠍子可能會吃掉小蠍子。這些動物大多生活在少有肥美多汁的昆蟲經過的荒涼地區……

難道都沒有人被蠍子螫過嗎？當然有！這通常是因為他們打擾了正在睡美容覺的蠍子，或者是發生了蠍子躲在鞋子裡的意外。所以，如果去到有蠍子出沒的地區，務必記得在穿鞋前，先甩一甩。

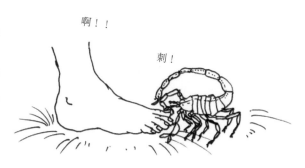

啊！！

刺！

266. 蛾能完美的偽裝自己

許多人認為**蛾**是美麗多彩的蝴蝶的平淡無聊的兄弟，但事實上，牠們是神奇的動物！

例如，有些蛾和牠們的幼蟲能完美偽裝自己。牠們確保自己看起來像一些「不怎麼好吃」的小食，像是黃胡蜂、螳螂、捕鳥蛛或……噁心的鳥糞，藉此誤導喜歡吃蛾的動物們。

有些蛾則是優秀的紡織品生產者。蠶蛾的幼蟲結繭時會吐絲，這種材料被用於製造最昂貴、美麗的織物之一。

蛾幫助許多在夜間開花的植物授粉。牠們頭上的觸角有特殊的氣味受器，幫助牠們尋找食物及配偶。長而彎曲的舌頭則讓牠們可以深入花朵，吸取花蜜。

蛾也是鳥類、兩棲類、哺乳類和爬蟲類動物的食物來源。在許多國家，人類也食用蛾的幼蟲。在非洲南部某些地區，天蠶蛾科的 *Gonimbrasia belina* 幼蟲甚至被認為是美味佳餚。這種從可樂豆木的葉子上人工採集的可樂豆木毛蟲，先火烤或在太陽下曬乾，再加在番茄或豆子中一起燉煮，似乎非常可口！

哇哈哈！

▲褚帶鬼臉天蛾會把鳥嚇走

獨角獸？

▲中南大羚／二名法拉丁學名：*Pseudoryx nghetinhensis*

267. 幾乎沒有人見過的哺乳類動物

動物學家們每天都會發現新的物種，通常是濃密雨林中的昆蟲，或居住在深海裡的動物。偶爾，他們會遇見沒有料想到的動物。

1992 年，一組來自世界自然基金會（WNF）的團隊和越南政府一同探索霧光自然保護區，這個保護區位於寮國和越南之間的山區。

令研究團隊驚訝的是，他們在一間獵人小屋裡發現了一對從來沒見過的角，還發現了完整的皮膚。這是自 1963 年以來，第一次發現新的大型哺乳類動物。這種動物被稱為**中南大羚**，或亞洲獨角獸。其實獵人們早已知道這種動物，只是生物學家和動物學家們從未發現。

科學家們設置了相機陷阱，並成功記錄到幾次中南大羚的生活狀況。這種動物長得像羚羊，

但其實是牛科動物，雌雄都有長而略彎的角。牠們的毛皮為栗棕色到黑色，短而有光澤。

這段時間以來，只有 11 隻這種奇特的動物被見到過。2010 年時，曾經在寮國發現一隻懷孕的雌性中南大羚，但數天後就死亡了。科學家們估計，目前可能還有 70 ～ 700 隻中南大羚。因為牠們是單屬種（沒有同一屬的其他物種），並且沒有任何可繁殖的人工飼養中南大羚，所以科學家們擔心，這種動物將會很快滅絕。若是如此，就真是太可惜了，我們知道這種美麗動物的時間太短，還無法好好認識牠們。

268. 鼷鹿躲在河底

鼷鹿居住在亞洲和非洲，亞洲的小鼷鹿是體型最小的。這種小鼷鹿僅重 3 公斤，約 48 公分大，是地球上最小的偶蹄類動物。所謂偶蹄類動物，是指腳趾數目為偶數的動物，而最中間的兩根腳趾為蹄。

最大的鼷鹿是水鼷鹿，重量可達 16 公斤，肩高（地面到肩膀的高度）約 35 公分，住在非洲。這種水鼷鹿是很好的泳者，住在河岸邊。當有危險威脅時，牠們會潛入水中直達河底，然後從河底靜靜離開。牠們可以屏住呼吸長達 4 分鐘，空氣耗盡時才稍微浮上來，把鼻子伸出水面呼吸。有時牠們會抓住河底水生植物，這樣就不會漂得太遠。

在乾燥的地區，雄鼷鹿會用蹄快速敲打地面來警告其他人，也會試圖嚇跑攻擊者。

小鼷鹿們非常善於安靜躲藏，因此幾乎沒有被人類觀察到。或許正因為牠們總是這麼神秘，所以在各種有趣的童話故事中，常扮演著重要的角色。

岸上安全了嗎？

▲水鼷鹿／二名法拉丁學名：*Hyemoschus aquaticus*

269. 扔便便專家

• **弄蝶**的毛毛蟲會扔便便，當攻擊者接近時，牠們可以發射便便達 1.5 公尺遠以轉移攻擊者。這種毛毛蟲的便便非常臭，可以吸引攻擊者的注意，讓牠們轉而追趕發射出去的便便，而毛毛蟲自己便藉機快速逃離。不過還好不是所有的毛毛蟲都會扔便便，不然你也很有可能被毛蟲便便擊中。

• **阿德利企鵝**居住在南極，是一種相當小的鳥類，牠們有黑色的頭，眼睛周圍有白色的眼圈。當小阿德利企鵝的父母去捕魚時，牠們就必須獨處一段時間，而獵人總是潛伏在四周，例如白鞘嘴鷗就超喜歡小企鵝這種小羽毛球。但小企鵝們知道怎麼保護自己！當這些掠食者夠靠近時，牠們會立刻轉身，發射強力便便。攻擊者不但會被嚇到，還可能會沾上這些黏稠的排泄物。而這些排泄物會令敵人無法好好移動，甚至也沒辦法用水洗掉。如何，小企鵝的退敵法聰明吧！

• 並不是只有便便才會臭，只要聞過一次**臭鼬**肛門腺釋放出來的氣味，必定終生難忘。當臭鼬感受到威脅，或者有攻擊者出現時，便會分泌這種臭氣，有時臭氣會強烈到讓敵人暫時失明。

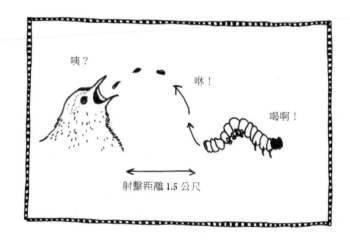

▲奇怪的鳥？

270. 看起來像蜂鳥的蛾

你可能沒聽過「趨同演化」（除非你是生物學家☺），這是指兩種全然不同家族的物種（例如鳥類和昆蟲）卻演化成類似的樣子——看起來有關係，實際上卻完全不相關，我們稱為「非同源相似」。

小豆長喙天蛾就是一個很好的例子。這是一種在北美、亞洲和歐洲都很常見的物種。這種天蛾跟蜂鳥沒有任何關係，但看起來卻非常相似。牠們可以像蜂鳥在花朵上方懸停，並用長又捲的口器吸食花蜜。牠們可以快速振動翅膀，在空中停留，也能側向或向後倒退飛行。牠們還會發出與蜂鳥一樣的嗡嗡聲，這讓牠們看起來更加的強大。

當然，牠們是完全不同的物種。小豆長喙天蛾比蜂鳥稍小一點，並且跟其他昆蟲一樣有六隻腳，頭上有兩支觸角，並且沒有鳥喙，翅膀看起來也完全不同。

小豆長喙天蛾是世界上飛行速度最快的昆蟲之一，可以輕易達到每小時 18 公里。對這麼小的動物來說，這可是相當快的！

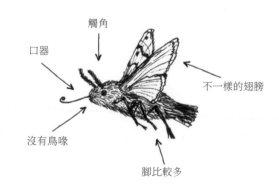

觸角

口器

不一樣的翅膀

沒有鳥喙

腳比較多

265

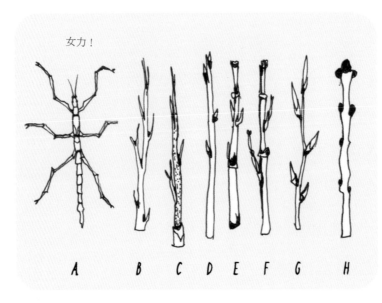

▲找找看，哪根是真正的樹枝？！

271. 一根樹枝剛走過去？

要看見**竹節蟲**，需要異於常人的銳利眼睛！這種有著棕色、綠色或黑色身體的昆蟲，可以完美模擬藏身之處的樹木。牠們看起來像樹枝，表現得也像樹枝：起風時，這些會走路的樹枝還會隨著其他樹枝輕輕擺動。牠們的皮膚上甚至常有些小條紋或斑點，讓偽裝更加完美。

攻擊者靠得太近時，牠們便會掉到地上裝死，稱為「假死」或「擬死」（Thanatos）。有些竹節蟲會釋放難聞的氣味或帶惡臭的物質，甚至向敵人噴射氣體。

某些種類的竹節蟲則隱藏有一對顏色豔麗的翅膀，敵人接近時才快速張開翅膀，讓翅膀在敵人眼前閃過——這樣可以誤導敵人。當敵人忙著搜尋那些牠們以為剛剛出現的彩色昆蟲時，竹節蟲就能再度成功的隱身到枝葉間。

若攻擊者抓住牠們的腳，怎麼辦？牠們會斷開那隻腳，讓自己脫逃，這稱為「自割」。年輕的竹節蟲在蛻皮長大時，斷掉的腳會再長回來。年長的竹節蟲，有時也能再長出新的腳。

雌竹節蟲不需雄竹節蟲也能繁殖：雌蟲產卵，然後孵化出雌竹節蟲，無需授精。有些地方甚至找不到任何雄竹節蟲。

272. 偽裝成保齡球的穿山甲

Penggulung 是**穿山甲**的馬來語名字，字面上的意思是：把自己捲起來的。而這的確是穿山甲遇到危險時所做的事——把自己捲成一個堅硬、結實的球，讓攻擊者無計可施。

穿山甲是一種身披鱗甲的食蟻動物，看起來有點像犰狳，是唯一裝備有大型鱗甲的哺乳類動物。穿山甲的鱗甲覆蓋整個身體，由角蛋白組成（即構成我們指甲的物質），這身鱗甲的重量佔穿山甲體重的五分之一。

穿山甲穿戴盾牌鱗甲，但沒有牙齒，牠們用長而黏的舌頭舔螞蟻吃。如果把穿山甲的舌頭整個拉出來，牠們的舌頭會比頭加上身體還長。當穿山甲沒有在吃東西的時候，會將舌頭整齊捲起，收在身體裡的特殊空間中。

在亞洲，每年至少有一萬，甚至十萬隻穿山甲被違法獵捕、販賣。

牠們在越南餐廳中被視為異國料理珍品，被做成烤物或湯品。鱗甲則被研磨成細緻的粉末，作為中藥材銷售，每公斤售價高達 450 歐元。此外，牠們的鱗甲還會被製作為時尚配件販賣。這真的是非常糟糕的事，因為無論是非洲或亞洲的穿山甲物種，都已經面臨滅絕威脅了！

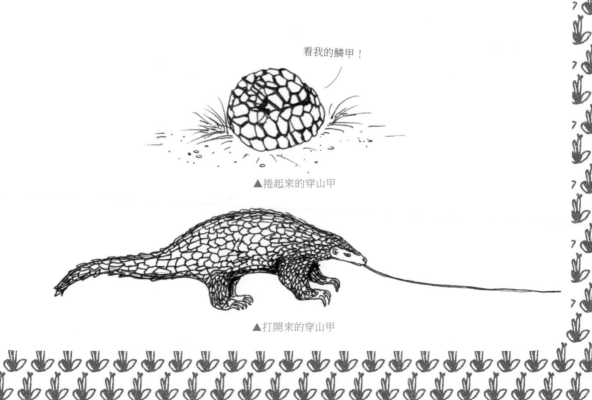

看我的鱗甲！

▲捲起來的穿山甲

▲打開來的穿山甲

273. 㺢㹢狓很會玩躲貓貓

㺢㹢狓是非常特別的動物。牠們的屁股和腿上有像斑馬的斑紋，遠看時有點像鹿，但實際上與長頸鹿有親緣關係，所以也被稱為「森林長頸鹿」*。㺢㹢狓的藍色舌頭可長達 35 公分，用來從樹上摘採樹葉，和將眼睛舔乾淨。

㺢㹢狓只在 1900 年左右於剛果被發現，這有點奇怪，因為牠們算是相當大型的哺乳類動物。㺢㹢狓非常害羞，若周圍有人類或其他敵人靠近，便會快速躲進雨林中。牠們的顏色和屁股及腿上的斑紋，讓牠們在樹林中能隱藏得很好，不被看見。

為了保持健康，㺢㹢狓需要攝取礦物質和鹽分，而這便是牠們下到河邊舔黏土的原因。牠們還會從燒焦的樹木上啃食木炭和吃蝙蝠的糞便，以獲得所需的營養。

生物學家們不知道實際上還有多少㺢㹢狓生活在野外，或許介於一萬到兩萬頭之間。這個物種因為人類追捕以及棲地減少而瀕臨滅絕。因此，歐洲的各種動物園都參與了㺢㹢狓的特殊復育計畫。請務必去趟動物園，親眼看看這種奇妙的動物。

* 譯註：㺢㹢狓在荷文中也被稱為 bosgiraf，直譯便是「森林長頸鹿」。中文裡並沒有這樣的稱呼，而是音譯為㺢㹢狓，或歐卡皮鹿。

▲㺢㹢狓／二名法拉丁學名：*Okapia johnstoni*

274. 活生生的鳥糞

想像一下：你正盯著一坨鳥便便，然後這坨鳥糞突然活過來、跑了！你一定會嚇一跳吧！

當然，並沒有會跑的鳥糞。你盯著看的可能是把自己偽裝成鳥糞的毛毛蟲、蜘蛛或蝴蝶，牠們藉此讓想吃牠們的各種動物保持距離。畢竟，鳥糞說什麼都不像是美味可口的東西。

某些蛾的毛毛蟲身上參雜白色和棕色，看起來完全就是一坨便便的模樣。牠們在葉子或樹枝上休息的時候，甚至會偽裝成便便的形狀，以躲避那些喜歡多汁毛毛蟲的鳥。

有些**亞洲金蛛***，例如長腹艾蛛，會運用牠們的網來偽裝。牠們會在網上做各種裝飾，並加上一片葉子，然後自己坐在網的中間等待。因

為牠們棕中帶白的體色和特殊的網，讓牠們看起來就像是葉子上的鳥便便。

甚至有些蜘蛛直接被命名為「**鳥糞蛛**」，例如 Celaenia excavata 看起來就像是一顆小糞球。牠們會靜靜躺在地上不動，但為了吸引獵物，會製造一種化學物質，散發出雌蛾費洛蒙的味道。於是雄蛾會被吸引過來……然後被吃掉。

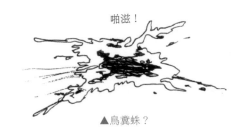

啪滋！

▲鳥糞蛛？

* 譯註：wielwebspinnen 是金蛛科，也稱為圓蛛科、圓蛛科或鬼蛛科。

275. 我發現了一棵有活葉子的樹！

「在這個島上有一種樹，葉子落下後會活過來，開始走路。這種樹的葉子有點像桑葉，但較短，葉柄短而尖，兩側各有兩隻腳。摸它們時，它們會逃跑；但踩躪它們，卻不會流血。我保留了一片在盒子裡九天，當我再度打開盒子時，這葉子還在盒子裡跑來跑去。我想，它們是吃空氣維生。」*

* 註：出自安東尼奧・皮加費塔（Antonio Pifagetta）拜訪婆羅洲附近 Cimbonbon 島的遊記。

這是一個探險家第一次見到**葉蟲**時寫下來的故事。他相信自己發現了一種樹葉在落下後會變成活物的樹。事實當然並非如此。葉蟲是一種昆蟲，能完美偽裝，讓自己看起來像一片有破裂葉緣的樹葉。牠們有綠色、橢圓形的扁平身體，腳則是棕色、帶小缺口。這讓牠們幾乎不會被敵人看見。

當葉蟲被抓住時，會保持靜止不動，看起來像死掉了一樣。如此一來，吃昆蟲的動物們便會放棄牠們，因為這些動物通常不喜歡死掉的昆蟲。

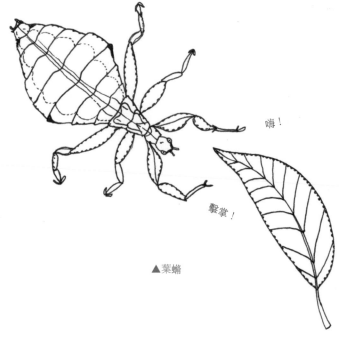

嗨！

擊掌！

▲葉蟲

276. 熊貓螞蟻其實是一種胡蜂

讓我們先整理一下：**熊貓螞蟻**不是螞蟻，當然也絕對不是熊貓。那麼，為什麼科學家給牠們取了這樣的名字呢？

熊貓螞蟻屬於蟻蜂科，是一個包含有 3000 多種胡蜂的家族。雌熊貓螞蟻沒有翅膀，看起來就像一隻毛茸茸的大螞蟻。因為牠們黑白兩色的身體，看起來很像迷你版的中國大熊貓，所以被稱為「熊貓螞蟻」。

牠們看起來非常可愛，但小心別被牠們螫到。被熊貓螞蟻螫到可是很痛的！

熊貓螞蟻最早在 1938 年於智利被發現，但在此期間於阿根廷、美國南部和墨西哥也有發現。

雄性熊貓螞蟻比雌性大很多，看起來像胡蜂並且有翅膀。雄性熊貓螞蟻在夜間活動，雌性則在白天活動。除非見到牠們交配，否則看不出來牠們其實是同一種動物。

交配後，雌熊貓螞蟻會將卵產在地上的胡蜂或蜜蜂巢中，小熊貓螞蟻孵化後，便吃胡蜂或蜜蜂的蛹和幼蟲維生。不過，大多數的小熊貓螞蟻會被食蟻獸吃掉，食蟻獸們顯然吃不出來，熊貓螞蟻跟一般螞蟻有什麼不同……

被騙了喔！

▲熊貓螞蟻

- 15 -

超級快和特別慢的動物

277. 向皇室狗鞠躬行禮

薩路基獵犬可能是最早被人類馴養的狗。第一幅薩路基獵犬的畫是在土耳其安那托利亞的一幅壁畫中被發現的，這幅畫的歷史可追溯到公元前 5800 年。最早，薩路基獵犬被遊牧民族馴養，用來獵捕沙漠或高山中的瞪羚和其他動物。

薩路基獵犬體型相當大但非常苗條，頭部長而窄，有大眼睛和垂下來的毛茸茸耳朵。藉由修長的腿，他們可以跑得非常快，時速可達 64.4 公里，只有格雷伊獵犬的速度（每小時 69.2 公里）比他們稍快一點。此外，薩路基獵犬還可以跳得很高，在助跑後可以跳過近 2 米高的籬笆。

在古埃及，薩路基獵犬是皇家犬。他們通常被權貴飼養，用來執行各種狩獵遊戲。法老王非常喜愛這種奔跑快速的獵犬，甚至稱他

尊貴的大人！

汪！

們為「El Hor」，即貴族、尊者之意。當薩路基獵犬死掉時，整個家族都會為他哀悼，並削去眉毛以示敬重。在公元前 1350 年的壁畫中，可以見到圖坦卡門法老帶著獵犬獵捕巨大鳥類的圖像。

法老去世時，他的薩路基獵犬也會被製成木乃伊，並在墓室中獲得一席之地。其中一些薩路基獵犬木乃伊，甚至還配戴著刻有他的名字的美麗項圈呢！

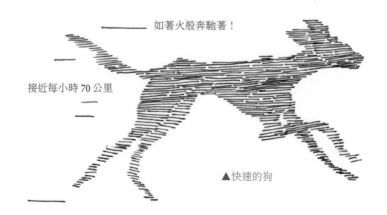
如著火般奔馳著！

接近每小時 70 公里

▲快速的狗

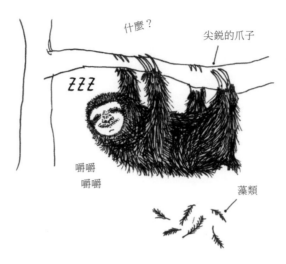

什麼？

尖銳的爪子

ZZZ

嚼嚼
嚼嚼

藻類

▲三趾樹懶／二名法拉丁學名：*Bradypus tridactylus*

278. 不負其名的樹懶

拿好碼錶立正站好，預備！現在請在一分鐘內移動三公尺。你馬上就會發現，要走那麼慢一點都不容易。不過，這可是一隻三趾樹懶急匆匆（！）穿越叢林的速度。因此，牠是速度最慢的哺乳類動物。

如果想看看三趾或二趾樹懶或白喉三趾樹懶，必須到中美洲或南美洲的亞馬遜北部雨林。在那裡，牠們用腳上的兩根或三根強壯的爪子，緊緊抓著樹幹，大多數時間都倒掛在樹上。

要看到**樹懶**很不容易。因為樹懶總是保持不動或緩慢移動，幾乎不會被掠食者發現。此外，有些綠色的小型藻類長在牠們潮濕的毛皮上，讓樹懶變成帶點綠色，這讓牠們在樹葉間更不容易被發現。

樹懶滑稽的臉讓牠們看起來非常可愛，不過建議你還是別太靠近牠們。他們尖銳的爪子有很多用處……只要不打擾牠們，就不會有危險。牠們通常就只是掛在樹上，一天 15 ～ 20 個小時。當牠們醒過來時，會吃樹葉、枝椏、嫩芽和柔軟的水果。因為樹葉消化很慢，所以牠們一週只排一坨糞便。但即便如此，牠們仍然會盡可能在非便不可的時候，才會去……

279. 難怪耶誕老人用馴鹿來拉雪撬

馴鹿——在加拿大北部和阿拉斯加被稱為 kariboes，是神奇的旅者，牠們每年跋涉長達 1000 ～ 3000 公里。

這樣的旅程是馴鹿尚未滅絕的原因。曾與馴鹿生活在同一時期的斯劍虎和猛瑪象都已不復存在，而這兩種動物都不喜歡旅行。

馴鹿們在春天時便準備好往北方出發，在那兒牠們可以找到更多能量充沛的食物，以牠們為目標的狩獵者也比較少。此外，也比較沒有會在腦袋邊嗡嗡作響的昆蟲。

懷孕的母鹿會先出發，因為牠們較為笨重且速度緩慢。數週後，雄鹿、前一年出生的小鹿和沒有懷孕的雌鹿再跟上。新生小馴鹿出生後，牠們便會前往更高的地方，直達海岸邊。在那兒可以找到豐富的食物：草地、漿果和樹葉。

當第一場雪在秋天落下時，馴鹿們就知道自己該往回走了。牠們穿越高山、沿著河流和古老的小徑，跋涉千里往南移動。這些路徑已被使用超過兩萬七千年！

在寒冷的冬季，馴鹿們依靠生長在雪地裡的地衣維生。牠們用有著特殊邊緣的堅硬的蹄，刮開冰雪尋找地衣。馴鹿的北方名字「Kariboe」在當地原住民語言中，便是「耙」的意思。牠們的蹄比一般鹿蹄寬得多，更容易在雪地裡站穩，不易滑倒。此外，當牠們穿越寬闊的河流時，寬蹄也有助於划水。馴鹿果真是為了旅行而生的動物，難怪耶誕老人找牠們拉雪撬！

我要去旅行了……

▲馴鹿／二名法拉丁學名：*Rangifer tarandus*

274

280. 走鵑不負其名

看過卡通《威利狼與嗶嗶鳥》嗎？裡頭有隻總是贏過郊狼的超快小鳥。

走鵑大多分布在北美及中美洲。這種鳥會飛，但很少飛。牠們用長腿奔馳時，能輕易達到每小時 25 公里的速度，對牠們來說已經夠快了。牠們的飛行技巧不是很好，走鵑可以短距離飛翔，在空中停留約一分鐘，這足以讓牠們逃離敵人或躲入巢裡：因為牠們雖然比較喜歡用兩隻腳在地上跑，但還是會把巢築在大灌木叢或樹上，這樣掠食者比較不容易找到牠們。

走鵑最喜歡的食物是響尾蛇。牠們通常兩隻一組智取響尾蛇：一隻走鵑負責分散響尾蛇的注意力，另一隻則偷偷摸摸繞到響尾蛇後面，從後方咬著響尾蛇的頭部，再將牠用力往岩石上摔，或者用堅硬的鳥喙啄蛇。走鵑會一口氣吃掉整隻響尾蛇！如果蛇實在太大，走鵑便會留一部分掛在嘴邊，等已經吞進去的部分消化後，再把剩下的部分吞進肚。

3、2、1，拉！

▲響尾蛇，一人一半！

這種鳥生活在沙漠中。牠們已經高度適應自己的生活環境——從不喝水，而是從食物中獲取所需的水分。此外，牠們是完全不害羞的鳥：走鵑會大大方方走向你，高興的搖動尾巴，挺冠昂頭，近距離盯著你。

但不幸的是，走鵑若真的跟郊狼比賽跑步，是絕對贏不了的！郊狼的速度輕易可達每小時 60 公里，比走鵑快上兩倍多。所以如果走鵑遇上了郊狼，就如同鳥兒碰上貓一樣……抱歉啦，一直以來都誤會郊狼了。

啾

▲ 第一名：走鵑！

281. 蜻蜓是昆蟲中的戰鬥機

見過飛越水面的**蜻蜓**嗎？那麼你一定知道，這種有著金屬光澤身體和大翅膀的昆蟲是多麼美妙。但你知道牠們其實可以飛得非常快嗎？蜻蜓飛行時速可達 50 ～ 95 公里，是世界上飛得最快的昆蟲。

可惜的是，蜻蜓擁有翅膀的時間不長。牠們從卵中孵化之後，必須經過 9 ～ 16 次蛻皮，只有在最後一次蛻變羽化後才會長出翅膀。

有些種類的蜻蜓，需要花費三年的時間才能達到擁有翅膀的最後階段。但從獲得翅膀的這天算起，蜻蜓的生命便已所剩無幾了——只能再存活數星期便會死去。

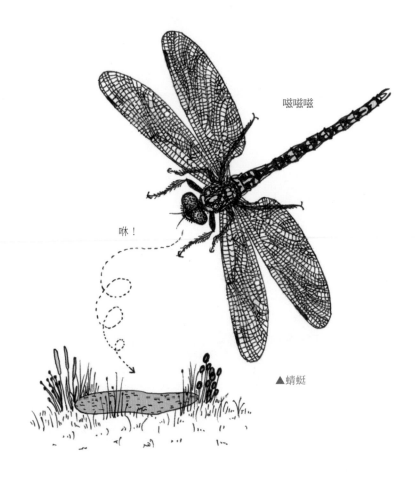

嗞嗞嗞

咻！

▲蜻蜓

▲大西洋藍槍魚驅散、獵捕魚群

282. 大西洋藍槍魚是海裡最美的魚

在大西洋、印度洋和太平洋的熱帶海域中，住著一種美麗的魚：**大西洋藍槍魚**。牠們的上半部是鈷藍色，下半部則是銀灰色。但牠們最引人注目的部分是長而尖銳的上顎，那看起來像一把鋒利的劍。

這種美麗的魚可長達 4 公尺、重達 900 公斤。當牠們狩獵時，泳速可達每小時 90 公里，這令牠們成為速度最快的水生動物。

大西洋藍槍魚用牠們的「劍」來捕捉獵物：如閃電般快速的游進魚群中，並同時用牠們的劍四處戳刺。中劍受傷或死亡的魚便會浮上水面，藍槍魚再好整以暇的吃掉牠們。

雌大西洋藍槍魚是雄魚的三到四倍大，每次會產下七百萬個卵，但並不能算是好媽媽。這些卵會浮在水面上，成為其他海洋動物的食物。只有約 1% 的卵可孵化出大西洋藍槍魚寶寶。

釣魚愛好者喜歡釣大西洋藍槍魚。被困的大西洋藍槍魚會非常憤怒、極力脫逃：牠們如同特技表演般躍出水面、想盡辦法鬆脫魚鉤。這種場面可能真的非常壯觀，但對這美麗的魚來說，卻十分可憐。

283. 從 0 ～ 70 只需 3 秒

假設有人請你創造一隻賽狗，一隻專為追求速度而生的狗。那麼這種狗，除了**格雷伊獵犬**外，不做他想！

格雷伊獵犬正是為奔跑而生的狗。看看牠的身體：狹窄的胸部，加上更加狹小的腰部；前方則是長而小的頭，搭配可以完全貼平的耳朵。此外，當然還有四條修長、高挑又肌肉發達的腿。有這樣的腿，任誰都忍不住想疾馳飛奔。

此外，牠們還有很好的引擎：強大的心臟和肺，還有專門設計來發揮強大力量的肌肉。

藉由這樣符合空氣動力學的外型和強壯的「引擎」，格雷伊獵犬的時速可高達 70 公里。更厲害的是：牠們只需 3 秒便可達到這個速度。這表示牠們有非常好的加速能力！能做到這樣，是因為牠們採用了特別的輪動方式，讓牠們的四條腿在某些瞬間，是全部離地的。

這些先天條件，也讓格雷伊獵犬成為陸生動物中最佳的短跑者之一，唯有獵豹比牠們更快。

在跑還是在飛？

▲賽狗

278

- 16 -

那些你一直想知道
（但總是忘記問）的事

▲（巨大）桶狀海綿／二名法拉丁學名：*Xestospongia testudinaria*

284. 地球上的第一隻動物是什麼？

地球上的第一隻動物是**海綿**。科學家們發現的海綿化石遺骸可以追溯到六億年前。牠們沒有大腦、沒有神經、沒有眼睛、沒有耳朵，也沒有嘴巴。雖然是動物，不過是「無脊椎動物」。

海綿有五千多種，且大都生活在鹹水中。有些海綿不過 1 公分大，有些則可達 3.5 公尺。牠們可能是黃色、綠色、紅色或棕色，可能形如灌木、樹木，也可能扁平如痂或成塊狀。

海綿動物以身體封閉的一端固定自己，另一端則與環境相連。帶著食物顆粒的水從海綿身上的小孔流進牠們體內，無法被消化的東西則會跟著水流再度流出體外。其餘則由海綿體內的「襟細胞」運送至全身。

海綿有數種不同的繁殖方法。例如牠們可以芽殖，分裂出新的海綿芽、長出新海綿，也可以透過形成卵細胞與精細胞來繁殖。當海綿的卵細胞遇到來自其他海綿的精細胞時，便可孵化出海綿幼蟲。

剛孵化的海綿幼蟲可以四處游動，但一段時間後，便會固定自己、長成新的海綿。

285. 比目魚出生時就是扁的嗎？

鰈魚、鰨、大菱鮃、庸鰈和黃蓋鰈，只是五百種**比目魚**（鰈形目）中的一小部分。牠們通常住在海底，躲藏在海砂下面，只將小眼睛露出沙面。由於有保護色，所以幾乎看不到牠們。

比目魚並非天生扁平。當牠們剛從卵中孵化時與一般小魚無異，都是圓圓的身體，看起來就像幾毫米大的幼魚，快樂的四處游泳，並吃微生物維生。

大約 6 週後，開始發生一些非常特別的事。牠們的其中一隻眼睛慢慢往另一側移動，這時候的比目魚有點斜視。大部分的物種，都是左眼向右眼移動，而且不止眼睛，而是整個顱骨移位。

從那時起，比目魚便開始「躺」著移動，並移動到海底生活。牠們藉由長長的背鰭和腹鰭，以波浪狀的方式游動。魚體下方則不再有眼睛，並且會變成白色，而另一側則變成與海底顏色相同的保護色。此時，小魚、蠕蟲、貝類和小螯蝦取代浮游生物，成為牠們的主食。為此，牠們整個腸胃系統也隨之改變。

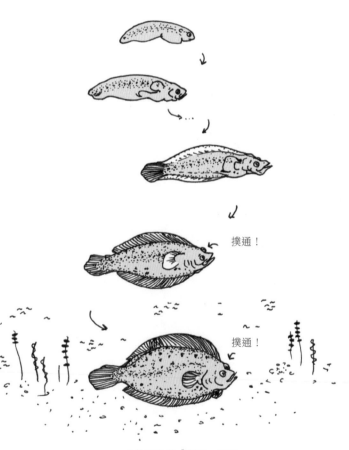

撲通！

撲通！

▲比目魚的「製造」過程

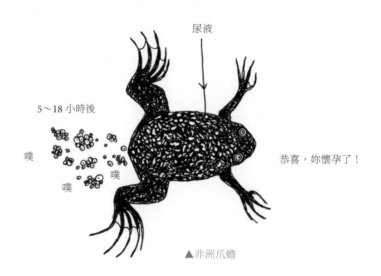

尿液

5～18 小時後

噗

噗　　噗

恭喜，妳懷孕了！

▲非洲爪蟾

286. 真的可以拿青蛙來驗孕嗎？

想像一下：你是女性，生活在西元 1965 年，你覺得自己可能懷孕了，但又不確定……你不可能去超市買驗孕棒來檢查，因為這東西直到 1971 年才被發明出來。當時是可以透過妊娠試驗確定，但必須要去找醫生才行。

當時唯一一個自行驗孕的方法是：抓一隻**爪蟾**，然後將你的尿液倒在牠身上。如果你懷孕了，那麼爪蟾會在 5 ～ 18 個小時內產卵。

青蛙測試法並非 100% 準確，但多年來，這是唯一一個可以得知自己是否懷孕的方法。

被拿來做妊娠試驗的青蛙是非洲爪蟾，原生於非洲南部，但現今在北美及歐洲各地都可以找到。牠們的存在對其他青蛙來說，可不是好消息！非洲爪蟾不僅取代了許多當地原生青蛙，還會傳染一種危險的皮膚真菌。這種皮膚真菌對非洲爪蟾毫無影響，但會讓其他青蛙染上致命的疾病。

〈追加小知識〉

兩棲類動物已經在地球上生活了三億六千萬年，如今卻是最瀕危的物種，因為牠們的皮膚通常都非常薄，有害物質很容易通過牠們的皮膚進入體內。再加上牠們同時在水裡和陸地上生活，更容易同時受到兩種環境中的有害物質污染。

287. 為何企鵝沒有耳廓（耳殼）？

• 耳朵會在冰冷的水中結冰？但北極熊是有耳朵的啊，也沒有被凍到掉下來。**企鵝**沒有耳廓是因為牠們是鳥，而且牠們其實是有耳朵的，只是藏在羽毛底下。此外，如果有耳廓的話，企鵝的體型就不會是如此優美的流線型了，這對在水中游泳不利。並且我們不得不承認：有著毛茸茸耳朵的企鵝，看起來應該十分滑稽……

• 企鵝會下蛋、是溫血動物，而且有羽毛，所以是鳥類。企鵝的黑白雙色外套是由堅硬、僵直的羽毛緊緊相連組成的，即便是猛烈的暴風也無法將羽毛吹開。在羽毛大衣下，企鵝還穿著一件由脂肪組成的毛衣，可以保護牠們免受零下 60 ℃ 的低溫傷害。當氣候變得極端酷寒時，牠們會緊緊靠在一起站立，如此一來，企鵝群中間的溫度可以比外面高上 10 ℃。

• 企鵝的溫暖冬衣前面是白色，背後是黑色，這樣的設計絕非巧合。當企鵝在水中游泳時，從下往上看，白色的羽毛大衣剛好與蒼白的天空融為一體；從上往下看，則可與黑色的海洋結合。如此一來，虎鯨和鯊魚便不會看到游泳中的企鵝。這套別緻的西裝可是很好的偽裝！

什麼？

▲配備耳廓的企鵝

• 企鵝不會飛，但有些物種可以跳得很高。牠們首先讓自己的身體周圍外佈滿氣泡，然後快速游向水面，接著跳出水面高達三米，最後再落在冰上。不過，這樣的跳躍通常不會每次都成功，失敗時，企鵝從水中垂直噴射而出卻沒有準頭的樣子，非常滑稽。不過，跳躍可以幫助牠們逃離虎鯨或海豹。

288. 有會產卵的哺乳類動物嗎？

有的！有兩種哺乳類動物會產卵——**澳洲針鼴**和**鴨嘴獸**。他們被歸類為「單孔目動物」，祖先可追溯到恐龍時代。

• 雌性澳洲針鼴會生一顆蛋，並將蛋放在腹部的腹袋內隨身攜帶。小針鼴孵化後，還會在腹袋中舒服住上 6～8 週。澳洲針鼴生活在澳洲和新幾內亞東部，身上有刺，還有尖尖的口吻，捕捉螞蟻、白蟻和其他昆蟲為食。澳洲針鼴發現蟻丘或白蟻巢時，會用強壯的爪子挖開蟻巢，然後用黏黏的、長達 18 公分的長舌頭把螞蟻或白蟻舔來吃。

• 來自澳洲和塔斯馬尼亞的鴨嘴獸也生蛋，剛從蛋裡孵化出來，尚無形體、不足三公分大的小鴨嘴獸便會開始尋找母乳。鴨嘴獸的頭部有著像鴨子般堅硬的喙，所以看起來很像鴨子。鴨嘴獸大多數時間都待在水裡，他們是傑出的泳者，不只因為有腳蹼，扁平的身體和跟河狸一樣的尾巴，都幫助他們游泳得更好。

你可以在第 90 則中找到更多關於鴨嘴獸的事。

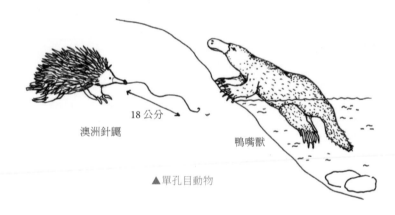

18 公分

澳洲針鼴

鴨嘴獸

▲單孔目動物

289. 動物可以活多久？

• **蜉蝣**又名蟲蟟，這並非巧合*。成年蜉蝣的平均壽命為 30 分鐘至 24 小時，實在很短，短到不可能達成所有的人生願望。但還好，蜉蝣沒有什麼偉大的夢想，他們甚至無法進食，因為他們的嘴部原本就不是為進食而設計的。他們唯一的目標是交配——所有的蜉蝣會聚集在一起，雄蜉蝣成一群，雌蜉蝣則為雄蜉蝣而來，交配後雌蜉蝣便在水上產卵，然後死去。這就是蜉蝣短暫的一生。

• （巨大）**桶狀海綿**則與蜉蝣形成巨大對比，牠們可活超過 2000 歲。

• 其他長壽的物種還有：**蚌蠣**（410 歲）、**錦鯉**（226 歲）、**海膽**（200 歲）、**弓頭鯨**（200 歲）和**加拉巴哥象龜**（175 歲）。

• 甚至還有一種動物被認為是「長生不死」：**燈塔水母**。這種水母在成熟並交配後，可以回到最初生長階段。牠們是這樣進行的：水母的卵分化成長為水螅體，水螅體聚集在一起成群生長，這會讓水母兩星期內達到性成熟階段，爾後，牠們便再度變回最初的水螅體階段。以人類來說，就像是你生下或獲得孩子之後，就再變回胚胎一樣。藉由這樣的方式，燈塔水母可以一再回復、重新開始，如同擁有永恆的生命。不過，燈塔水母並不會一直這樣做，牠們只在環境艱難的時候（例如水太冷時）重生。截至目前為止，燈塔水母一切順利，正在征服海洋，或許有一天，還會出現掌管世界的不朽水母！

再給我一分鐘！

▲蜉蝣

* 譯註：蜉蝣的荷文為名為 haften 或 eendagsvliegen，後者直譯便是「一日蠅」，故此處說蜉蝣被如此命名並非巧合。

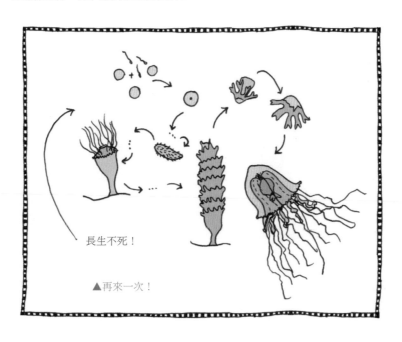

長生不死！

▲再來一次！

290. 怎麼知道魚的年紀有多大？

• 有聽說過年輪嗎？被砍斷的樹幹切面上，那層層同心的輪狀結構就是年輪。只要數看看有幾圈，就能知道樹有多老。

• 信不信由你，**魚**也是這樣的，而且你甚至不需要殺魚，只要拿到一些鱗片，還有準備好顯微鏡。計算鱗片上的同心圓，便能知道魚的年紀，或者得到一個估算值。

• 你也能藉由魚的耳石（或稱魚石）得知魚的年紀，不過這得把魚殺了才能取得。當然，你得先知道耳石的位置。耳石是負責平衡的器官內的石頭，會逐年增厚。所以只要切開耳石，便能完美計算年輪、得知魚的年齡。

• 你知道嗎？魚跟樹一樣，終其一生都在持續長大！大多數動物在成年後便會停止生長，但

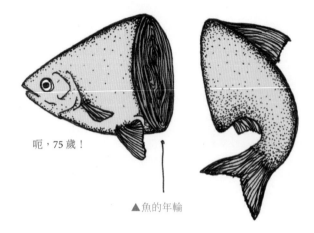

呃，75 歲！

▲ 魚的年輪

魚類卻會一直長大。生長速度則取決於生活環境：冬天時幾乎停止生長，夏季則多長一些。不過，在夏季時如果沒有足夠食物，魚的年輪卻會多出一圈。所以，要正確估算魚的年齡，其實並不容易。

291. 蛇有尾巴和耳朵嗎？

問題 1：蛇有尾巴嗎？

有呀！就在泄殖腔後面。這是蛇的肛門、尿道、直腸和輸卵管（雌性）的共同開口。在泄殖

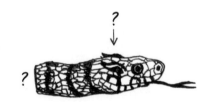

腔上方有一個翻蓋，可確保開口正確關閉。雄蛇在尾巴基部還有雙陰莖或半陰莖：這是一種可由內翻出的小袋，在交配時讓陰莖可以外翻露出。這種特別的陰莖只能與同種類的雌蛇相合，這可確保極北蝰無法與紅尾蚺交配。

問題 2：蛇聽得見嗎？

聽不見，因為牠們沒有耳朵。不過牠們可以清楚感覺到地面的震動，所以能夠確實知道獵物藏在哪兒。

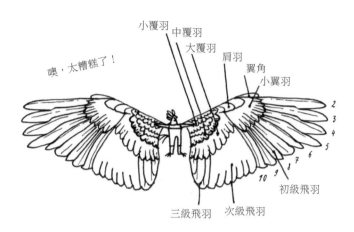

小覆羽　中覆羽
大覆羽　肩羽
翼角
小翼羽

噢，太糟糕了！

2
3
4
5
6
7
8
9
10

初級飛羽
次級飛羽
三級飛羽

▲人類並非設計來飛的

292. 鳥為什麼會飛？

人類可以搭乘飛機或直升機直達雲霄，但如果能像鳥一樣，在雲中滑翔穿梭，看著世界在腳下掠過，該是多麼美好！

鳥類完全是為飛翔而生的。首先，牠們非常輕，部分原因在於牠們的骨頭很特別，是中空的，骨頭內部有一個氣囊網絡，氣室間細小的連結結構，令人聯想到蜂窩。因此，牠們的骨頭不只超級輕，還超級強壯。

其次，鳥兒的翅膀上有羽毛，這些羽毛幾乎沒有重量。不同的羽毛有不同的功用：飛羽幫助鳥兒升空，並讓牠們可以加速。鳥兒還可以控制翅膀尖端飛羽的位置，藉此在空中快如閃電的轉彎或迴轉。

除此之外，牠們還有發達的胸肌和胸肌緊附其上的特殊胸骨。爬升需要耗費大量的體力和能量，只有發達的肌肉才能負荷。

鳥兒要飛上空中時，會拍動翅膀。當牠們展開翅膀，氣流會先通過翅膀的上方，一會兒後才會從翅膀下方流過，如此一來，牠們便能向上爬升一些。這是鳥類在起飛時要拍動翅膀的原因：藉由拍動翅膀，才能起飛並爬升。一旦飛上天空後，便利用氣流來控制飛行高度——上升或下降。此時，牠們需要耗費的能量遠低於拍動翅膀時。而且，只需稍稍向左或向右偏，便可改變飛行方向。

293. 章魚有何特殊之處？

1. **章魚**有三顆心臟。一顆負責全身的血液循環，另外兩顆則用來供血給鰓。

2. 章魚最少有 9 個腦，中央腦位於身體中，可控制觸手的移動速度；但每根觸手都還有個別的腦，這些腦會處理中央腦的指令，並且確保章魚能夠抓住獵物。

3. 章魚用牠們的觸手聞和嚐味道，牠們會品嚐觸摸過的所有東西，例如，確認蚌殼是否已經空了。章魚觸手上的吸盤非常強壯，每根觸手上都有一或兩排吸盤，每個吸盤上都有一個漏斗狀的構造，可確保吸盤的密封性。

4. 一隻大章魚可以鑽過一個很小的洞！只要牠們的頭可以鑽過去，那麼身體的其他部分也一定可以……

5. 章魚在遭遇危險時，從墨囊中噴出來的墨汁是有毒的。章魚的墨汁會影響鯊魚的嗅覺。對人類而言，則只有藍章的墨水會致命。

▲章魚得想 9 次，才能確定是否滿意自己的餐點

294. 狼真的是大壞蛋嗎？

《小紅帽與大野狼》、《三隻小豬》、《七隻小羊》……在這些童話故事裡，狼都是大反派。

然而，**狼**根本就不是惡棍。相反的，牠們還是非常社會化的動物，生活在群體中。對狼來說，家人是最重要的，可以獨立生活的狼，會保護自己的家人，小狼則由整個狼群共同撫養。狼只會在需要食物時才獵殺其他動物，牠們尤其喜歡鹿。一般來說，狼不會主動攻擊人或牲畜，牠們不喜歡人類，會盡可能與人類保持距離。

你知道狼對自然環境影響多重大嗎？狼群可以確保生態系統平衡、健康。

在美國蒙大拿州某個地區曾經有很多狼，牠們吃了在那兒吃草的馴鹿，但從來沒有獵殺任何多過生存所需的動物。

後來，人類帶著牛群牲畜來了，他們認為狼群會攻擊牲畜而剿滅狼群。結果，馴鹿因為不再有天敵而數量大增。馴鹿吃掉年輕的樹，只剩老樹留下來，河裡的魚也跟著漸漸變少。因為魚兒常躲在伸出河面的樹枝造成的陰影中，樹少了，陰影自然也少了。再者，可以在上面築巢的樹少了，鳴禽也就逐漸消失。少了鳴禽，結果便多了昆蟲。

狼群減少會導致郊狼數量增加，郊狼吃地松鼠，結果因為地松鼠的數量減少，被翻鬆的土

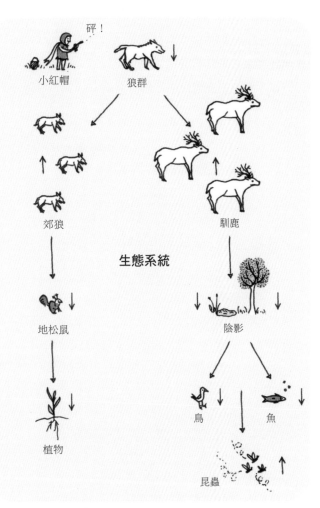

生態系統

地也跟著減少，最終結果便是：植物的生長數量也減少了。

所以你看，狼群對自然環境真的非常重要！牠們的存在能確保其他物種得以生存，讓大自然維持健康。

295. 什麼！恐龍和雞有親緣關係

古生物學家是研究化石和生物遺骸的科學家。他們嘗試依據各項發現，描繪出數百萬年前的地球，和地球上居民的樣貌。

瑪麗・希比・史懷哲（Mary H. Schweitzer）是一位古生物學家，她在 2005 年發現的暴龍股骨仍有一塊軟組織——這可是破天荒的發現——因為透過仍然存在軟組織中的蛋白質，便可以分析出現存的哪種動物與暴龍有親緣關係。

她與其他科學家一起，比對了恐龍和其他 21 種鳥類的遺傳物質或 DNA，包含火雞、鴨、斑胸草雀、長尾鸚鵡和雞。結果，這些鳥中，雞最像牠們古老的祖先，雞的遺傳物質在牠們與長羽毛的恐龍分道揚鑣後，並沒有改變太多。

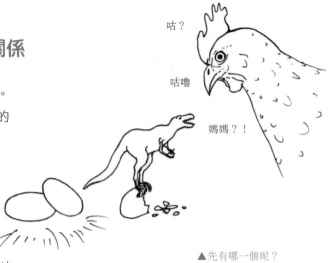

▲先有哪一個呢？

有些古生物學家則想更進一步。例如傑克・霍納（Jack Horner）便希望將來使用雞的 DNA 來重現或再生恐龍。所以早餐吃雞蛋時務必注意一下，説不定裡頭是一隻恐龍喔……

296. 蝙蝠會飛進頭髮裡嗎？

有些動物可以藉由「發出聲音並接收回聲」的方式得知物體的位置。這樣做的原因在於——牠們的視力不好，以及（或者）所處的環境很暗、不利視物。這種方法稱為「回聲定位」或「聲納」。

啊～

蝙蝠使用回聲定位，因為牠們視力不佳，並且需要在黑暗中飛行。牠們會發出人類聽不見的高頻嗶嗶聲，透過這些嗶嗶聲的回聲，不僅可以確保自己不撞上任何東西，還可以知道是否有鮮嫩多汁的蚊子飛過。

全世界有超過 1000 種不同的蝙蝠。有非常小、只有數公分大，能裝進火柴盒裡的蝙蝠——伏翼。然而這樣小的蝙蝠，一個晚上卻可以輕而易舉吃掉 300 隻蚊子。

在澳洲，則住著一種被稱為狐蝠的巨大蝙蝠。牠們可重達 1 公斤，主要以水果維生。

在一年中的大部分時間裡，雌、雄蝙蝠是分開生活的。在秋天時，才開始尋找交配對象。此時，雄蝙蝠會發出一種「性感」的聲音來吸引雌蝙蝠，這種聲音則是人類可以聽得到的！雌蝙蝠聽到後，會決定是否要跟這隻雄蝙蝠交配。緩慢但必然，雌蝙蝠終將群聚在牠們願意交配的雄蝙蝠身邊。

小蝙蝠剛出生時是粉紅色的，只有一點點毛髮。蝙蝠媽媽會將牠們留在托育中心，以便外出狩獵。

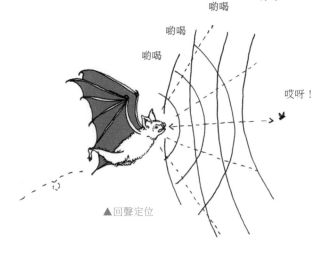

▲回聲定位

喔對了！蝙蝠並不會飛進你的頭髮裡，因此在溫暖的夏日夜晚，放心到戶外坐坐，好好欣賞蝙蝠高超的飛行技巧吧！

297. 蟲子是怎麼跑到蘋果裡去的？

你正在吃一顆美麗的紅蘋果，咬一口，滋味甜美。突然，一隻蟲蠕動著探出頭來，查看到底發生了什麼事！這下子，你大概沒辦法繼續吃蘋果了……但蟲到底是怎麼跑到蘋果裡的？

那蟲可能是**蘋果蠹蛾**的幼蟲，這種蛾會將卵產在果樹的果實或樹葉上，這些白色的卵大約只有 1.3 毫米大。

蘋果蠹蛾會選擇帶有種子的果樹，例如蘋果、梨子、櫻桃、桃子或歐洲李。牠們的幼蟲孵化後，便會鑽出一條路，進入水果的果核中。如果你仔細找，便可以找到幼蟲進入水果時鑽出來的路徑。幼蟲還會將糞便遺留在鑽出來的通道中，再一路鑽進果核裡。在早春時受到蘋果蠹蛾危害的果實，常會提早落果；在年末受到危害的水果，則容易衰敗，看起來不再可口。

八、九月間，住在果核裡的毛蟲就會爬出來，將自己包在繭裡越冬。你可以在樹皮或地上找到這些繭。來年，羽化後的蘋果蠹蛾再將卵產在新長出來的果實上，開始另一個循環。

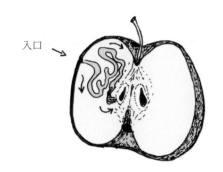

入口

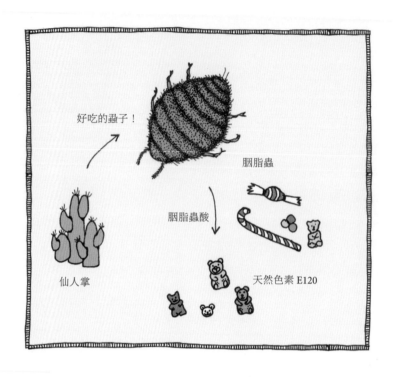

好吃的蟲子！

胭脂蟲

胭脂蟲酸

仙人掌

天然色素 E120

298. 糖果裡真的有蟲子嗎？

信不信？這是真的！在紅色糖果、紅色乳品和其他「紅色的」食物裡，都添加了胭脂紅酸，而這種色素來自於**胭脂蟲**。你可以在粉紅色草莓牛奶的成分標示看到說明——真的！蟲子比水果還多……

胭脂蟲住在仙人掌上，牠們產生這種紅色色素——胭脂紅酸是為了抵禦攻擊者。數百年前，阿茲克特人和馬雅人便已知道拿胭脂蟲酸將布料染色，或是添加在化妝品中。當時胭脂紅是非常貴的，阿茲克特人甚至還為其課稅。

西班牙征服者將這種材料從墨西哥帶到歐洲。在當時，胭脂紅被用來為樞機（天主教會中的重要人物）的衣服，和英國士兵的制服染色。

後來，歐洲人發現他們可以在更近的地方取得胭脂紅，例如加那利亞群島，之後人們開始在各種食物中添加這種色素。飲料、餅乾、冰淇淋、布丁、糖果、口香糖，甚至藥片和止咳錠，都經由添加胭脂紅素而變成漂亮的紅色。

仔細看看所有紅色糖果或紅色飲品背後的成分表，上面是不是列著「天然色素 E120」？哪，現在你知道啦，這個「天然色素」是從胭脂蟲來的。如果你是素食者，那麼所有紅色的食物都該小心檢查一下。

299. 有沒有不會被生下來的蛋？

撐住，因為我們現在要介紹一個艱難的詞：「卵胎生」，也稱為半胎生。現在你可能還是無法理解……

卵胎生是動物透過卵繁殖的一種方式，不過不把卵生出來，而是把卵留在體內。卵胎生動物的卵在體內受精並孵化，例如**鯊魚、部分魚類、腹足綱動物**和**爬蟲類**。

但人類也有卵子，也在體內受精呀，這跟卵胎生有什麼不一樣？

人類的卵子在體內受精，並發育成胚胎，但在媽媽體內的小嬰兒透過胎盤與母體相連，並通過臍帶獲得氧氣與食物。

卵胎生動物的卵在受精後，也會繼續留在母體內，幼體在卵膜中成長，並從卵黃中獲取養分，並沒有與母體相連。卵胎生動物中，可能發生較強壯的幼體在非常飢餓時，將同胎的兄弟姐妹吃掉的狀況。當幼體發展完成後，以胎兒的形式出生。

也許你想問，卵胎生的動物有肚臍嗎？

哺乳類動物透過臍帶連接胎盤，肚臍便是臍帶留下來的小疤痕。在卵中發育的動物，則大多透過繫帶與卵黃相連，因此牠們也有某種肚臍，只是幾乎看不見。

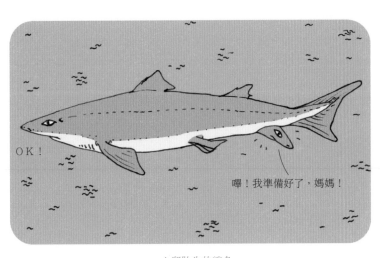

▲卵胎生的鯊魚

300. 為什麼大象的耳朵這麼大？

耳朵的首要功能是「聽」。有些動物有很大的耳廓，並且通常可以朝各個方向轉動，藉此牠們得以大量接收環境中的各種聲音。

所有動物中耳朵最大的是大象，牠們當然也用耳朵「聽」。大象可以接收到數公里以外的聲音，還可以聽到對人類耳朵而言，因為頻率太低而聽不到的聲音。

但你知道嗎？耳朵對大象來說，還是個很好的空調！大象無法像人類一樣流汗，但大象體型很大、會產生很多熱能，此外牠們還都生活在很溫暖、氣溫可能升得很高的地區。還好，牠們有很好的體溫調節道具：鬆軟的大耳朵。

大象耳朵的皮膚下分佈有很多小靜脈。當大象的體溫高於環境溫度時，便可透過耳朵散熱。

象耳也有巨型風扇的功能——只要來來回回搧動，便成了提供涼風的風扇。小靜脈散熱加上耳朵風扇，可讓大象的體溫降低 5 ℃。

搧
搧 搧

▲耳朵是大象的「空調」

你知道為什麼亞洲象的耳朵，比牠的非洲兄弟姊妹小嗎？

亞洲象的生活環境中有較多樹木，自然也比較陰涼。非洲象則生活在非常熱的大草原上。因此，亞洲象自然不需要那麼大的耳朵來幫忙散熱啦！

301. 人類染上頭蝨有多久了？

一直感覺耳朵後面和脖子很癢嗎？趕緊檢查一下頭髮，説不定**頭蝨**一家子就住在你的頭上！不過不用害怕，頭蝨不會傳播疾病，也沒有危險。只有對牠們的唾液過敏的人，會因為被咬而感到搔癢。

頭蝨已經跟人類共存很久很久了，甚至在古老的木乃伊上都曾經發現過頭蝨的痕跡。頭蝨不會跳也不會飛，如果牠們要從一顆頭移動到另一顆頭，唯一的方法便是走路。因此頭必須互相接觸，否則頭蝨就得在衣帽間旅行。

頭蝨大約跟芝麻一樣大，淺棕到深棕色，細小的腿上帶著爪子，這樣才能牢牢抓住你的頭髮。牠們以頭骨上的血液為食。頭蝨需要人類才能存活，只要把頭蝨從頭上抓下來，牠們便最多只能再存活 24 個小時。

你沒辦法透過洗澡或洗頭來淹死頭蝨。頭蝨非常善於閉氣，牠們可以閉氣長達 2 小時，所以一點都不介意你去洗澡或洗頭。而且，對頭蝨而言，頭髮乾淨與否也不重要，牠們覺得每顆頭都很可口，但若真要選的話，還是喜歡乾淨的頭髮多些！

雌頭蝨每天會產下 4 ～ 8 顆卵，並將卵牢牢固定在你的頭髮上。頭蝨卵比頭蝨更難清除。頭蝨只需交配一次，便可讓雌頭蝨體內所有卵受精。一隻雌頭蝨一生中可產下 90 ～ 120 顆卵，將會有許多小頭蝨在你的頭上聚會、辦派對。

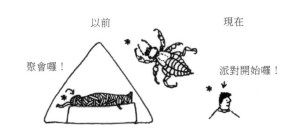

以前　　　　　　　　現在

聚會囉！　　　　　　派對開始囉！

302. 蛇的舌頭為何是分岔的？

蛇使用舌頭來「聞」味道。牠們會將舌頭伸出口外，快速來回震動，空氣中非常微小的氣味粒子便會吸附在舌頭上。接著蛇將舌頭縮回口腔，然後將兩個分叉插入位於上顎的兩個溝槽，溝槽上方便是犁鼻器（或稱茄考生氏器）。這個器官可以告訴大腦，外面發生了什麼事（例如有一隻可口的老鼠在附近）！

但是，為什麼蛇的舌頭前端是分叉的呢？因為分叉的舌頭能讓蛇有「立體嗅覺」。蛇會盡可能伸展舌頭分叉的兩端，讓兩端分別沾上氣味粒子。當牠們縮回舌頭，而其中一側分叉比另一側沾染到更多的氣味粒子時，蛇就知道牠們的獵物位於哪個方向了！蛇也有鼻子，透過鼻子也能聞到一些氣味，得到更多訊息，所以蛇的嗅覺其實是三維的。試試看能不能用你的舌頭「聞」味道？我想應該做不到吧……

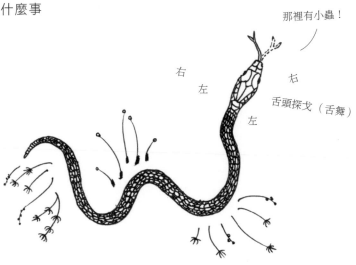

那裡有小蟲！

右　　右
左　　左　舌頭探戈（舌舞）

303. 有會飛的哺乳類動物嗎？

有呀，**蝙蝠**就是！你可以找到各種不同大小、種類的蝙蝠，目前地球上最少有 900 種蝙蝠，科學家懷疑還有更多尚未發現的物種。地球上有五分之一的哺乳類動物是蝙蝠。

蝙蝠必須飛行，因為牠們的腿發育得太糟糕了，大多數蝙蝠都沒辦法好好走路。（關於這件事，請參考第 306 則的介紹。）

蝙蝠分為兩大類：狐蝠和小蝙蝠。

一般而言，狐蝠科蝙蝠是蝙蝠中最大的物種，但還是有些屬於小蝙蝠亞目的蝙蝠比某些狐蝠大。體型最大的狐蝠是印度狐蝠，翼展（翅膀尖端到尖端的距離）可達 1.5 ～ 1.8 公尺，體重接近 1 公斤。最小的狐蝠則是安氏長舌果蝠，翼展「只」有 25 公分，體重約 14 公克。

最大的小蝙蝠是美洲假吸血蝠，其翼展長 1 公尺，體重約 140 ～ 190 公克。最小的則是凹臉蝠，這種小蝙蝠翼展只有 3 公分長，體重 2 公克，也獲得了可愛名字第一名*！

3 公分

▲凹臉蝠

大多數狐蝠吃水果，有些物種在食用前會先將水果壓成果泥。小蝙蝠一般來說都吃昆蟲，很多昆蟲。一隻蝙蝠一個晚上可以吃掉 300 隻蚊子和其他小昆蟲。吸血蝠的話——你大概已經猜到了——則以血液為食。請放心！牠們並不會在受害者的脖子上咬兩個洞，然後把血吸乾。牠們只會劃出一個小傷口或兩個小洞，然後舔食從傷口流出來的血。雖然聽起還是挺讓人毛骨悚然的，但其實不用害怕牠們。這裡沒有吸血蝙蝠，並且被牠們咬傷的牛或鹿，似乎也都沒什麼感覺——呃，當然沒辦法完全確定啦！

咻！

1.5 到 1.8 公尺

* 譯註：
凹臉蝠荷文名為 Kitti's varkensneusvleermuis：其中 Kitti 此名來自於發現凹臉蝠的泰國鳥類及哺乳類動物學家 Kitti Thonglongya，Kitti 讀音同小貓 Kitty；而 varkensneusvleermuis 直譯便是豬鼻蝙蝠，因為此種小蝙蝠的鼻子扁平向上，近似豬鼻。真的是很可愛的名字。

喔～

▲ 被冰凍的猛瑪象

304. 有可能讓猛瑪象復活嗎？

據估計約 4700 年前，最後一隻**猛瑪象**死亡。這肇因於氣候暖化，以及人類開始追獵牠們。猛瑪象生活在北方高地，配有所有對抗酷寒天氣的裝備，突然變暖的氣候，對牠們而言是致命一擊。

然而，我們對猛瑪象的認識還挺多的，這是因為牠們的化石在永凍土（即永恆的冰層）中被保存得很好。而凍土層因為侵蝕與氣候暖化的關係逐漸消失，其中所埋藏的秘密也就逐漸顯露出來。

2007 年時，科學家們在西伯利亞發現兩具幾乎完好無缺的嬰兒猛瑪象化石。牠們的屍體保持完好，科學家們甚至可以從中看出牠們是如何死亡的。可憐的猛瑪象寶寶鼻腔和氣管塞滿了泥漿，牠們根本無法咳出來，最終窒息而死。

有些科學家甚至想讓猛瑪象起死回生。他們打算使用一隻約 50 歲大的雌猛瑪象 Buttercup 的遺傳物質，甚至已經設立了「真猛瑪象復活計畫」，目標是使用克隆技術複製 Buttercup。

有些科學家則質疑這個計畫。自猛瑪象滅絕以來，這個世界已經變得與以前完全不同，此外，微生物也已經過這麼多世紀的變化了。如同其他動物，猛瑪象也需要特定的微生物來幫助牠們消化食物，但如果那種微生物已經不復存在了呢？那麼被複製出來的猛瑪象，將面臨可怕的命運。直到目前為止，還沒有猛瑪象寶寶出生，這可能反而是件好事。

305. 為什麼小熊貓一點都不像大熊貓？

讓我們先把話說清楚：**小熊貓**並不是熊貓。小熊貓跟牠的黑白色大兄弟一樣，吃竹子的葉子和枝條，也住在亞洲，但兩者沒有什麼關係。小熊貓自成一科，與浣熊和臭鼬的親緣關係還比較密切一些。

小熊貓上半部的皮毛是紅色和白色的，跟牠們的長尾巴一樣，肚子和腿則是黑色。顏色很奇怪，但這些可是非常棒的保護色。當小熊貓受到威脅時，會躲在雲杉的樹梢上，那兒長了許多紅色的蘚苔，所以你幾乎無法看到牠們。

在小熊貓生長的國度裡，自然有當地人稱呼牠們的名字。但在西方，牠們曾經應該會被稱為「哇」。事情是這樣的：英國生物學家托馬斯·哈德威克（Thomas Hardwicke）在 1821 年發現了這種動物。隨後，他在一個收集並傳播自然界各種資訊的重要組織——倫敦林奈學會的發表會上，發表了這種動物。哈德威克介紹了這種他在喜馬拉雅山發現的新動物，並稱牠們為「哇」，這是小熊貓的本土名稱，可能源自

於小熊貓生產時所發出的聲音。不幸的是，哈德威克直到 1827 年才完成他的官方報告，但那時，法國動物學家弗列德利克·居維葉（Frédéric Cuvier）已經將這種動物命名為「小熊貓」了。真可惜，「哇」好多了，不是嗎？

哇？！

▲小熊貓／二名法拉丁學名：*Ailurus fulgens*

306. 為何從來沒見過蝙蝠走路？

蝙蝠若不是倒掛著，就是在飛，你幾乎不曾見過牠們走路，這是因為牠們沒辦法好好的走。牠們的身體被設計為，可以閃電般的速度在空中移動，所以牠們有符合空氣動力學的線條，還有一對薄而柔韌、並且超級敏銳靈活的翅膀，其上還覆有默克爾氏細胞，與我們指尖上

用以提供靈敏觸覺的細胞相同。此外，牠們的骨頭也特別輕，即便是大型蝙蝠也並不重。

牠們的腿僅用於倒掛。蝙蝠腿的骨頭非常細，對蝙蝠來說不要因為太重而不能飛是很重要的。此外，牠們的腿也不強壯，腿骨非常脆弱。

還有，蝙蝠的膝蓋是向後彎曲的，大多數可行走的動物，膝蓋都是向前彎的。

若蝙蝠落到地上，牠們就只能用前腿拖著自己前進。牠們得試著卸除後腿所承受的壓力，以避免骨折。這樣拖行的樣子看起來十分笨拙，甚至有點可憐。

當然也有例外。吸血蝠和短尾蝠便可以行走，吸血蝠行走的速度甚至可達每小時 4 公里，這不是很快，但對這種大小的動物來說，也並不慢。能夠行走讓牠們可以在地面上尋找食物；

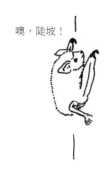

噢，陡坡！

短尾蝠的腳趾內側有爪，腿部有凹槽，讓牠們適合行走。這兩種蝙蝠當然也都飛得非常好。

307. 魚可以倒退游嗎？

好問題！答案是：可以的。有些魚甚至是倒退游泳好手，例如：**鰻鱺**、**慈鯛**和**電鰻**。此外有些普通**金魚**，偶爾也喜歡倒退著游。

當然，魚的身體並不是設計來倒退著游的。一般而言，牠們透過擺動尾鰭，和身體後部強壯肌肉的幫助，產生推進力推動自己前進。但有些魚可以藉由擺動背鰭和臀鰭倒退游泳。

例如電鰻，倒退游跟往前游一樣厲害。牠們通常生活在無法被看穿的泥水中，視覺不值得信賴，所以牠們藉由偵測電波來尋找獵物。電鰻首先使用身體下側延長的臀鰭接收訊號，同時間，倒退著游過獵物。直到獵物位於前方時，牠們才迅速往前跳躍捕捉獵物。根據研究人員的說法，電鰻倒退游泳是為了要完整「掃描」獵物，這樣牠們才能確切掌握

獵物的大小。如果電鰻往前游經獵物並進行掃描，那麼掃描完後獵物會位於自己的屁股後面，這樣就太不方便捕捉了。

此外，一種在水族箱中常見的**劍尾魚**，也會倒退游泳。雄劍尾魚藉由倒退泳來吸引雌魚，彷彿在跟雌魚說：「嗨！看看我這樣多帥，我不只能往前游，還能倒著游，酷吧！」呃，對，雌魚真的會為此墜入愛河。

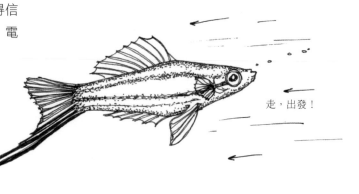

走，出發！

▲劍尾魚／二名法拉丁學名：*Xiphophorus helleri*

299

308. 你有多怕動物？

有些人一看到動物便會驚慌失措。他們不是一般的有點害怕，而是會暈眩、心悸、冷汗直流，或是拔腿就跑。這種對動物無來由的恐懼，被稱為「**動物恐懼症**」。

有些人什麼動物都怕，但大多數人只害怕某種特定的動物：可能是很可怕的動物（例如鯊魚或熊），也可能是全然無害的動物（例如貽貝）。

各種動物恐懼症都有專門的名字，其中的動物名都採用拉丁文或希臘文。我們特地製作了一份清單，如右。

動物	恐懼症
蜜蜂	恐蜂症 Apifobie
鯊魚	鯊魚恐懼症 Selachfobie
狗	恐狗症 Cynofobia
昆蟲	昆蟲恐懼症 Entomofobie
貓	恐貓症 Ailurofobie
雞	恐雞症 Alektorofobie
螞蟻	恐蟻症 Myrmecofobie
飛蛾	恐蛾症 Mottephobia
老鼠	恐鼠症 Musophobie
蟾蜍	蟾蜍恐懼症 Bufonofobie
蜘蛛	蜘蛛恐懼症 Arachnofobie
魚	恐魚症 Ichthyofobie
鳥	恐鳥症 Ornithofobie
黃蜂	黃蜂恐懼症 Spheksofobie
蠕蟲	蠕蟲恐懼症 Scolecifobie

啊～～～

▲ 有動物恐慌症的人類

309. 黑貓會帶來好運還是厄運？

在此要特別澄清：黑貓、虎斑貓、三花貓、白貓、橘貓與世界上所有的**貓咪**並無二致，無論好運或厄運，這一切都是迷信。

但這樣的迷信到底是從哪兒來的？古時候人們非常迷信，這是缺乏對自然現象的科學知識所致。例如，善於使用草藥的男人和女人們被稱為巫師或巫婆，被認為是跟魔鬼交易、做盡壞事的人。根據迷信，這些巫師、巫婆會在午夜偽裝成黑貓，潛入好人的房子裡。人們非常害怕黑貓，他們相信如果見到黑貓穿越眼前的道路，自己便將很快死去。因此黑貓被大量捕殺，時時刻刻面臨著恐怖的死亡威脅。

在某些文化中，黑貓則被視為幸運的象徵。例如：古埃及人視黑貓為神。貓保護穀物糧食不受老鼠與大鼠侵害，而殺害貓的人會被處罰。古埃及人對貓如此尊重，乃至於家貓死後，會被製成木乃伊葬在墓中。

在日本，黑貓也是財富與幸運的象徵。待嫁的年輕女性會帶著黑貓，因為她們相信黑貓會招來理想的夫婿。不知道是否真的有效？不過這對黑貓來說真是福音！

幸運
還是
不幸？

▲可疑的黑貓

310. 大象糞便的功用－上篇

非洲象是最大的陸生動物，當然食量很大！牠們平均一天要吃掉 140 公斤的綠色食物。吃得多，製造出來的排泄物當然也多：平均每天 100 公斤。算算看，這是多麼大的糞便量啊！

還好，對於大象糞便，有許多深具創意的使用方法。以下列出一些有趣的選擇。

大象的糞球是很好的防蚊劑。將大象糞球置於火上，散發出來的煙可以驅蚊，甚至比市售的化學防蚊噴液更溫和無味。

非洲巫醫使用燃燒大象糞便產生的煙霧作為止痛劑，或流鼻血時的止血藥方。大象吃樹林裡的各種花卉、植物，其中有些具醫療效用。大象只消化約 40% 的食物，其餘會自然排出體外，而植物中具醫療效果的物質則仍存在大象糞便中。巫醫將糞球置於火堆上，讓病者嗅聞散發出來的煙霧，頭痛、牙痛和其他討厭的病症，便如陽光下的雪一般消融無蹤啦！

還有，你可知新鮮的大象糞便甚至可以挽救人命？假設你在非洲草原中迷了路，到處都找不到水，如果一群大象剛剛留下一大堆糞便，那麼你就可從糞便裡擠出水來喝。其實大象糞便中所含的細菌比你想像中少很多，危險性甚至比乾燥的糞便還低。

我們有救了！

討厭的蚊子！

▲大象糞堆

311. 大象糞便的功用 – 下篇

大象糞便富含纖維，可以用來造紙。大象每日所產生的糞便平均可造 115 張紙。大象糞便纖維比木漿粗糙，但可完全被利用，並且更加環保。

白紙還是印刷品？

噗

在泰國，有一群愛吃咖啡豆的大象，牠們的糞便中有許多消化一半的咖啡豆。將這些豆子從糞便中取出再加以烘培，便成了每半公斤價值 400 歐元的黑象牙咖啡。這種咖啡帶有巧克力和櫻桃味，只能在非常昂貴的飯店喝到。

不愛咖啡嗎？那你可能會喜歡用這種咖啡豆釀的啤酒——大象便便咖啡啤酒 Un Kono Kuro——這是日語中的雙關語，unko 便是日語中的糞便。這種豆子經過發酵後，在釀酒廠中被製成柔順甜美的啤酒。

從大象糞便中亦可獲得生質氣（沼氣），這是一種可用於房屋加熱，甚至發電的環境友善替代能源。雖然沒有辦法生成足夠的生質氣供所有人使用，但這是很好的自然友善能源，可作為一般能源之外的輔助能源使用。

以最有創意的方式使用大象糞便的是藝術家克里斯·奧菲利（Chris Ofili）。他在自己的畫作裡使用大象糞便，甚至因此贏得一個重要的獎項。所以，絕對別說大象糞堆是垃圾唷！

312. 沒有昆蟲不行嗎？

不喜歡嗡嗡作響的蚊子？還常受到蜘蛛或蜈蚣的驚嚇？很正常…… 但你知道嗎？如果哪天所有的**昆蟲**都滅絕了，對人類而言卻會是個大災難。昆蟲對維護地球生態系統是必要的，牠們為農作物、樹木和各種植物授粉，沒有昆蟲，便沒有蔬果。當然，也沒有巧克力，因為可可豆仰賴一種微小的蚊子為牠們授粉才能結果。住在地底的昆蟲，則可確保營養物質進入土壤

裡。此外，所有昆蟲都是其他較大動物的食物（例如鳥類、蝙蝠，或各種爬蟲類、兩棲類）。有些科學家聲稱，如果所有的昆蟲都消失了，那麼人類將只剩下數個月可活。

昆蟲學家是專門研究昆蟲的科學家。他們發現，在過去 27 年間，會飛的昆蟲總數減少了約四分之三：1989 年時，他們能在陷阱中捕獲 1～1.5 公斤的昆蟲，但 2013 年時卻僅剩 300 公克。

並非所有的科學家都認為我們該為此感到恐慌，我們還有機會扭轉乾坤。昆蟲是非常堅強的動物，他們可以快速適應環境。他們的生命很短，但通常有很多後代。人們必須採取重要措施：不用或大幅減少使用農藥、不要種植外來種植物、在路邊及院子裡多種一些花、為昆蟲設置專用通行道。

還有，要有更多的昆蟲學家！因為在未來幾年，我們將會迫切需要他們。還不確定自己想學什麼嗎？考慮一下昆蟲學吧！這會是個有前途的工作。

▲當所有的昆蟲都死亡時，我們也將僅剩最後一口氣

313. 鹿豚會不會頭痛？

豬的身體配上鹿的纖細長腿，**鹿豚**的長相實在說不上美麗，但雄鹿豚擁有一組傲人的獠牙。

▲鹿豚／二名法拉丁學名：*Babyrousa babyrussa*

鹿豚上方的獠牙來自於嘴中一般的牙齒，在特定時刻開始彎曲並穿出鼻子，繼續朝額頭方向生長。有些物種的獠牙真的非常巨大，有時上方獠牙甚至會長到穿過頭顱。讓人不禁為這些鹿豚擔心，難道他們不會嚴重頭痛嗎？

第二對獠牙則從嘴部下方長出。沒有人確實知道鹿豚獠牙的用途。這些獠牙並不堅固，且容易斷裂，所以他們並不用獠牙打鬥，而是用後腿站立、攻擊對方。

科學家們認為，雄鹿豚可能藉由展示獠牙來顯示自己是健康的，畢竟這些獠牙真的令人印象深刻！

314. 要怎麼運送長頸鹿呢？

搬運**長頸鹿**時，必須讓牠們保持直立，因為對這些脆弱的動物來說，長時間躺臥是非常不健康的。那麼，到底要怎麼把長頸鹿從非洲運到……例如，歐洲的動物園呢？

運送第一隻長頸鹿，在當時是名符其實的「壯舉」，那是在 1824 年，運送一隻在蘇丹被擒的長頸鹿札拉法（Zarafa）。這隻年輕的長頸鹿被放在駱駝背上（！）運回首都喀土穆，再接著經由尼羅河走水路，船運到亞歷山大省的首府開羅，然後換船，轉送法國馬賽。札拉法於 1826 年抵達馬賽，至此，牠已經旅行了兩年之久，但旅程尚未結束，札拉法的最終目的地是巴黎。札拉法又花了 41 天，走了 900 公里，從馬賽走到巴黎，才終於抵達終點。最後，札拉法在巴黎動物園生活了 18 年。

如今，動物園早已禁止從野外捕捉動物。當然，動物園有其育種計劃，各個動物園中一直都有新生的動物。有時，可能因為各種原因，例如動物園的空間不足，或者其他動物園想嘗試培育某種動物，而需要將動物遷移到其他動物園。

需要運送長頸鹿時，他們會使用高達 6 公尺的巨大籠子，在裡頭長頸鹿可以輕易保持直立。你可以想像得到，運輸這麼高的動物很不容易，必須仔細計算規劃路線：哪些橋樑或高架橋可行。此外，整個運送過程中，都有專人陪伴、照顧長頸鹿，以免長頸鹿在運輸過程中過於緊張。現在，你在動物園中見到的所有長頸鹿，都已經是在人工飼養的環境下出生的了。

咿哈！

▲ 運送札拉法

水，謝謝！

315. 駱駝的駝峰裡裝了些什麼？

單峰駱駝可以在牠的駝峰裡儲存多達 36 公斤的脂肪。當附近沒有食物或水源時，牠們可將脂肪轉化為水和能量。因此，單峰駱駝可以在不吃不喝的狀況下行走達 150 公里。此外，負重對牠們而言十分容易，難怪牠們常被用來穿越大沙漠。

單峰駱駝有機會喝水時，牠們會竭盡所能的喝——可以在 10 分鐘內喝進 100 公升的水，這可是一整個浴缸的水量呀！

不僅僅是駝峰，駱駝全身都已完全適應黃沙滾滾的沙漠了。單峰駱駝可以關閉自己的鼻孔，這樣沙子就不會跑進去；牠們還有濃密的眉毛和兩排極長的睫毛，能保護眼睛不受烈日和飛沙的傷害；牠們的腿更是專為在岩石和滑動的沙中行走而設計的。

4500～5000 年前，第一批單峰駱駝被馴服。如今，還有約一百萬隻未經馴服的駱駝，以及其他生活在野外的駱駝，共計約 1200 萬隻。在澳洲，仍能找到一大群野生單峰駱駝。1880 年時，為了鋪設穿越乾燥沙漠的長路，一小群單峰駱駝被運到那裡，駝送大批裝備。道路鋪設完成後，不再被需要的駱駝們便被留在沙漠中。如今，這些駱駝已經壯大到超過 50 萬隻，牠們根本不屬於那裡，卻大大危害了當地的原生動物，成為真正的瘟疫。

316. 世界上最受歡迎的動物是？

2013 年時，動物星球頻道對他們的觀眾做了一項統計：最喜歡的動物是什麼？結果老虎拔得頭籌，狗緊跟在後，第三名則是海豚。

孟加拉虎是世界上最大的貓科動物，也被稱為老虎之王*——非常合乎邏輯的名字！因為雄性孟加拉虎可長達 3 公尺，重達 220 公斤，牠們有著美麗的條紋皮毛，每隻的斑紋都是獨一無二的，而這身虎紋更是很好的偽裝。

老虎是孤獨的，總是獨自生活。牠們會用尿液標示領土，警告入侵者保持距離。牠們在夜晚獵捕水牛、鹿、野豬和其他大型哺乳類動物，有時會為了捕獵而長途跋涉。牠們會偷偷摸摸接近獵物，再迅速發動攻擊。必要時，老虎可以衝刺，最快速度可達每小時 65 公里。一隻飢餓的老虎，一個晚上可吃掉多達 40 公斤的肉。

老虎並不會對攻擊者咆哮來嚇走牠們，老虎咆哮是為了跟其他老虎溝通，而這樣的咆哮聲，在三公里外的地方都可以聽得到。

目前大約有 4000 隻野生老虎，其中三分之二是孟加拉虎。老虎因為牠們的毛皮、腑臟和骨頭而被獵殺，身體的某些部分還被製成中藥。八種老虎中有三種陸續在二十世紀滅絕，因此牠們現在大多生活在自然保護區中。如果我們仍想讓老虎穩坐最受歡迎動物的寶座，最好要好好照顧牠們！

* 譯註：荷文中孟加拉虎又稱為 koningstijgers，意即老虎之王。

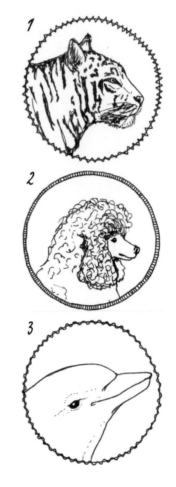

▲受歡迎的動物們

▲對皮膚很好的！

317. 可以用夜鶯便便做點什麼嗎？

當然可以！**夜鶯**便便在亞洲被作為化妝品使用，已有幾世紀的歷史了。夜鶯糞便有美白和撫平皮膚的功效，這種化妝品在日本被稱為雀屎 Uguisu no fun，就是夜鶯糞便的意思。

最初，夜鶯糞便被用來漂白和服布料上的染劑，藉由這種方式，他們得以製作各種圖樣繁複的織物。日本藝伎和歌舞伎演員在工作時，用以將臉部塗白的化妝品中，含有鋅和鉛，對皮膚的傷害很大，因此她們使用夜鶯糞便卸妝，可以讓皮膚回復美麗。此外，佛教僧侶也用夜鶯糞便塗抹剃髮後的頭皮。

夜鶯糞便如今仍然持續被使用。著名的足球明星大衛貝克漢和他的太太維多利亞貝克漢，就是雀屎 Uguisu no fun 的愛用者。一次療程的花費約為 150 歐元。

但這些夜鶯糞便從何而來？在日本有專門的「夜鶯農場」，以特別的食物餵養夜鶯，糞便會從籠子上小心翼翼刮下來，再經由紫外線照射殺菌，接著乾燥，最後再磨成細緻的白色粉末。使用前，必須先將粉末與水混合調成糊狀，再抹在臉上。使用後，你的臉便會像小嬰兒的屁股一樣粉嫩柔軟囉！

318. 誰是大不列顛島上疣鼻天鵝的主人？

好吧，其實你應該從沒思考過這個問題。不過，現在你很想知道答案，對吧？

英國女王是所有大不列顛島上，無憂無慮的**疣鼻天鵝**的主人。

每年七月的第三週，都會以女王之名清點疣鼻天鵝的數量。這個傳統的儀式稱為「鵝口普查」（Swan Upping）。普查儀式接連五天，普查官會乘船捕捉並檢查泰唔士河上的所有天鵝。所有開闊水域中「自由」的疣鼻天鵝（沒有腳環的）都屬於女王所有。只有已經戴有腳環的天鵝的後代，才會再獲得腳環，表示牠們不是「自由」天鵝。

這個儀式起源於十二世紀，可能與飲食有關，當時，天鵝是皇家宴會中的一道佳餚。如今，天鵝則已不再被作為菜餚，在英國，吃天鵝被視為犯罪，會被罰款，甚至要坐牢。天鵝被嚴密的保護，而捕捉天鵝，則是偷竊女王的財物。

不過這也沒什麼不好。天鵝肉本來就一點都不好吃，肉質堅硬，味道也不怎麼樣。

走！走！

▲騎著自家自由天鵝的女王

319. 哪一種羊毛最溫暖？

你也喜歡在冬季穿羊毛衫嗎？這也難怪，畢竟羊毛是如此溫暖。如果你有 100% 羊毛的衣服，那麼這件衣服可能是使用**綿羊**的毛。綿羊每年可「生產」約 3～4 公斤的羊毛。冬天過後，綿羊會被剃光，剃下來的羊毛則被紡成長長的毛線。能夠這樣做的原因在於：綿羊毛中含有角蛋白，每根毛上都還有細小倒鉤互相糾纏，所以能夠紡成長而堅韌的毛線。

從不同品種的綿羊取得的羊毛也不盡相同，其中最好的羊毛可能來自於美麗諾綿羊。牠們每年可以生產高達 5 公斤的羊毛。

但並非所有的羊毛都來自綿羊，羊絨（喀什米爾羊絨）使取自**喀什米爾羊**，這種山羊來自亞洲，現今也在其他地方繁殖。安哥拉毛則來自雌性**安哥拉兔**。羊駝毛則是一種非常細緻的羊毛，取自於居住在安地斯山脈的**羊駝**（或稱**駝

啊，我的毛呀？

▲安哥拉毛

羊）。此外，還有一種用藏羚羊的絨毛織成、非常細緻的羊絨，稱為「沙圖什」。過去，獵人們為了方便取得**藏羚羊**的絨毛而大量捕獵牠們，令其幾乎滅絕。

毛料一直是珍貴的商品。1192 年英格蘭國王獅心王理查一世被俘時，僧侶們便用五萬包羊毛支付部分鉅額贖款。直至今日，羊毛仍是昂貴的產品，一件美麗的羊毛衣，總是所費不貲。

320. 有誰可以確保沙灘上有沙嗎？

鸚哥魚非常漂亮，牠們身上通常有各種鮮豔的顏色，臉上還總是帶著微笑。牠們的牙齒和顎的形狀看起來很像鸚鵡的喙，故得此名。牠們藉由這樣形狀特殊的嘴，刮取岩石和珊瑚上的藻類為食，有時還會啃咬珊瑚碎片，以取得附著在水螅體上的藻類。鸚哥魚會在喉嚨深處將岩石和珊瑚碎片碾碎，之後再將這些磨碎了的砂礫（或沙子）排出體外。

一隻鸚哥魚一年可製造高達 90 公斤的沙子。因此，鸚哥魚可是為海床、沙箱及海灘上好玩的沙，出了不少力哪！

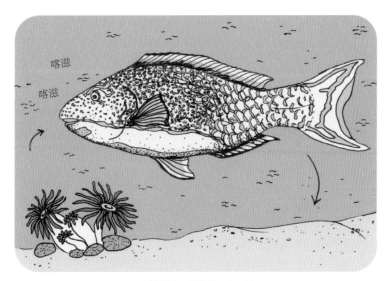

喀滋

喀滋

▲鸚哥魚／學名：*Scaridae*

321. 我也是動物嗎？

你當然也是動物。不信？拿支鉛筆，將下列敘述中符合人類特徵的項目勾選出來：

□ 哺乳類動物具有骨骼系統。

□ 哺乳類動物用肺呼吸：即便是生活在水裡的哺乳類動物也是用肺呼吸，例如鯨魚和海豚。

□ 哺乳類動物是恆溫動物。也就是說，哺乳類動物可以自行調解體溫，無需仰賴太陽或其他方式來維持體溫。

□ 哺乳類動物有耳朵，即便有時候不會被看到。

□ 哺乳類動物大都是胎生（就是直接產下寶寶）。只有兩種哺乳類動物例外：鴨嘴獸和澳洲針鼴，牠們是卵生哺乳類動物。

□ 哺乳類動物從乳頭分泌母乳以哺育幼仔。卵生哺乳類動物的幼獸則會舔舐乳腺附近的皮毛取得母乳。

□ 哺乳類動物大多有頭髮，只是對於動物，我們稱其為「皮毛」。即便是鯨魚也有極少量的「頭髮」。

□ 大多數哺乳類動物都生活在陸地上。海洋哺乳類動物，如鯨魚、海牛和鰭足類動物則生活在五洋七海中。唯一一種會飛的哺乳類動物，則是蝙蝠。

人類是哺乳類動物，非常聰明、充滿好奇心、善於解決問題，所以幾乎可以生活在地球上的每個角落！就跟，呃⋯⋯蟑螂和老鼠一樣。

但難道人類沒有因為會說話，而顯得更加與眾不同嗎？其實，其他動物也可以互相溝通。例如，蜜蜂間可以交換非常複雜的訊息，來傳達哪裡有最美味的花蜜可採。另外，還有許多動物會發出可將其視為「語言」的聲音，科學家們便發現，座頭鯨的歌聲中蘊含特有的文法。

讓動物學習人類說話尚無可能，就像人類至今無法學會任何一種動物語言一樣。人類和動物的聲道結構截然不同。

不過，這樣的情況或許有機會改變。一隻住在印第安納波利斯動物園的紅毛猩猩洛基（Rocky），會模仿牠的保育員的聲音，還會學習新的聲音。科學家們稱洛基所發出的這種聲音為「沃基語」（wookies），這些都是紅毛猩猩絕對無法在不經學習的狀況下自行發出的聲音。洛基永遠都不可能學會人類的語言，牠不夠聰明，聲道結構也不夠精細。但跟牠說「沃基語」的話，牠是可以回應的！

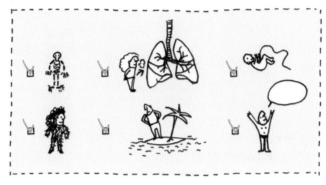

請勾選！

▲你是動物嗎？

國家圖書館出版品預行編目(CIP)資料

超級怪？還是超級可愛？關於動物的321件超級聰明事 / 瑪蒂達‧馬斯特斯（Mathilda Masters）作、路易絲‧佩
迪厄斯（Louize Perdieus）繪-- 初版.--臺北市：麥浩斯出版：家庭傳媒城邦分公司發行, 2020.03　　冊；　公分
譯自：321 superslimme dingen die je moet weten over dieren
ISBN 978-986-408-567-5（平裝）
1.動物 2.通俗作品　　380　　108020823

超級怪？還是超級可愛？

關於動物的
321 superslimme dingen
die je moet weten over dieren

321件
超級聰明事

【作者】瑪蒂達‧馬斯特斯（Mathilda Masters）　【繪者】路易絲‧佩迪厄斯（Louize Perdieus）　【譯者】簡佑津

【責任編輯】王斯韻　【美術設計】王韻鈴　【行銷】曾于珊、陳佳安　【版權專員】吳怡萱

【發行人】何飛鵬　【總經理】李淑霞　【社長】張淑貞　【總編輯】許貝羚　【副總編】王斯韻

【出版】城邦文化事業股份有限公司‧麥浩斯出版／地址：104 台北市民生東路二段141號8樓／電話：02-2500-7578
【發行】英屬蓋曼群島商家庭傳媒股份有限公司城邦分公司／地址：104台北市民生東路二段141號2樓／讀者服務電
話：0800-020-299（9：30AM～12：00PM；01：30PM～05：00PM）／讀者服務傳真：02-2517-0999／讀者服務信
箱：E-mail：csc@cite.com.tw／劃撥帳號：19833516／戶名：英屬蓋曼群島商家庭傳媒股份有限公司城邦分公司【香港
發行】城邦〈香港〉出版集團有限公司／地址：香港灣仔駱克道193號東超商業中心1樓／電話：852-2508-6231／ 傳
真：852-2578-9337【馬新發行】城邦〈馬新〉出版集團Cite(M) Sdn. Bhd.(458372U)／地址：41, Jalan Radin Anum, Bandar
Baru Sri Petaling, 57000 Kuala Lumpur, Malaysia／電話：603-90578822／傳真：603-90576622【製版印刷】凱林印刷事業
股份有限公司【總經銷】聯合發行股份有限公司／地址：新北市新店區寶橋路235巷6弄6號2樓／電話：02-2917-8022
／傳真：02-2915-6275【版次】初版一刷 2020 年 03 月【定價】新台幣 780 元，港幣 260 元

*我們已盡力核實書中提及的各項資訊，但科學不斷在進步，我們已知的各項「事實」也可能隨之改變。書中記錄的各項資訊只不過是真實世界
的縮影，原不足以描述一切。如果您發現任何錯誤之處（即便我們已竭盡全力），歡迎您發送電子郵件至：kinderboek@lannoo.be*